工程材料与成型工艺基础

李　辉　张建国　主编

上海交通大学出版社

内 容 提 要

本书较系统地介绍了当前机械制造中的热加工部分和材料选择。教学目标是使学生掌握在特定应用环境下正确选择材料所需要的基础知识和专业知识,即弄清楚材料性质——材料内部结构、材料的内部形态——加工工艺与服役环境下材料的使用性能之间的关系,并使其初步具备根据零件工作条件和失效方式合理地选择与使用材料,正确制定零件的冷、热加工工艺路线的能力。

本书适合高职高专院校机械类、近机类及近材料类专业学生作为专业基础课教材。

图书在版编目(CIP)数据

工程材料与成型工艺基础/李辉,张建国主编. —上海：
上海交通大学出版社,2012(2021年重印)
ISBN 978-7-313-08932-8

Ⅰ. 工... Ⅱ. ①李... ②张... Ⅲ. 工程材料—成型—
工艺学—高等学校—教材 Ⅳ. TB3

中国版本图书馆 CIP 数据核字(2012)第 191892 号

工程材料与成型工艺基础

李 辉 张建国 主编

上海交通大学出版社出版发行

(上海市番禺路 951 号 邮政编码 200030)

电话:64071208

上海天地海设计印刷有限公司 全国新华书店经销

开本:787mm×1092mm 1/16 印张:14.75 字数:363 千字

2012 年 8 月第 1 版 2021 年 2 月第 4 次印刷

ISBN 978-7-313-08932-8 定价:32.00 元

前　　言

本书是为工科类及综合类院校的机械类、近机械类及近材料类专业学生而编写的专业基础课教材。

本书较系统地介绍了当前机械制造中的热加工部分和材料选择。教学目标是使学生掌握在特定应用环境下正确选择材料所需要的基础知识和专业知识，即弄清楚材料性质——材料内部结构、材料的内部形态——加工工艺与服役环境下材料的使用性能之间的关系，并使其初步具备根据零件工作条件和失效方式合理地选择与使用材料，正确制定零件的冷、热加工工艺路线的能力。

本书教学过程的设计体现在以下三个方面：

（1）模块化综合课程具有创新的"课程主线"和"课程框架"。使学生全方位认识机器制造过程；具有弹性的教学模块适应制造类不同专业选用，体现课程为专业培养目标服务的教学理念。运用现代教育技术和虚拟现实技术，建立虚拟的仿真教学环境，优化教学过程，提高教学质量和效率。

（2）以任务驱动为特征的"项目课程"教学，实现课程教学理论与实践一体化。将机器制造的知识与技能融于完成项目的工作任务之中，灵活运用案例分析，让学生通过分组讨论、角色扮演，实施教学。改变了学生的学习态度，提高了学习兴趣和学习主动性。

（3）探索"工学结合"人才培养模式的课程教学，本课程列入示范性高职院校建设方案重点创建课程项目。探索制造类专业及相关专业领域具有"工学结合"特色课程体系的构建。

本书由李辉、张建国任主编，参加本书编写的作者来自高职高专院校和生产企业，长期从事教学、科研和企业生产工作，具有较高的的理论水平和丰富的生产实践经验。具体编写分工如下：项目一、项目二由忻州市技工学校曲云凤编写，项目三、项目六由忻州市技工学校赵静宇编写，项目四、项目五由开封大学李辉编写，项目七、项目八由齐齐哈尔市职工大学二厂分校王小雨编写，项目九由郑州铁路职业技术学院张建国编写。全书由李辉、张建国统稿并审定。

本书在编写过程中，参考和借鉴了国内外许多学者的著作和相关文献资料，在此，谨向这些著作和文献资料的作者表示衷心的感谢！

由于编者水平有限，书中若有不完善之处，敬请广大读者指正，编者不胜感激。

编　者
2012 年 7 月

目　　录

项目 1 金属材料力学性能的测量

知识目标

1. 了解金属材料力学性能的含义。

2. 准确理解强度、塑性、刚度有关名词概念,了解拉伸曲线,掌握强度、塑性指标的检测方法。

3. 准确理解硬度的含义,掌握布氏硬度、洛氏硬度、维氏硬度检测原理、表示方法、适用范围。

4. 准确理解冲击韧度、疲劳强度的含义,并了解其对于材料使用的重要性。

5. 了解金属材料的性能对使用和加工过程的影响。

技能目标

1. 能检测材料的强度、塑性、硬度指标。

2. 能依据检测结果判断材料是否符合使用要求。

本项目导语

金属材料是最重要的工程材料,由于其特有的优异性能,被广泛应用于生产和生活中,尤其是机械制造业。为了正确认识和合理使用金属材料,充分发挥金属材料的潜力,就必须了解掌握金属材料的性能。

金属材料的性能包括使用性能和工艺性能两方面。使用性能是金属材料在使用条件下表现出来的性能,包括力学性能、物理性能、化学性能。工艺性能是金属在加工制造过程中反映出来的性能,包括铸造性能、锻压性能、焊接性能、切削加工性能和热处理工艺性能等。

知识链接

1.1 金属的力学性能

金属材料在加工和使用过程中所受到的外力称为载荷。根据作用形式的不同,载荷分为拉伸载荷、压缩载荷、弯曲载荷、扭转载荷、剪切载荷。根据作用的性质不同,载荷可分为静载荷、冲击载荷和交变载荷三种。

（1）静载荷：大小不变或变化缓慢的载荷。

（2）冲击载荷：短时间高速作用于材料上的载荷。

（3）交变载荷：大小、方向随时间周期性变化的载荷。

金属材料在载荷作用下产生的几何形状和尺寸的变化，称为变形。分为弹性变形和塑性变形两种。随载荷的消失而消失的变形称为弹性变形；不随载荷的去除而消失的变形称为塑性变形。

金属材料的力学性能是指金属材料在承受各种外力时不超过许可变形或不被破坏的能力。金属的力学性能是衡量材料质量和选用金属材料的重要依据，也是合理选择刀具、模具、制定正确加工方案和选用切削用量的重要参数。

衡量金属材料的力学性能指标有强度、塑性、刚度、硬度、韧性和疲劳强度等。强度、塑性、刚度、硬度属于静态力学性能；韧性和疲劳强度属于动态力学性能。

1.1.1 强度

强度是指金属材料在静载荷作用下抵抗塑性变形或断裂的能力。强度大小通常用应力大小来表示。

随载荷的作用形式不同，强度可分为抗拉强度、抗压强度、抗弯强度、抗扭强度、抗剪强度。在工程中常用抗拉强度作为判断金属强度高低的指标。抗拉强度由拉伸试验测定。

1.1.1.1 拉伸试验

拉伸试验是检验金属材料力学性能普遍采用的一种极为重要的基本试验。其试验方法是将标准试样安装在拉伸试验机上，对试样施加一个轴向静拉力，随着力的不断增加，试样产生的伸长量也不断增加，直至断裂。通过拉伸试验可同时测得强度指标和塑性指标。

1）拉伸试样

GB/T228—2002《金属材料　室温拉伸试验方法》规定了金属拉伸试样的形状、尺寸和加工要求。常用标准圆截面试样，如图 1-1 所示。

图 1-1　标准圆截面拉伸试样

图 1-1 中 d_0 为试样的原始直径，L_0 为试样的原始标距长度。试样可分为长试样（$L_0 = 10d_0$）和短试样（$L_0 = 5d_0$）两种。

2）力-伸长曲线

拉伸过程中，由拉伸试验机自动绘出的拉伸力 F 和试样相应伸长量 ΔL 之间的关系曲线，称为力-伸长曲线。如图 1-2 所示，为低碳钢试样的力-伸长曲线。图中，纵坐标表示力 F，单位为 N；横坐标表示试样伸长量 ΔL，单位为 mm。

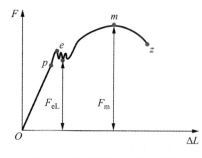

图 1-2　低碳钢的力-伸长曲线

由图 1-2 可见,低碳钢在拉伸过程中明显表现出以下几个变形阶段:

(1) Op——弹性变形阶段。Op 段为斜直线,说明伸长量 ΔL 和力 F 成正比。试样在卸载后可恢复原始形状尺寸,F_p 是试样只发生弹性变形的最大拉力。

(2) pe——屈服阶段。拉伸力超过 F_p 后,试样开始产生塑性变形,即卸载后的试样只能恢复部分变形,仍保留了部分变形。在 pe 段,力-伸长曲线出现平台和锯齿形,说明即使载荷不增加或略有减少时,试样也能继续伸长,金属材料丧失了抵抗变形的能力,这种现象称为屈服。

(3) em——强化阶段。em 段为上升曲线,说明只有不断加载,才能使试样继续伸长。这个阶段,随着塑性变形的增大,试样变形抗力逐渐增加,这种现象称为冷变形强化,也叫加工硬化。

(4) mz——局部塑性变形(缩颈)阶段。mz 段,试样的直径发生局部收缩变细的现象,称为缩颈,如图 1-3 所示。试样直径变小,继续变形需要的力变小,此段力-伸长曲线为一段下降曲线。继续拉伸,试样从缩颈处断裂。

图 1-3　缩颈现象

1.1.1.2　强度指标

衡量金属材料的强度,要同时考虑受力大小和横截面积。单位横截面积上的载荷称为应力用 α 表示,单位为 MPa。即

$$\sigma = \frac{F}{S}$$

式中,F——载荷,N;

　　　S——横截面积,mm^2。

材料的强度指标主要有屈服强度和抗拉强度。

1) 屈服强度

(1) 塑性材料的屈服强度。试样产生屈服现象时所受的应力称为屈服强度,用 R_e 表示,单位为 MPa。屈服强度分为上屈服强度 R_{eH} 和下屈服强度 R_{eL},一般用下屈服强度 R_{eL} 作为衡量指标。屈服强度是金属材料抵抗塑性变形的能力。

$$R_{eL} = \frac{F_{eL}}{S_0}$$

式中,F_{eL}——屈服时的最小载荷,N;

　　　S_0——试样原始横截面积,mm^2。

图 1-4　铸铁的力-伸长曲线

(2) 脆性材料的屈服强度。如图 1-4 所示,对于无明显屈服现象的金属材料(如高碳钢、铸铁),测量屈服点很困难,工程上常采用残余伸长率为 0.2% 时的应力,即规定残余伸长应力 $R_{r0.2}$ 作为屈服强度指标,也称为屈服强度。

$$R_{r0.2} = \frac{F_{r0.2}}{S_0}$$

式中,$F_{r0.2}$——残余伸长率为 0.2% 时的载荷,N。

2) 抗拉强度

试样拉断前所受的最大应力称为抗拉强度,用符号 R_m 表

示,单位是 MPa。抗拉强度是金属材料抵抗断裂的能力。

$$R_m = \frac{F_m}{S_0}$$

式中，F_m——试样拉断前承受的最大载荷，N。

强度是金属材料最重要的力学性能之一。零件、构件、结构在工作过程中在受到超出其材料强度的外力作用时，会发生变形甚至失效。因此，大多数零件设计工作应力不超过其材料的屈服强度。

1.1.2 塑性

金属材料在载荷的作用下，产生塑性变形而不断裂的能力称为塑性。塑性的衡量指标为断后伸长率 A 和断面收缩率 Z，可通过拉伸试验测得。

1.1.2.1 断后伸长率 A

试样拉断后的标距伸长量与原始标距的百分比，称为断后伸长率，用符号 A 表示。若用长试样测试，则用 $A_{11.3}$ 表示。

$$A = \frac{L_u - L_0}{L_0} \times 100\%$$

式中，L_u——试样原始标距长度；

L_0——试样拉断后的标距长度。

1.1.2.2 断面收缩率 Z

试样拉断处横截面积的缩减量与原始横截面积的百分比，称为断面收缩率，用符号 Z 表示。

$$Z = \frac{S_0 - S_u}{S_0} \times 100\%$$

式中，S_0——是试样的原始横截面积；

S_u——是试样断口处的横截面积。

金属材料的断后伸长率和断面收缩率值越大，说明材料的塑性越好。工程中，$A \geqslant 5\%$ 的材料称为塑性材料，如低碳钢；$A < 5\%$ 的材料称为脆性材料，如灰铸铁。塑性直接影响到零件的加工和使用。塑性好的材料易于成型，使用时一旦超载也能产生塑性变形从而避免突然断裂。因此，零件除要求具有一定的强度外，还要求具有一定的塑性。断后伸长率达到 5% 或断面收缩率达 10% 的材料，可满足大多数零件的塑性要求。

[**例题 1**] 宏利机械加工厂购进了一批 25 钢，国标规定其力学性能指标应不低于下列数值：下屈服强度 R_{eL}，275MPa；抗拉强度 R_m，450MPa；断后伸长率 A，23%；断面收缩率 Z，50%。验收时，将钢材制成 $d_0 = 10$mm 的短试样做拉伸试验，测得 $F_{eL} = 23\,100$N，$F_m = 37\,600$N，$L_u = 62.9$mm，$d_u = 6.8$mm。试列式计算这批钢材是否合格。

解：由题意可知：$L_0 = 5d_0 = 5 \times 10 = 50$(mm)

$$S_0 = \frac{\pi d_0^2}{4} \approx \frac{3.14 \times 6.8^2}{4} \approx 79\,(\text{mm}^2)$$

$$S_u = \frac{\pi d_u^2}{4} \approx \frac{3.14 \times 6.8^2}{4} \approx 36(\text{mm}^2)$$

根据计算公式得：

$$R'_{eL} = \frac{F_{eL}}{S_0} = \frac{23\,100}{79} \approx 292(\text{N/mm}^2) > 275(\text{MPa})$$

$$R'_m = \frac{F_m}{S_0} = \frac{37\,600}{79} \approx 476(\text{N/mm}^2) > 450(\text{MPa})$$

$$Z' = \frac{S_0 - S_u}{S_0} \times 100\% = \frac{79 - 36}{79} \times 100\% \approx 54\% > 50\%$$

$$A' = \frac{L_u - L_0}{L_0} \times 100\% = \frac{62.9 - 50}{50} \times 100\% \approx 26\% > 23\%$$

计算结果显示此材料的各项力学性能均优于国标，所以是合格的。

1.1.3　刚度

材料抵抗弹性变形的能力称为刚度。刚度的衡量指标是弹性模量。

弹性模量：弹性变形阶段下应力与应变的比值，用符号 E 表示，单位是 MPa。

$$E = \frac{\sigma}{\varepsilon}$$

式中，$\varepsilon = \frac{\Delta L}{L_0}$。

材料的弹性模量越大，抵抗弹性变形的能力越强，刚度越大。零件的刚度主要决定于所用材料的弹性模量 E，也与形状、截面等有关。如零件的刚度不好，即使有高强度，也会因产生过大的弹性变形而影响加工精度甚至失效。因此，机械零件有一定的刚度要求。

1.1.4　硬度

硬度是指材料抵抗局部变形，特别是塑性变形、压痕或划痕的能力。

硬度反映的是材料抵抗外物压入其表面的能力，是衡量材料软硬程度的判据。硬度还可以间接地反映金属的强度以及金属在化学成分金相组织和热处理工艺上的差别。因此，硬度是各种零件和工具必备的性能指标。一般来说，硬度高的材料，耐磨性好，强度也高。

相比拉伸试验，硬度试验简便易行，因此硬度试验应用更广泛。测试硬度的方法很多，通常用静负荷压入法进行，有布氏硬度试验法、洛氏硬度试验法、维氏硬度试验法三种。

1.1.4.1　布氏硬度

1）测试原理

测试原理是使用硬质合金球压头，以规定的试验力压入试样表面，经规定保持时间后卸除试验力，测量表面压痕直径，以金属表面压痕单位面积上所承受载荷的大小来确定被测金属材料的硬度。如图 1-5 所示。

布氏硬度用符号 HBW 表示（新标准中不再使用钢球压头）。布氏硬度值可按下式计算：

图 1-5　布氏硬度测试原理

$$HBW = 0.102 \frac{F}{S} = 0.102 \times \frac{2F}{\pi D(D - \sqrt{D^2 - d^2})}$$

式中,F——试验力,N;

    S——球面压痕面积,mm²;

    D——球体直径,mm;

    d——压痕平均直径,mm。

布氏硬度的单位为 N/mm²,但是习惯上只写出硬度值不标出单位。

试验时,不用计算,可根据测得压痕直径直接查得。

2)布氏硬度试验条件

标准 GB/T231.1—2002 中规定的了布氏硬度试验条件。做试验时,压头直径、试验力、试验力保持时间都应根据金属材料的种类、硬度值的范围及金属的厚度进行选择。如表 1-1 所示。

标准规定,即不论何种金属,标准的试验力保持时间都相同,都是 10～15s。对于要求试验力保持时间较长的材料,标准试验力保持时间允许误差为为±2s。一般而言,软金属要获得稳定的布氏硬度值,其试验力保持时间应适当加长。

表 1-1 试验力-压头直径平方之比的选择

材料	布氏硬度 HBW	试验力-压头球直径平方的比率 0.102F/D²
钢、镍合金、钛合金		30
铸铁	＜140	10
	≥140	30
铜及铜合金	＜35	5
	35～200	10
	＞200	30
轻金属及合金	＜35	2.5
	35～80	5 10 15
	＞80	10 15
铅、锡		1

3)表示方法

布氏硬度的表示方法是,测定的硬度数值标注在符号 HBW 的前面,符号后面按直径、试验力、试验力保持时间(保持时间为 10～15s 不标注)的顺序,用相应的数字表示试验的条件。例如,600HBW1/30/20 表示用直径为 1mm 的硬质合金球,在 294.2N(30kgf)试验力下保持20s 测定布氏硬度值为 600。

4)优缺点及应用

(1)优点。布氏硬度试验的优点是压头直径大,压痕面积较大,硬度代表性好,其能反映较大范围内金属各组成相综合影响的平均值,因此特别适用于测定灰铸铁、轴承合金和具有粗大晶粒的金属材料。它的试验数据稳定,精度高于洛氏,低于维氏。此外布氏硬度值与抗拉强度值之间存在较好的对应关系。通过测试布氏硬度可以间接得到材料近似的抗拉强度值,这一点在生产实际应用中具有重大意义。

（2）缺点。布氏硬度试验的缺点是压痕较大,不宜测量薄件、成品件,不能测定硬度较高的材料。试验过程比洛氏硬度试验复杂,测量操作和压痕测量都比较费时。为避免球体本身变形影响试验结果的准确性,金属的硬度值的有效范围是小于 650HBW。

（3）应用。布氏硬度主要用于测定灰铸铁、有色金属、退火及调质处理后的钢材等硬度不是太高的材料。

1.1.4.2　洛氏硬度

1）测试原理

测试原理如图 1-6 所示,是用 120°的金刚石圆锥压头或尺寸很小的淬火钢球或硬质合金球作为压头,在初试验力和主试验力的先后作用下,压入材料表面,经规定保持时间后卸除主试验力,在保持初试验力的状态下,根据压痕的深度测定洛氏硬度值。

图 1-6 中:

0—0:未加载荷,压头未接触试件时的位置。

1—1:压头在预载荷 P_0 作用下压入试件的位置,深度为 h_1。

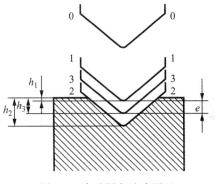

图 1-6　洛氏硬度试验原理

2—2:加主载荷 P_1 后,压头在总载荷 $P = P_0 + P_1$ 的作用下压入试件的位置,压入深度为 h_2。

3—3:去除主载荷 P_1 后但仍保留预载荷 P_0 时压头回升的位置,压头压入试样的深度为 h_3。

卸除主试验力弹性变形恢复,压头位置提高到 h_3,此时压头受主载荷作用实际塑性变形引起的压痕深度为 $e = h_3 - h_1$。

e 值越大,说明试件越软;e 值越小,说明试件越硬。为了适应人们习惯上数值越大硬度越高的概念,人为规定用一常数 K 减去压痕深度 e 的数值来表示硬度的高低,并规定 0.002mm 为一个洛氏硬度单位,则洛氏硬度值为

$$HR = \frac{K - e}{0.002}$$

洛氏硬度用符号 HR 表示,没有单位。测量时硬度值可直接在表盘上读出。（表盘上有红、黑两种刻度,红色的 30 和黑色的 0 相重合。使用金刚石圆锥压头时,常数 K 为 0.2mm,硬度值由黑色表盘表示;使用钢球（$\Phi = 1.588$mm）压头时,常数 K 为 0.26mm,硬度值由红色表盘表示。）

2）洛氏硬度标尺和适用范围

因试验时施加压力和压头材料不同,洛氏硬度的测量尺度也不同。常见的洛氏硬度标尺有 A、B、C 三种,记作 HRA、HRB、HRC。三种洛氏硬度标尺的试验条件和应用范围如表 1-2 所示,其中 HRC 应用较广泛,一般淬火件和工具都采用 HRC 测量。

表 1-2 常用洛氏硬度标尺的试验条件及应用范围

符号	压头	总载荷 kgf(N)	硬度值 有效范围	使用范围
HRA	金钢石圆锥 120°	60(588.4)	20～88HRA	适用于测量硬质合金 表面淬火或渗碳层
HRB	1.588mm(1/16″)淬火钢球	100(980.1)	20～100HRB	适用于测量有色金 属、退火、正火钢等
HRC	金钢石圆锥 120°	150(1471.1)	20～70HRC	适用于测量调质钢 淬火钢等

3）表示方法

洛氏硬度的表示方法是，测定的硬度数值标注在符号 HR 的前面，符号后面标注标尺符号和压头的类型。压头类型采用硬质合金球压头时用 W 表示，采用淬火钢球压头时用 S 表示，采用金刚石圆锥压头时不用任何附加符号。例如，60HRBW 表示 B 标尺，硬质合金球压头测定的洛氏硬度值为 60。

标准规定，标尺为 A、C、D、15N、30N、45N 的洛氏硬度试验均为金刚石圆锥压头，其余标尺的洛氏硬度试验采用钢球或硬质合金球压头。因此，对标尺为 A、C、D、15N、30N、45N 的洛氏硬度试验，表示硬度值时，不必考虑附加任何符号。采用其他标尺的硬度试验需要考虑硬度符号后面附加字母 S 或 W。这一点须加以注意。

4）优缺点及应用

（1）优点。①洛氏硬度试验的优点是压痕小，宜测量薄件、半成品、成品件的硬度。②试验操作简单，可直接读出硬度值。③选用不同的标尺，可测量从很软到很硬的材料硬度，测试范围大。

（2）缺点。①布氏硬度试验的缺点是压痕小，硬度代表性不好，组织不均匀时测到的硬度值波动较大，需在材料的不同部位测四次以上并取平均值。②测量范围广，但是由于所用标尺不同，其硬度值之间不能比较。

（3）应用。洛氏硬度可用于测定硬质合金、表面淬火层、渗碳层、调质钢等硬度较高的场合，可测薄件、半成品、成品件的硬度。洛氏硬度压痕几乎不损伤工件表面，在实际生产的质量检验中应用最多。

1.1.4.3 维氏硬度

1）测试原理

维氏硬度测试原理与布氏硬度基本相同，用正四棱锥体金刚石压头，在试验力作用下压入试样表面，保持规定时间后，卸除试验力，测量试样表面压痕对角线长度，以压痕单位面积上承受的平均压力大小表示材料的硬度，符号为 HV，如图 1-7 所示。

维氏硬度的单位为 N/mm²，但是与布氏硬度一样，习惯上只写出硬度值不标出单位。试验时，也不用计算，根据测得压痕

图 1-7 维氏硬度的测试原理

对角线长度直接查值。

2) 维氏硬度的表示方法

与布氏硬度基本相同表示,维氏硬度符号 HV 前面的数值为硬度值,后面为试验力值。标准的试验保持时间为 $10\sim15s$,如果选用的时间超出这一范围,在力值后面还要注上保持时间。例如:600HV30 表示采用 294.2N(30kgf)的试验力,保持时间 $10\sim15s$ 时得到的维氏硬度值为 600。600HV30/20 表示采用 294.2N(30kgf)的试验力,保持时间 20s 时得到的硬度值为 600。

3) 优缺点

(1) 维氏硬度的优点。①相比于洛氏硬度,维氏硬度的优点在于其硬度值与试验力的大小无关,只要是硬度均匀的材料,可以任意选择试验力,其硬度值不变,使维氏硬度在一个很宽广的硬度范围内具有一个统一的标尺。②相比于布氏硬度,维氏硬度试验测量范围宽广,可以测量目前工业上所用到的几乎全部金属材料,从很软的材料(几个维氏硬度单位)到很硬的材料(3 000 个维氏硬度单位)都可测量。③维氏硬度试验是常用硬度试验方法中精度最高的。④维氏硬度试验的试验力可以很小,压痕非常小,特别适合测试薄小材料。

(2) 维氏硬度试验的缺点。维氏硬度试验效率低,要求较高的试验技术,对于试样表面的光洁度要求较高,通常需要制作专门的试样,操作麻烦费时,通常只用来测试小型精密零件的硬度、表面硬化层硬度和有效硬化层深度、镀层的表面硬度、薄片材料和细线材的硬度、刀刃附近的硬度等。

1.1.5　韧性

韧性是材料在塑性变形和断裂的全过程中吸收能量的能力或材料抵抗裂纹扩展的能力。韧性是材料强度和塑性的综合表现。常用韧性指标:冲击韧度、断裂韧度。

1.1.5.1　冲击韧性

1) 冲击韧性

金属材料抵抗冲击载荷作用而不破坏的能力称为冲击韧性,是用来评价材料在冲击载荷作用下的脆断倾向的。对于承受冲击载荷的汽车发动机中的活塞,锻锤的锻杆等零件不仅要求具有高的强度和一定的塑性,还必须具备足够的冲击韧性。冲击韧性的好坏由冲击韧度的大小来反映。

2) 冲击韧度的测定

如图 1-8 所示,冲击韧度的测定方法,是将被测材料制成标准缺口试样,在冲击试验机上由置于一定高度的重锤自由落下而一次冲断。冲断试样所消耗的能量称为冲击功 A_k,其数值为重锤冲断试样的势能差。冲击韧度值 α_k 就是试样缺口处单位截面积上所消耗的冲击功,这个值越大,受冲击时,越不容易断裂,则韧性越好。

实践证明,冲击韧性对材料的缺陷很敏感,白点、夹杂以及处理过程中产生的过热等缺陷都会降低材料的冲击韧性。因此,在进行材料处理时要尽量避免出现这些缺陷,从而提高材料的冲击韧性。

1.1.5.2　断裂韧性

材料中宏观裂纹的出现是难免的,会造成零件的低应力脆断,从而引发大量工程事故。

图 1-8　冲击试验示意图

断裂韧性反映材料中有宏观裂纹存在时,材料抵抗脆性断裂的能力。断裂韧性的好坏由断裂韧度反映。断裂韧度是裂纹失稳扩展时的应力场强度因子的临界值,符号为 K_{IC}。K_{IC} 的值越大,材料裂纹扩展所需的外力越大,抵抗低应力脆断的能力越高。

断裂韧度与材料本身的成分、成型工艺有关,与裂纹的形状、尺寸及外应力的大小无关。

1.1.6　疲劳强度

1.1.6.1　疲劳断裂

疲劳断裂是指零件在交变载荷作用下,虽然工作应力远低于材料的屈服强度,但经较长时间工作后也会发生断裂的现象。某些零件,如轴、弹簧、齿轮和叶片等都是在交变载荷下长期工作的,工作应力并不太高,符合静强度的设计要求。但是在工作过程中,往往是在工作应力远低于屈服强度的情况下发生疲劳断裂。构件的失效约 80% 是疲劳失效。疲劳断裂前无论是塑性材料还是脆性材料均无明显的塑性变形,是一种无预兆、突然发生的断裂,危险性极大。

如图 1-9 所示,疲劳断裂的基本过程为:裂纹的产生、裂纹扩展、最后断裂。

图 1-9　疲劳断裂断口示意图

1.1.6.2　疲劳强度

研究表明,材料所受的应力越低,断裂前的循环次数越多。

疲劳强度是指材料在“无数”(试验时,钢材的循环次数以 10^7 为基数,有色金属的循环次数以 10^8 为基数)次重复交变载荷的作用下而不破坏的最大应力。当交变应力循环对称时,用符号 σ_{-1} 表示。σ_{-1} 的值越大,材料抵抗疲劳破坏的能力越强。

1.1.6.3　提高疲劳强度的措施

疲劳强度除与材料本质有关外,还与内部组织、零件表面状况、工作温度、腐蚀介质有关。

零件表面粗糙、表面加工缺陷、表面尖角、温度升高和腐蚀环境都能降低疲劳强度。提高零件构件疲劳强度的措施主要有：

(1) 改善材料的内部组织，细化晶粒，减少缺陷。

(2) 降低零件构件的表面粗糙度。

(3) 零件构件的表面尽量避免出现尖角、缺口和截面突变的结构。

(4) 采取表面强化措施，如化学热处理、表面淬火、表面涂层、喷丸等，造成表面的压应力，减少表面拉应力造成裂纹的可能性。

1.2 金属的物理化学性能

1.2.1 金属的物理性能

物理性能是指材料固有的属性，金属的物理性能包括密度、熔点、导电性、导热性、热膨胀性、磁性等。

1.2.1.1 密度

密度是指在一定温度下单位体积物质的质量，单位为 g/cm^3 或 kg/m^3。

密度的大小很大程度上决定了工件的自重，工程上对零件或计算毛坯的质量要利用密度，要求质轻的工件宜采用密度较小的材料，如铝、钛等。常见金属的密度：铁为 $7.87g/cm^3$，铜为 $8.9g/cm^3$，铝为 $2.7g/cm^3$，钛为 $4.5g/cm^3$，锡为 $7.28g/cm^3$，铅为 $11.3g/cm^3$。

1.2.1.2 熔点

熔点是材料从固态转变为液态的温度，金属等晶体材料一般具有固定的熔点，而高分子材料等非晶体材料一般没有固定的熔点。

金属的熔点是热加工的重要工艺参数，对选材、加工有影响。不同熔点的金属具有不同的应用场合：高的熔点金属（如钨、钼等）可用于制造耐高温的零件（如火箭、导弹、燃气轮机零件，电火花加工、焊接电极等），低的熔点金属（如铅、铋、锡等）可用于制造熔丝、焊接钎料。金属的熔点不同，其熔炼温度工艺不同。

1.2.1.3 导电性

导电性是指材料传导电流的能力。

材料的电阻率越小，导电性能越好。金属中银的导电性最好、铜与铝次之。合金的导电性比纯金属差，高分子材料和陶瓷一般都是绝缘体。导电器材常选用导电性良好的材料，以减少损耗；加热元件、电阻丝则选用导电性差的材料制作。

1.2.1.4 导热性

导热性是指金属传导热的能力。

金属具有良好的导热性，尤其是银、铜、铝的导热性很好；一般纯金属具有良好的导热性，合金的成分越复杂，其导热性越差。

导热率是传热设备和元件应考虑的主要性能,对热加工工艺性能也有影响。散热器等传热元件应采用导热性好的材料制造;保温器材应采用导热性差的材料制造。热加工工艺与导热性有密切关系,在热处理、铸造、锻造、焊接过程中,若材料的导热性差,会使工件因内外温差大而出现较大的内应力,导致工件变形或开裂。采用缓慢加热和冷却的方法可降低工件内外温差,防止变形和开裂。

1.2.1.5 热膨胀性

材料随温度的改变而出现体积变化的现象称为热膨胀性。

热膨胀性影响工件的精度。精密量具、零件、仪表、机器等,应选用线膨胀系数小的材料,以免影响精度;机械加工和装配中也应考虑材料的热膨胀性,以保证构件尺寸的准确性和装配的性质。

1.2.1.6 磁性

材料在磁场中被磁化或导磁的能力称为导磁性或磁性。

非铁磁性物质不能被磁铁所吸引,即不能被磁化,如 Al、Cu 等,可用于制作要求避免电磁场干扰的零件和结构件。铁磁性物质可以被磁铁吸引,即能被磁化,如 Fe、Ni、Co 等,可用于制造变压器的铁芯、发电机的转子等。

1.2.2 金属的化学性能

金属的化学性能主要包括耐腐蚀性和抗氧化性。

1.2.2.1 耐腐蚀性

金属材料在常温下抵抗氧、水及其他化学物质腐蚀破坏的能力称为耐腐蚀性。

金属腐蚀形式主要有两种:一种是化学腐蚀,另一种是电化学腐蚀。化学腐蚀是金属直接与周围介质发生纯化学作用,例如钢的氧化反应。电化学腐蚀是金属在酸、碱、盐等电介质溶液中由于原电池的作用而引起的腐蚀。金属的腐蚀既造成表面金属光泽的缺失和材料的损失,也造成一些隐蔽性和突发性的事故。

提高材料的耐腐蚀性的方法很多,如均匀化处理、表面处理等都可以提高材料的耐腐蚀性。金属材料中铬镍不锈钢可以耐含氧酸的腐蚀;而耐候钢、铜及铜合金、铝及铝合金能耐大气的腐蚀。

1.2.2.2 抗氧化性

材料在高温下抵抗氧化的能力称为抗氧化性。在高温下金属材料易与氧结合形成氧化皮,造成金属的损耗和浪费。

高温下使用的工件,如各种加热炉、锅炉等,要求选用抗氧化性良好的材料。材料中的耐热钢、高温合金、钛合金、陶瓷材料等都具有好的高温抗氧化性。

提高高温抗氧化性的措施是:使材料在迅速氧化后能在表面形成一层连续而致密并与母体结合牢靠的膜,从而阻止进一步氧化。

1.3 金属的工艺性能

金属材料的工艺性能是金属在加工制造过程中反映出来的性能。随不同的加工过程,工艺性能包括铸造性能、锻造性能(可锻性)、焊接性能、切削加工性能、热处理工艺性能等几个方面。

1.3.1 铸造性能

铸造性能是指金属材料铸造成形获得优良铸件的能力称为铸造性能。铸造性能用流动性、收缩性和偏析来衡量。

熔融金属的流动能力称为流动性。流动性好的金属易充满铸型,获得外形完整、尺寸精确、轮廓清晰的铸件。

铸件在凝固和冷却过程中,其体积和尺寸减少的现象称为收缩性。收缩不仅影响尺寸,还会使铸件产生缩孔、疏松、内应力、变形和开裂。

金属凝固后,铸锭或铸件化学成分和组织的不均匀现象称为偏析。偏析会使铸件各部分的力学性能有很大的差异,降低铸件的质量。

1.3.2 锻造性能(可锻性)

锻造性能是指金属进行锻造时成型而不开裂的能力。金属材料塑性好、变形抗力小,则其锻造性能好。低碳钢的锻造性能好于高碳钢。

1.3.3 焊接性能

金属材料对焊接加工的适应性称为焊接性。在机械行业中,焊接的主要对象是钢材。碳的质量分数是焊接性能好坏的主要因素。碳的质量分数和合金元素的质量分数越高,焊接性能越差。焊接性能还受到材料本身特性和工艺条件的影响。

1.3.4 切削加工性能

切削加工性能是指金属在进行切削加工时的难易程度,一般用切削后的表面质量(以表面粗糙度高低衡量)和刀具寿命来表示。金属具有适当的硬度和足够的脆性时切削性能良好。铸铁、铝合金、铜合金有较好的切削加工性能,高合金钢的切削性能较差。改变钢的化学成分(加入少量的铅、磷元素)和进行适当的热处理(低碳钢正火、高碳钢球化退火)可提高钢的切削加工性能。

1.3.5 热处理工艺性能

热处理工艺性能是指金属材料适应热处理工艺的能力。热处理工艺性能对于钢是非常重要的,包括淬透性、热应力倾向、加热和冷却过程中裂纹形成倾向等,主要考虑其淬透性即钢接受淬火的能力。含锰(Mn)、铬(Cr)、镍(Ni)等合金元素的合金钢淬透性比较好,碳钢的淬透性比较差。

┌ ─ ─ ─ ─ ─ ─ ─ ┐
  任务实施
└ ─ ─ ─ ─ ─ ─ ─ ┘

1.1   金属材料强度和塑性指标的测定

1.1.1   任务目的

（1）了解材料拉伸时力与变形的关系,观察拉伸过程中的各种现象（屈服、强化、缩颈、断裂）。

（2）测定塑性材料低碳钢的下屈服强度 R_{eL}、抗拉强度 R_m、断后伸长率 A 和断面收缩率 Z。

（3）测定脆性材料白口铸铁的抗拉强度强度数据 R_m。

（4）比较塑性材料与脆性材料在拉伸时的不同。

1.1.2   设备及器材

拉伸试验机,游标卡尺,分规。

1.1.3   任务指导

将标准试样装夹在拉伸试验机上,对试样施加一个缓慢增加的轴向拉力。随着轴向拉力的增加,试样不断产生变形,直到断裂为止。在此过程中,试验机能自动绘制出载荷 F 和试样变形量 ΔL 的关系曲线,即拉伸曲线。不同性质的材料拉伸过程不同,拉伸曲线的形式也不一样。

1.1.3.1   试样

拉伸试样本次拉伸试验采用低碳钢试样、灰铸铁短试样各一件,直径 $d_0 = 10\text{mm}$,标距长度 $L_0 = 50\text{mm}$。

1.1.3.2   主要指标的测定

1）低碳钢强度塑性指标的测定

以低碳钢作为塑性材料的代表,在常温、静载荷下做拉伸实验。测试步骤如下:

（1）用划线机划上试件的标距,并将其 10 等分,以便观察变形沿轴线的分布情况。

（2）用分规和游标卡尺测量试件的直径 d_0 和标距 L_0。在标距中央及两条标距线附近各取一截面进行测量,每一横截面沿互垂方向各测一次取其平均值,再用所得的三个数据中的最小值计算试件的横截面面积。

（3）检查机器,选择度盘并配上相应摆锤。将试件夹装在上夹头中,转动齿杆调整度盘零点,再把试件夹在下夹头中,最后将自动绘图装置调整好。

（4）开动机器进行实验。实验过程中,注意观察自动绘图装置、载荷刻度盘及试件的变形,特别是弹性、屈服、强化和颈缩各阶段的特征,注意记录 P_s 及 P_m。试件断裂后,立即关闭马达。

下屈服力判定:屈服阶段中如呈现两个或两个以上的谷值力,舍去第一个谷值力(第一个极小值力),取其余谷值力中之最小者判为下屈服力。如只呈现一个下降谷值力,此谷值力判为下屈服力。屈服阶段中呈现屈服平台,平台力判为下屈服力。如呈现多个且后者高于前者的屈服平台,判第一个平台力为下屈服力。

(5)卸下拉断的试件,测量颈缩处之最小直径 d_u 和标距长度 L_u。

对于圆形试件,在颈缩最小处两个垂直方向上测量其直径,用两者的平均值作为 d_u。

拉断后标距长度 L_u 的测量:将试件拉断后的两段在拉断处紧密对接起来,尽量使轴线位于一条直线上。若断口位于标距中间 $L_0/3$ 的长度内,则直接测量标距两端点长度得 L_u。若断口离邻近的标距端点距离小于或等于 $L_0/3$ 时,因为试件头部较粗部分将影响颈缩部分的局部伸长量,使 A 偏小,因此需用"断口移中法"来确定。若断口在标距两端点或标距之外,实验结果无效。

(6)观察破坏现象并画下破坏断口的草图。

(7)取下绘图纸,对拉伸图进行修整。

(8)切断电源,整理现场。

2)铸铁的强度塑性指标的测定

以铸铁作为脆性材料的代表,在常温、静载荷下做拉伸实验。

铸铁拉伸测试过程参照低碳钢的拉伸测试过程进行。铸铁没有明显的屈服现象,只测定抗拉强度。

1.1.3.3 填写实训报告

填写实训报告,如表 1-3 和表 1-4 所示。

表 1-3 测定低碳钢拉伸时的强度和塑性性能指标的数据记录与计算

试 样 尺 寸		实 验 数 据	
实验前:		屈服载荷 $F_{eL}=$	kN
标　　距 $L_0=$　　mm		最大载荷 $F_m=$	kN
直　　径 $d_0=$　　mm		屈服应力 $R_{eL}=F_{eL}/S_0=$	MPa
实验后:		抗拉强度 $R_m=F_m/S_0=$	MPa
标　　距 $L_u=$　　mm		伸长率 $A=(L_u-L_0)/L_0\times100\%=$	
最小直径 $d_u=$　　mm		断面收缩率 $Z=(S_u-S_0)/S_0\times100\%=$	
拉断后的试样草图		试样的拉伸图	

表 1-4　测定灰铸铁拉伸时的强度性能指标

试　样　尺　寸	实　验　数　据
实验前： 　直　　径 $d_0=$　　　　mm	最大载荷 $F_m=$　　　　kN 抗拉强度 $R_m=F_m/S_0=$　　　　MPa
拉断后的试样草图	试样的拉伸图

1.2　硬度的测定

1.2.1　任务目的

(1) 分别在洛氏硬度计上测定 20 钢正火试样、45 钢退火试样、T8 钢淬火试样的 HR 值。在布氏硬度计上测定铝、黄铜、45 钢退火试样。

(2) 掌握布氏、洛氏硬度测定的基本原理及应用范围。

(3) 了解布氏、洛氏硬度试验机硬度数据的测试方法。

1.2.2　设备及器材

HB-3000 布氏硬度试验机，HR-150 型洛氏硬度试验机。

1.2.3　任务指导

1.2.3.1　布氏硬度的测定

(1) 根据试样金属类型、硬度范围及厚度按表 1-1 选择压头（球直径）及试验力。

根据材料种类和硬度范围，按表 1-1 选择 $0.102F/D^2$ 值，一般较硬的材料选择较高的 $0.102F/D^2$ 值，较软的材料选择较低的 $0.102F/D^2$ 值，钢材料只选择 $0.102F/D^2=30$。根据试样的厚度和大小选择压头试验力 F，对于较厚、较大的试样，应尽量选用 10mm 的压头和相应的试验力，因为这样最能体现布氏硬度计的特点。对于较薄、较小的试样，应选用较小的压头和较小的试验力，以保证满足布氏硬度试验关于"试样厚度应大于压痕深度的 8 倍的要求。完成上述选择之后应进行初步试验，确定压痕直径是否满足 $0.24D<d<0.6D$。如果满足这一要求，就可进行正式测试，并查表得到布氏硬度值。如果不满足这一要求，当压痕直径小于 $0.24D$ 时，说明压痕过小，应重新选择大一些的试验力。当压痕直径大于 $0.6D$ 时，说明压痕过

大,应重新选择小一些的试验力。

（2）放置试样。试样应稳固地放在试台上,试样背面与试台面之间应清洁。

（3）转动手轮上升试台,使压头与试样接触至手轮与丝母产生相对滑动。

（4）试验力保持时间。根据表1-1所列类型,选择好试验力保持时间后,将螺钉松开,把圆盘的弹簧定位器旋转至所需的时间位置上。

（5）打开电源开关,接通电源,此时电源指示灯(红灯)亮。启动按钮开关,按住延时2s后,立即作好旋紧固定螺丝钉的准备,在保荷指示灯(绿灯)亮的同时迅速拧紧固定螺钉,使圆盘随曲柄一起转至换向、停止。保荷指示灯闪亮到熄灭为试验保荷时间。

（6）试验结果:试验结束后,旋转手轮取下试样,用读数显示微镜测量试样表面的压痕直径,压痕直径应从两个相互垂直的方向测量,取其算术平均值。压痕两直径之差不应超过较小直径的2%,将测得数值查表得出硬度值。

（7）填写实训报告,如表1-5所示。

表1-5　布氏硬度值的测定

材料			钢的载荷选择		压痕直径 d/mm	布氏硬度值
名称	厚度/mm	状态	压球直径 D/mm	载荷大小/kg		

1.2.3.2　洛氏硬度的测定

1）选用压头和总试验力

按表1-6选用压头和总试验力。

表1-6　洛氏硬度压头类型和总试验力

洛氏硬度标尺	硬度符号	压头类型	初试验力 F_0/N	主试验力 F_1/N	总试验力 F_0+F_1/N	适用范围
A	HRA	120°金刚石圆锥	98.07	490.3	588.4	20～88HRA
B	HRB	1.5875mm 钢球	98.07	882.6	980.7	20～100HRB
C	HRC	120°金刚石圆锥	98.07	1373	1471	20～70HRC
D	HRD	120°金刚石圆锥	98.07	882.6	980.7	40～77HRD
E	HRE	3.175mm 钢球	98.07	882.6	980.7	70～100HRE
F	HRF	1.5875mm 钢球	98.07	490.3	588.4	60～100HRF
G	HRG	1.5875mm 钢球	98.07	1373	1471	30～94HRG
H	HRH	3.175mm 钢球	98.07	490.3	588.4	80～100HRH
K	HRK	3.175mm 钢球	98.07	1373	1471	40～100HRK

2）试验前的准备工作

（1）调整主试验力的加荷速度。加荷时间应在 4～8s 范围内，如不符合，可反复进行调整，直到合适为止。

（2）试验力的选择。转动把手使所选用的试验力对准红点，但必须注意变换试验力时，手柄必须置于卸荷状态即后极限位置。

（3）安装压头。安装压头时应注意消除压头与主轴端面的间隙。

3）测定硬度

（1）将丝杠顶面及被选用的工作台上下端面擦干净，将工作台置于丝杠上。

（2）将试件支撑面擦干净，放在工作台上，旋转手轮使工作台缓慢上升，并顶起压头，到小指针指着红点，大指针旋转三圈垂直向上为止允许相差±5 个刻度，若超过 5 个刻度，则此点应作废，重新试验。

（3）旋转指示器外壳，使 C、B 之间长刻线与大指针对正，顺、逆时针旋转均可。

（4）拉动加荷手柄，施加主试验力，这时指示器的大指针按逆时针方向转动。

（5）当指示器指针的转动显著地停顿下来后，即可将卸荷手柄推回，卸除主试验力。注意：主试验力的施加与卸除，均需缓慢进行。

（6）从指示器上相应的标尺读数：采用金刚石压头试验时，按表盘外圈的黑体字读取；采用钢球压头试验时，按表盘内圈的红字读取。

（7）转动手轮使试件下降，再轻轻移动试件后，按上述过程进行新的试验。

（8）填写实训报告，如表 1-7 所示。

表 1-7　洛氏硬度值的测定

材料		压头	总载荷	洛氏硬度值
名称	状态			

1.2.3.3　实验结果分析

（1）简述布氏硬度试验原理，应用范围及特点。

（2）简述洛氏硬度的试验原理，应用范围及特点。

项目小结

1. 材料的力学性能指标主要有强度、塑性、刚度、硬度、韧性、疲劳强度等。

2. 强度是材料在静载荷作用下抵抗塑性变形或断裂的能力，考核指标主要有屈服强度和抗拉强度。

3. 塑性是材料在断裂前产生塑性变形的能力,考核指标主要有断后伸长率和断面收缩率。

4. 硬度的常用测定方法有布氏硬度、洛氏硬度和维氏硬度。硬度与屈服强度的对应性较好。

5. 刚度的考核指标主要有弹性模量,其值越高,材料的刚度越好。

6. 韧性指标包括冲击韧度和断裂韧度。前者是衡量材料抵抗冲击载荷破坏的能力,后者是衡量材料抵抗裂纹扩展(低应力脆断)的能力。

7. 疲劳强度衡量材料抵抗循环交变载荷破坏的能力。

8. 强度、塑性、硬度、刚度都是在静载荷作用下测定的,韧性和疲劳强度则分别是在冲击载荷和交变载荷的作用下测定。

项目习题

1. 何为载荷?载荷分为哪些类型?

2. 弹性变形和塑性变形有什么不同?

3. 金属材料的使用性能包括什么?工艺性能包括什么?

4. 材料的力学性能有哪些?

5. 何谓材料的强度?强度的主要衡量指标有哪些?各用什么符号表示?简述低碳钢的拉伸变形过程并画出力-伸长曲线。

6. 衡量塑性的指标有哪些,各用什么符号表示?

7. 光明机械厂购进了一批 40 钢,按国家规定,它的力学性能指标应不低于下列数值:下屈服强度 R_{eL},335MPa;抗拉强度 R_m,570MPa;断后伸长率 A,19%;断面收缩率 Z,45%。验收时,将钢材制成 $d_0 = 10mm$ 的短试样做拉伸试验,测得 $F_{eL} = 29\,980N$,$F_m = 46\,200N$,$L_u = 60.1mm$,$d_u = 7.4mm$。试列式计算这批钢材是否合格。(得数保留整数)

8. 零件工作时若要不发生明显的塑性变形,所受应力应在什么范围?

9. 500HBW5/750,65HRC,500HV20 各表示什么含义?

10. 常用的硬度测定方法有哪些?各有什么特点?

11. 常见的洛氏硬度标尺有哪三种?各适用于测定哪些材料?

12. 下列情况采用什么方法测定硬度?写出硬度符号。

(1)铸铁缸盖;

(2)黄铜轴套;

(3)表面淬火钢;

(4)硬质合金刀片。

13. 什么是冲击韧性?其考核指标是什么?

14. 什么是疲劳断裂?疲劳断裂有什么危害?

15. 金属材料的工艺性能包括哪些方面?

16. 金属材料的物理化学性能各包括哪些内容?

项目 2　铁碳合金金相组织观察及铁碳合金相图的应用

知识目标

1. 准确理解晶体与非晶体的性能区别和合金、元、相、组织的含义，掌握晶体的主要晶格类型、固溶强化、结晶过程的本质、晶粒大小对合金性能的影响及细化晶粒的方法，掌握合金的三类主要组织。

2. 掌握铁的同素异构转变过程、铁碳合金的基本相和组织及其性能特点。

3. 掌握铁碳合金相图中特性点、特性线意义。

4. 共析钢、亚共析钢、过共析钢随温度变化所产生的组织变化过程。

5. 共晶白口铸铁、亚共晶白口铸铁、过共晶白口铸铁随温度变化所产生的组织变化过程。

6. 掌握含碳量对铁碳合金组织性能的影响。

7. 掌握各种典型铁碳合金的显微金相组织特征。

8. 掌握铁碳合金相图的用途。

技能目标

1. 能应用铁碳合金相图，分析不同含碳量的铁碳合金在不同温度下的组织。

2. 能观察判断典型铁碳合金的显微金相组织。

3. 能应用铁碳合金相图分析铁碳合金在不同温度、不同含碳量时的性能特点和工艺性能。

本项目导语

不同的金属具有不同的性能，如钢的强度好于铜合金，但是导电性却低于铜合金。同一种金属在不同的状态下性能也有差异，比如钢的塑性在加热后会大大提高。金属性能的这些差异，取决于金属的内部组织结构。

钢和铸铁统称铁碳合金，是工业中应用最广泛的金属材料。通过研究它们的内部组织结构和相图，了解金属性能变化的规律，可以找到提高铁碳合金性能的合理途径并为制定合理的金属加工方案提供依据。

2.1　纯金属的晶体结构

2.1.1　晶体与非晶体

固态物质的性能与原子在空间的排列情况有着密切的关系。固态物质按原子排列特点可分为晶体与非晶体两大类。

2.1.1.1　晶体

凡原子按一定几何规律排列的固态物质称为晶体。如金刚石、石墨和常见的固态金属及其合金等。

晶体的特点:原子在三维空间呈有规则的周期性重复排列;具有固定的熔点,如铁的熔点为1 538℃,铜的熔点为1 083℃;晶体的性能随着原子的排列方位而改变,即单晶体具有各向异性的特点。

2.1.1.2　非晶体

凡原子无规则堆积的固态物质称为非晶体。如塑料、玻璃、松香、沥青等。

非晶体的特点:原子在三维空间呈不规则的排列;没有固定熔点,随着温度的升高将逐渐变软,最终变为有明显流动性的液体,各个方向上的原子聚集密集大致相同,即具有各向同性。

2.1.2　晶体结构

2.1.2.1　晶格

晶体内部的原子是按一定的几何规律排列的。为清楚地表明原子在空间的排列规律,人为地将原子看作一个点,再用一些假想线条,将晶体中各原子的中心连接起来,便形成了一个有规律的空间格子,这种抽象的、用于描述原子在晶体中规则排列方式的空间几何图形称为结晶格子,简称晶格,如图 2-1 所示。晶格中的每个的点称为结点,晶格中各种不同方位的原子面称为晶面。

图 2-1　晶格示意图

2.1.2.2 晶胞

组成晶格的最基本几何单元称为晶胞。晶体中原子的排列具有周期性变化的特点,因此只要在晶格中选取一个能够完全反映晶格特征的最小的几何单元进行分析,便能确定原子排列的规律。实际上整个晶格就是由许多大小、形状和位向相同的晶胞在空间重复堆积而成的。

2.1.3 常见金属晶格类型

研究表明,在金属元素中,约有90％以上的金属晶体都属于体心立方晶格、面心立方晶格和密排六方晶格三种晶格类型。除以上三种晶格以外,少数金属还具有其他类型的晶格,但一般很少遇到。

金属晶格在各个方向上排列不同,距离不同,导致原子结合力在不同方向上的差异,晶体的性能也在各个方向上表现不同,即是晶体的各向异性。一般情况,面心立方的金属塑性最好,体心立方次之,密排六方的金属塑性较差。

2.1.3.1 体心立方晶格

1) 结构特点
晶胞是一个立方体,原子位于立方体的8个顶点和立方体的中心,如图2-2所示。
2) 典型金属
属于这种晶格的金属有:铬(Cr)、钒(V)、钨(W)、钼(Mo)及铁(α-Fe)等。

图2-2 体心立方晶格

2.1.3.2 面心立方晶格

1) 结构特点
晶胞是一个立方体,原子位于立方体的8个顶点和立方体6个面的中心,如图2-3所示。

图2-3 面心立方晶格

2）典型金属

属于这种晶格的金属有：金（Au）、铝（Al）、铜（Cu）、镍（Ni）、铁（γ-Fe）等。

2.1.3.3　密排六方晶格

1）结构特点

晶胞是一个六棱柱体，原子位于六棱柱体的 12 个顶点和上下两底面的中心，棱柱的内部还均匀分布 3 个原子，如图 2-4 所示。

图 2-4　密排六方晶格

2）典型金属

属于这种晶格的金属有：镁（Mg）、锌（Zn）、铍（Be）、镉（Cd）、锆（Zr）等。

2.1.4　金属实际晶体结构

2.1.4.1　单晶体与多晶体

如果一块晶体，其内部的晶格位向完全一致，称这块晶体为单晶体，如图 2-5（a）所示。以上讨论的情况都指这种单晶体的情况。但在工业金属材料中，除非专门制作，否则都不是单晶体。如图 2-5（b）所示，实际金属材料是由许多位向不同的晶粒组成的晶体结构，称为多晶体。就是在一块很小的金属中也含着许许多多的小晶体。每个小晶体的内部，晶格位向都是均匀一致的，而各个小晶体之间，彼此的位向都不相同。这种小晶体的外形呈颗粒状，称为晶粒，晶粒与晶粒之间的

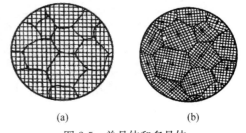

(a)　　　　　　(b)

图 2-5　单晶体和多晶体

(a) 单晶体；(b) 多晶体

界面称为晶界。在晶界处，原子排列为适应两晶粒间不同晶格位向的过渡，总是不规则的。

2.1.4.2　单晶体多晶体的性能差异

对于单晶体，由于各个方向上原子排列不同，导致各个方向上的性能不同，即"各向异性"的特点；而多晶体的每个小晶粒具有"各向异性"的特点，但就多晶体的整体而言，由于各小晶粒的位向不同，表现的是各小晶粒的平均性能，不具备"各向异性"的特点。因此，实际使用的金属材料一般不具有各向异性。

2.2　金属的结晶与同素异构转变

2.2.1　金属的结晶

结晶,一般指金属自液态向固态过渡时晶体结构形成的过程,或者说原子从不规则排列状态过渡到规则排列状态的过程。

2.2.1.1　过冷度

金属在熔点 T_0 温度处液体与晶体处于平衡状态。实践证明,如欲使金属结晶以显著的速度进行,必须将液态金属冷至熔点以下某一温度 T_n,这就是金属结晶时的过冷现象。金属总是在过冷的情况下结晶的,过冷是金属结晶的必要条件。

理论结晶温度 T_0 与实际结晶温度 T_n 之差称为过冷度。各种金属结晶的过冷度都不大,通常只有几度。过冷度不是常数,不同种类金属的过冷度不同,同一金属的过冷度也随冷却速度的不同而不同。同一金属从液态冷却时,冷却速度大,结晶的过冷度也越大。

与结晶情况相反,当固态金属加热时,实际熔化温度高于理论熔化温度。

2.2.1.2　金属的结晶过程

金属的结晶过程如图 2-6 所示。

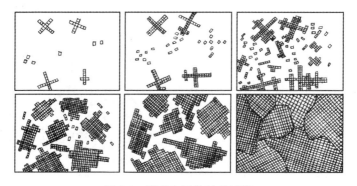

图 2-6　液态金属的结晶过程

图 2-6 所示的结晶过程完成之后,便得到由许多形状不规则的小晶体(晶粒)组成的金属组织,即多晶体。金属组织中的晶粒大小取决于结晶过程中晶核数目的多少及其长大速度,而晶粒的形状则决定于晶体结晶过程中的成长方式。

晶核长大初期,因内部原子排列规则的缘故,其外形是比较规则的。随着晶粒的长大,尖角处的散热比较好,晶粒在尖角处容易长大,继而延伸出新的尖角分支,就像树枝一样先长主干后长分枝,如图 2-7 所示,这种生长方式下得到的晶体称为树枝状晶体,简称枝晶。

2.2.1.3　晶粒大小对性能的影响

实践证明,细晶粒金属具有较高的综合力学性能,即强度、硬度、塑性及韧性都比较好。主要原因是晶粒越细小,晶界数目越多,移动阻力越大,塑性变形抗力增加;同时变形亦可分散到

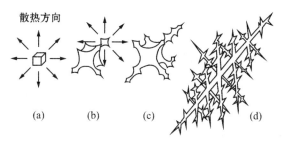

散热方向

(a)　　　(b)　　　(c)　　　　　　(d)

图 2-7　树枝晶

更多的晶粒内进行,晶界还可阻挡裂纹的扩展,从而使金属的各项力学性能提高。因此,生产上对控制金属材料的晶粒大小相当重视,通过采取必要的措施来细化晶粒。

金属结晶后的晶粒大小取决于结晶时的形核率和晶核的长大速度。形核率越高,晶核长大速度越小,结晶后获得的晶粒数目就越多,晶粒就越细小。常用的细化晶粒方法有增加过冷度、变质处理和振动处理三种。

(1) 增加过冷度。增加过冷度就是加快液态金属的冷却速度。金属的形核率和晶核的长大速度都随过冷度的增大而加快,但是形核率的增长速度大于晶核的长大速度,所以,增加过冷度可以细化晶粒。这种方法只适用于中、小型铸件。生产过程中以增加液态金属冷却速度的方法达到增加过冷度的目的,如以金属铸型代替砂型。

(2) 变质处理。变质处理是指在浇注前向液态金属中加入一些形核剂(又称变质剂或孕育剂),使其分散在金属溶液中作为非自发晶核,使晶核的数目显著增加,并降低晶核的长大速度,从而达到细化晶粒的目的。常见的铸铁孕育剂有硅铁、硅钙、硅钡孕育剂;钢中加入合金元素钒、钛、铝,都能起到细化晶粒的作用。

(3) 振动处理。振动处理是指在金属结晶时,对液态金属进行机械振动、超声波振动、电磁振动等,使生长中的枝晶破碎,阻碍晶粒长大和增加形核率,起到细化晶粒的作用。

2.2.2　金属的同素异构转变

大多数金属在结晶终了后继续冷却,其晶体结构不再发生变化。但是也有些金属在不同温度下晶格类型也不同,从而导致力学性能不同。

金属在固态下随着温度的改变,由一种晶格形式转变为另一种晶格形式的现象,称为金属的同素异构转变。以不同晶格形式存在的同一金属元素的晶体称为该金属的同素异构体或同素异晶体。同一金属的同素异晶体按其稳定存在的温度,由低温到高温依次用希腊字母 α、β、γ、δ 等表示。具有同素异构转变的金属有铁、钴、钛、锡、锰等。

2.2.2.1　纯铁的同素异构转变

铁的同素异构转变是铁的重要特性,是钢和铸铁能通过热处理改变组织和性能的前提。

如图 2-8 所示为纯铁的冷却曲线。由图可见,液态纯铁在 1538℃结晶为具有体心立方晶格的 δ-Fe,继续冷却到 1394℃时发生同素异构转变,由体心立方晶格的 δ-Fe 转变为面心立方晶格的 γ-Fe;继续冷却到 912℃时再次发生同素异构转变,面心立方晶格的 γ-Fe 转变为体心立方晶格的 α-Fe,继续冷却,晶格类型不再发生变化。其转变过程可概括为

$$1538\text{℃}\quad(\delta\text{-Fe})\qquad 1394\text{℃}\quad(\gamma\text{-Fe})\qquad 912\text{℃}\quad(\alpha\text{-Fe})$$

液态纯铁 $\Longleftrightarrow$ 体心立方晶格 $\Longleftrightarrow$ 面心立方晶格 $\Longleftrightarrow$ 体心立方晶格

另外,纯铁在770℃发生磁性转变,即770℃以下具有磁性,770℃以上失去磁性,这个过程不发生晶格转变,不是同素异构转变。

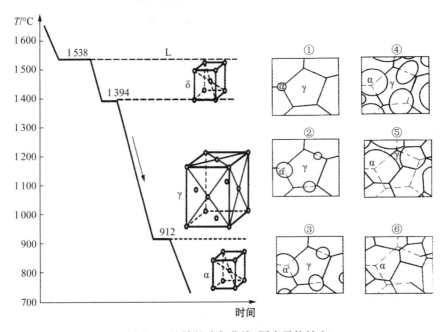

图2-8　纯铁的冷却曲线(同素异构转变)

2.2.2.2　金属同素异构转变的特点

金属的同素异构转变又称作重结晶,其过程与液态金属的结晶过程相似,遵循结晶的一般规律:都有一定的转变温度,转变时有过冷现象;放出和吸收潜热;转变过程也是一个形核和晶核长大的过程。

区别是:同素异构转变时,新晶格的晶核优先在原来晶粒的晶界处形核;转变需要较大的过冷度;晶格的变化伴随着金属体积的变化;转变时会产生较大的内应力。例如 γ-Fe 转变为 α-Fe 时,铁的体积会膨胀约1%,这是钢热处理时引起应力,导致工件变形和开裂的重要原因。

正是由于铁随温度的改变晶格也发生变化并生成新晶粒,热处理才能使钢和铸铁发生组织性能的改变。不发生同素异构转变的金属是不能进行热处理的。

2.3　合金的组织

纯金属虽然具有优良的塑性和优异的导电、导热等性能,但它的其他力学性能较差,不能满足各种不同加工和使用要求,再者纯金属价格昂贵,在使用上受到很大限制。因此,实际生产中使用的金属材料大多是合金,尤其是铁碳合金。合金的成分可根据需要配制,以获得不同性能的金属材料。

2.3.1 合金的基本知识

合金是由两种以上的金属元素，或金属与非金属元素组成的具有金属特性的物质。如碳素钢和铸铁都是铁与碳组成的合金；黄铜是铜与锌组成的合金。

组成合金的最基本的独立物质称为组元，简称元。组元一般是指组成合金的元素，但一些稳定的化合物有时也可作为组元，如 Fe_3C。根据组成合金的组元数目，合金可分为二元合金、三元合金和多元合金。例如，白铜是铜与镍组成的二元合金。

在合金中化学成分、晶体结构和性能相同的组成部分称为相。相与相之间有明显的界面，称为相界。

将合金的试样表面抛光、侵蚀后在显微镜下观察到的合金独特具有的微观形貌特征称为组织。由单一相构成的组织称为单相组织。由不同相构成的组织称为多相组织。组织反映材料的相组成、相形态、大小和分布状况，因此组织是决定合金材料最终性能的关键。

2.3.2 合金的组织

多数合金组元液态时都能互相溶解，形成均匀液相。冷却至固态时由于各组分之间相互作用不同，形成不同的组织。通常固态合金有固溶体、金属化合物和机械混合物三类组织。

2.3.2.1 固溶体

合金由液态结晶为固态时，一种组元的晶格中溶入另一种或多种其他组元而形成的均匀固相称为固溶体。晶格保持不变的组元称为溶剂，晶格消失的组元称为溶质。固溶体是单相组织。

1) 固溶体的种类

根据溶质原子在溶剂晶格中所占位置的不同，固溶体可分为间隙固溶体和置换固溶体。

(1) 间隙固溶体。溶质原子溶入溶剂晶格之中而形成的固溶体称为间隙固溶体，如图 2-9(a)所示。一般在溶质原子与溶剂原子直径之比小于 0.59 时，形成间隙固溶体。

(2) 置换固溶体。溶剂晶格结点上的部分原子被溶质原子所替代而形成的固溶体称为置换固溶体，如图 2-9(b)所示。一般情况下，当溶剂和溶质原子直径差别不大时，易于形成置换固溶体。

图 2-9　固溶体示意图

(a) 间隙固溶体；(b) 置换固溶体

2）固溶体的溶解度

溶质原子溶于固溶体中的量称为固溶体的溶解度，通常用质量百分数来表示。间隙固溶体的溶解度与温度有密切的关系，温度越高，晶格中的间隙位置越多，溶解度就越大。但间隙位置总是有限的，所以间隙固溶体是有限固溶体。一般情况下，置换固溶体的溶解度取决于溶质原子与溶剂原子的相似度（原子半径、晶格类型、在化学周期表中的位置等），两者差别越小，溶解度越大。如两者晶格类型相同，原子半径相似，周期表中位置相近，溶解度就很大，甚至可形成无限固溶体。

3）固溶强化

由于溶质原子与溶剂原子总是有差别的，所以溶质原子的溶入会引起晶格发生畸变。晶格畸变使合金变形阻力增大，从而提高了合金的强度和硬度。这种通过溶入合金元素使金属材料强度、硬度提高的现象称为固溶强化。它是提高材料力学性能的重要途径之一。

相比于冷变形强化，当固溶体中溶质含量适度时，不仅可提高材料的强度和硬度，还能保持良好的塑性和韧性。实际生产中，铜中加入 39% 以下的锌构成单相黄铜，可使抗拉强度从 220MPa 提升到 380MPa 且仍然保持 50% 以上的伸长率。

2.3.2.2　金属化合物

合金组元间发生相互作用而形成一种具有金属特性的物质称为金属化合物，它的晶格类型和性能完全不同于任一组元，一般可用化学分子式表示，如钢中的渗碳体用 Fe_3C 表示。

金属化合物具有熔点高、硬度高、脆性大的特点。在合金中金属化合物主要作为强化相存在，可以提高材料的强度、硬度和耐磨性，但会使合金的塑性和韧性有所降低。金属化合物是各类钢、硬质合金及有色金属中的重要组成相。金属化合物是单相组织。

2.3.2.3　混合物

两种或两种以上的相按一定质量百分数组合成的物质称为混合物。混合物中各组成相仍保持自己的晶格，彼此无交互作用。混合物可以是纯金属、金属化合物、固溶体之间的混合，其性能主要取决于各组成相的性能、质量百分数以及分布状态。混合物是多相组织。

大多数合金的组织都是由固溶体和少量金属化合物组成的混合物，如钢中的大部分组织就是混合物。

2.4　铁碳合金的组织

纯铁的塑性很好，但是强度硬度很低，难以满足零件的使用要求。向铁中加入少量的碳形成铁碳合金后，其组织和性能就发生了很大的改变。

铁与碳在固态下的结合方式有两种：含碳量低时形成固溶体；含碳量高时形成金属化合物。另外，铁碳合金中还有由固溶体和铁碳化合物组成的混合物。以下是铁碳合金中的几种基本组织。

2.4.1　铁素体

铁素体是碳溶解在 α-Fe 中所形成的间隙固溶体，用符号 F 表示。铁素体呈体心立方晶格,由于晶格原子之间间隙较小,所以碳在 α-Fe 中溶解度极小,室温时 $w_C = 0.0008\%$,在 727℃时达到最大溶解度 $w_C = 0.0218\%$。铁素体是在 727℃以下存在的。

铁素体的含碳量低,所以其力学性能与纯铁性能相似,特点是塑性、韧性好($A = 30\% \sim 50\%$,$\alpha_k = 160 \sim 200\text{J}/\text{cm}^2$),而强度、硬度低($R_m = 180 \sim 280\text{MPa}$,$50 \sim 80\text{HBW}$)。

铁素体显微组织也与纯铁相似,为多边形晶粒组织,如图 2-10 所示。

图 2-10　铁素体的晶胞和显微组织

2.4.2　奥氏体

奥氏体是碳溶解在 γ-Fe 中形成的间隙固溶体,用符号 A 表示。如图 2-11 所示,奥氏体呈面心立方晶格,晶格原子间隙较大,所以碳在 γ-Fe 中的溶解度比在 α-Fe 中大,在 727℃时 $w_C = 0.77\%$;在 1148℃时溶解度最大,$w_C = 2.11\%$。

奥氏体是一种高温组织,稳定存在的温度范围为 727～1394℃,显微组织为多边形晶粒,晶粒内常可见到孪晶(晶粒的平行的直线条),如图 2-11 所示。

图 2-11　奥氏体的晶胞和显微组织

奥氏体性能与其含碳量和晶粒大小有关。奥氏体具有强度和硬度不高($R_m = 400\text{MPa}$,$120 \sim 220\text{HBW}$),塑性、韧性良好($A = 40\% \sim 50\%$)和变形抗力较低的性能特点。生产中利用奥氏体塑性好的特点,常将钢加热到高温奥氏体状态进行塑性加工。

2.4.3　渗碳体

渗碳体是铁和碳形成的一种具有复杂晶格的金属化合物,用化学分子式 Fe_3C 表示,也可用符号 Cm 来表示。它的含碳质量百分数 $w_C = 6.69\%$,熔点为 1227℃。

渗碳体的力学性能特点是硬度高(800HBW),脆性大,塑性和韧性几乎为零,是一种硬而脆的组织。渗碳体不能单独使用,在钢中作为强化相存在,通常与铁素体和奥氏体组成混合物。根据生成条件不同,渗碳体有条状、网状、片状、粒状等形态,它们的大小、数量、分布会对铁碳合金性能产生很大影响。

渗碳体是一种亚稳定相,在一定条件下可分解,形成石墨。

2.4.4 珠光体

珠光体是由铁素体和渗碳体组成的机械混合物,用符号 P 表示。珠光体是含碳量为 0.77% 的奥氏体冷却至 727℃ 发生共析转变的产物,所以含碳质量百分数平均为 $w_C = 0.77\%$。珠光体只存在于 727℃ 以下。

珠光体显微组织为由铁素体片与渗碳体片交替排列的片状组织,高碳钢经球化退火后也可获得球状珠光体(也称粒状珠光体),如图 2-12 所示。

珠光体力学性能介于铁素体与渗碳体之间,强度较高,硬度适中,塑性和韧性较好($R_m = 770MPa$、180HBW、$A = 20\% \sim 35\%$、$\alpha_k = 10 \sim 20J/cm^2$)。

(a)   (b)

图 2-12 珠光体的显微组织图
(a) 片状珠光体;(b) 球状珠光体

2.4.5 莱氏体

莱氏体是由奥氏体和渗碳体组成的机械混合物。莱氏体是含碳量 $w_C = 4.3\%$ 的铁碳合金冷却到 1148℃ 时共晶转变的产物,所以含碳质量百分数平均为 $w_C = 4.3\%$。存在于 1148 ～ 727℃ 之间的莱氏体称为高温莱氏体,用符号 Ld 表示,组织由奥氏体和渗碳体组成;存在于 727℃ 以下的莱氏体称为低温莱氏体,用符号 Ld′ 表示,组织由珠光体和渗碳体组成。

莱氏体的力学性能与渗碳体相似,硬度很高(700HBW 以上),塑性极差,几乎为零。

莱氏体的显微组织如图 2-13 所示。

上述五种组织,铁素体、奥氏体、渗碳体是铁碳合金的基本相,而珠光体和莱氏体是由基本相混合而成的基本组织。

图 2-13 莱氏体的显微组织

2.5 铁碳合金相图

合金相图表示在平衡条件下(极其缓慢加热和冷却)合金成分、温度、组织状态之间的关系图形,又称为合金状态图。铁碳合金相图是表示在极其缓慢加热和冷却的条件下,不同成分铁碳合金的组织状态与温度之间的关系图形。相图测定方法为热分析法,即对不同成分(含碳量)的合金进行加热熔化,观察其在缓慢加热和冷却过程中内部组织的变化,测出其相变临界点,并标于"温度-成分"坐标系中,将性质相同的临界点用光滑线段连接起来,就绘成相图。

2.5.1　Fe-Fe₃C 相图中的特性点、线

铁碳合金相图的横坐标为合金的成分(含碳量),纵坐标为合金的温度。对于铁碳合金来说,当含碳量大于 6.69% 时,铁碳合金脆性极大,加工困难,生产中无实用价值,并且 Fe_3C($w_C=6.69\%$)可以作为一个独立组元,因此,我们仅研究含碳为 0~6.69% 的 Fe-Fe₃C 相图部分,且为便于研究将相图左上角部分简化,图 2-14 为简化后的 Fe-Fe₃C 相图。

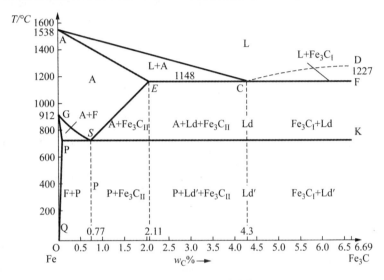

图 2-14　Fe-Fe₃C 相图

2.5.1.1　Fe-Fe₃C 相图的特性点

简化后的 Fe-Fe₃C 相图可看作由两个简单组元 Fe 和 Fe₃C 组成的典型二元相图。图 2-14 中纵坐标表示温度,横坐标表示成分。左端原点 $w_C=0$,即纯铁;右端点 $w_C=6.69\%$,即 Fe₃C。相图上的任意一点横坐标上均代表一种铁碳合金的成分,即含碳量;纵坐标代表该合金所在的温度。例如 S 点表示 727℃时 $w_C=0.77\%$ 的铁碳合金;E 点表示 1 148℃时 $w_C=2.11\%$ 的铁碳合金。

Fe-Fe₃C 相图中用字母标出的点都有一定的特性含义,称为特性点。

Fe-Fe₃C 相图中各特性点的温度、成分及含义见表 2-1。

表 2-1　Fe-Fe₃C 相图特性点

特性点	温度 T/℃	w_C/%	含　义
A	1 538	0	纯铁的熔点
C	1 148	4.3	共晶点,$L_c \leftrightarrow L_d$
D	1 227	6.69	渗碳体的熔点(计算值)

（续表）

特性点	温度 $T/℃$	$w_C/\%$	含　义
E	1148	2.11	碳在 γ-Fe 中的最大溶解度点
G	912	0	纯铁的同素异晶转变点，α-Fe$\leftrightarrow\gamma$-Fe
P	727	0.0218	碳在 α-Fe 中的最大溶解度点
S	727	0.77	共析点，As$\leftrightarrow$P

2.5.1.2　Fe-Fe$_3$C 相图的特性线

Fe-Fe$_3$C 相图的特性线是把不同成分合金具有相同物理意义（转变性质）的临界点（转变开始点、转变终了点）用光滑曲线连接起来，代表了铁碳合金内部组织发生转变的界线。特性线将整个相图划分成不同的组织区域，每个区域内存在的组织都不同。简化后 Fe-Fe$_3$C 相图中各特性线的名称及含义如表 2-2 所示。

表 2-2　Fe-Fe$_3$C 相图特性线

特性线	名称	含　义
ACD	液相线	此线以上为液相(L)，缓冷至 AC 线时开始结晶出奥氏体，缓冷至 CD 线时开始结晶出渗碳体
AECF	固相线	当液态合金缓冷至此线时全部结晶完毕，此线以下为固相
ECF	共晶线	凡 $w_C>2.11\%$ 的液态铁碳合金合金缓冷至此线都发生共晶转变，生成莱氏体(Ld)。共晶反应式为：Lc$\leftrightarrow$Ld(A$_E$+Fe$_3$C)
PSK	共析线(A$_1$线)	凡 $w_C>0.0218\%$ 的铁碳合金缓冷至此线都发生共析转变，生成珠光体(P)。共析反应式为：As$\leftrightarrow$P(F+Fe$_3$C)
ES	A$_{cm}$线	碳在 γ-Fe 中的溶解度曲线，奥氏体中的含碳量随温度的降低沿 ES 线从 2.11% 降低至 0.77%（以析出渗碳体的方式降低含碳量）；缓慢加热至此线时，所有渗碳体全部溶入奥氏体
GS	A$_3$线	凡 $w_C<0.77\%$ 的铁碳合金缓冷至此线时，都从奥氏体中析出铁素体；缓慢加热至此线时，铁素体全部转变为奥氏体
PQ		碳在 α-Fe 中的溶解度曲线，铁素体中的含碳量随温度的降低沿 PQ 线从 0.0218% 降至 0.0008%

2.5.2　典型成分铁碳合金的平衡结晶过程及其组织

根据含碳量及室温下平衡组织的不同，铁碳合金一般可分为工业纯铁、钢和白口铸铁三类，如表 2-3 所示。

表 2-3　铁碳合金的分类、成分及平衡组织

铁碳合金类别		化学成分 $w_C/\%$	室温平衡组织
工业纯铁		0~0.0218	F
钢	共析钢	0.77	P
	亚共析钢	0.0218~0.77	F+P
	过共析钢	0.77~2.11	P+Fe$_3$C$_{\rm II}$

铁碳合金类别		化学成分 $w_C / \%$	室温平衡组织
白口铸铁	共晶白口铸铁	4.3	Ld'
	亚共晶白口铸铁	2.11~4.3	$P + Fe_3C_{II} + Ld''$
	过共晶白口铸铁	4.3~6.69	$Ld' + Fe_3C_1$

2.5.2.1　共析钢的平衡结晶过程及组织

如图 2-15 所示，共析钢从高温冷却时，与相图中的 AC、AE 和 PSK 线分别交于点 1、2、3。该合金在点 1 温度以上全部为液相（L）；缓冷至点 1 温度时，开始从液相中结晶出奥氏体；缓冷至点 2 温度时，全部结晶为奥氏体；当温度缓冷至点 3 温度时（727℃）时，奥氏体发生共析转变，生成珠光体组织 P（铁素体与渗碳体的混合物）。这种由一定成分的固相，在一定温度下同时析出紧密相邻的两种或多种不同固相的转变，称为共析转变，发生共析转变的温度称共析温度。当温度继续下降时，铁素体成分沿 PQ 线变化，铁素体中析出少量的渗碳体（称为 Fe_3C_{III}）与共析渗碳体混在一起，该渗碳体（Fe_3C_{III}）在显微镜下难以分辨，忽略不计。因此，共析钢的室温平衡组织为珠光体，是由铁素体与渗碳体交替排列的片状组织，如图 2-16 所示。

图 2-15　共析钢的平衡结晶示意图

图 2-16　共析钢的平衡结晶组织

2.5.2.2　亚共析钢的结晶过程及平衡组织

如图 2-17 所示，亚共析钢从高温冷却时与图中的 AC、AE、GS 和 PSK 线分别交于点 1、2、3、4。该合金在点 3 以上的结晶过程与共析钢的结晶过程相似。当其缓冷至点 3 时，开始从奥氏体中析出铁素体，并且随温度的降低，铁素体量不断增多，成分沿 GP 线变化，奥氏体含碳量逐渐减少；当温度降至点 4（727℃）时，剩余奥氏体的含碳量达到共析成分（$w_C = 0.77\%$），发生共析转变，生成珠光体（随后冷却过程中析出的少量三次渗碳体 Fe_3C_{III} 忽略不计），因此亚共析钢

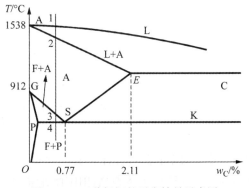

图 2-17　亚共析钢的平衡结晶示意图

的室温平衡组织为珠光体和铁素体。必须指出,随亚共析钢含碳量的增加,组织中铁素体量将减少,如图 2-18 所示,图中白亮色部分为铁素体,呈黑色或片层状的为珠光体。

(a)　　　　　　　　　　(b)　　　　　　　　　　(c)

图 2-18　典型亚共析钢的平衡结晶组织

(a) 20 钢;(b) 45 钢;(c) 60 钢

2.5.2.3　过共析钢的结晶过程及平衡组织

过共析钢的结晶过程如图 2-19 所示,冷却时与图中 AC、AE、ES 和 PSK 线分别交于点 1、2、3、4。该合金在点 3 以上的结晶过程与共析钢的结晶过程相似。当其缓冷至点 3 时,开始从奥氏体中析出渗碳体(称为二次渗碳体 Fe_3C_{II}),随温度的降低,二次渗碳体量逐渐增多,而剩余奥氏体中的含碳量沿 ES 线变化,当温度降至点 4(727℃)时,奥氏体的含碳量降到共析成分($w_C=0.77\%$),发生共析转变,生成珠光体。因此,过共析钢室温平衡组织为珠光体和二次渗碳体。二次渗碳体一般以网状形式沿奥氏体晶界分布,会对降低钢的力学性能。图 2-20 中片状或黑色组织为珠光体,白色网状组织为二次渗碳体。

图 2-19　过共析钢的平衡结晶示意图

图 2-20　过共析钢的平衡结晶示意图

2.5.2.4　共晶白口铸铁的结晶过程及组织

共晶白口铸铁的含碳量为 4.3%,如图 2-21 所示,该合金冷却时与分别 ECF、PSK 线交于点 1、2。合金从液态冷却到点 1 即 1 148℃时,发生共晶反应,液态合金全部转变为莱氏体(Ld),莱氏体是共晶奥氏体和共晶渗碳体的机械混合物,呈蜂窝状。随着温度降低,共晶奥氏体成分沿 ES 线变化,同时析出二次渗碳体,由于二次渗碳体与共晶奥氏体结合在一起而不易分辨,因而莱氏体作为一个组织看待。温度降到点 2,奥氏体成分达到 0.77%,发生共析反应

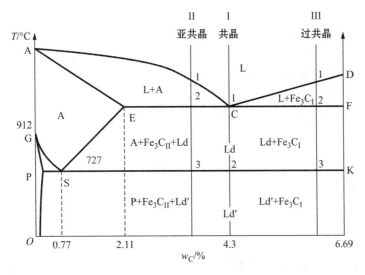

图 2-21 白口铸铁的平衡结晶示意图

并转变为珠光体。由珠光体与共晶渗碳体组成的组织称为低温莱氏体（Ld′）。温度继续下降，低温莱氏体中珠光体的变化与共析钢的相同，珠光体与渗碳体的相对相量不再发生变化。共晶白口铸铁的室温组织为低温莱氏体，它保留了共晶转变产物的形态特征，如图 2-22 所示，图中黑色蜂窝状为珠光体，白色基体为共晶渗碳体。

图 2-22 共晶白口铸铁

2.5.2.5 亚共晶白口铸铁的结晶过程及组织

以含 C 为 3.5% 的亚共晶白口铸铁为例进行分析，如图 2-21 所示。合金在冷却过程中分别于 AC、ECF、PSK 相交于点 1、2、3。当液态合金冷却到点 1 温度时，液态合金中先结晶出奥氏体，称为一次奥氏体或先共晶奥氏体。在点 1~2 之间，奥氏体量不断增多并呈树枝状长大。冷却到点 2 以后，剩余液相的成分沿 AC 线变化到 C 点，并发生共晶转变，转变为莱氏体。继续降温，将从先共晶奥氏体和共晶奥氏体中析出二次渗碳体。由于先共晶奥氏体粗大，沿其周边析出的二次渗碳体被共晶奥氏体衬托出来。而共晶奥氏体析出二次渗碳体的过程，与共晶白口铸铁相同。温度降到点 3，奥氏体成分沿 GS 线变到 S 点，并发生共析反应，转变为珠光体。所以，亚共晶白口铸铁的室温组织为 P+Fe$_3$C$_{II}$+Ld′，如图 2-23(a) 所示，图中树枝状的黑色粗块为珠光体，其周围被莱氏体中珠光体衬托出的白圈为二次渗碳体，其余为低温莱氏体。

2.5.2.6 过共晶白口铸铁的结晶过程及组织

如图 2-21 所示，过共晶白口铸铁在冷却过程分别与 CD、ECF 相交于点 1、2。合金在点 1 以上为液态，在点 1~2 间先结晶出一次渗碳体 Fe$_3$C$_I$。一次渗碳体呈粗条片状。冷却到点 2，余下的液相成分沿 DC 线变化到 C 点，发生共晶反应，剩余液态合金全部转变为莱氏体。继续冷却，一次渗碳体成分重量不再发生变化，而莱氏体的变化与共晶合金相同。过共晶白口铸铁的室温组织为 Fe$_3$C$_I$+Ld′，如图 2-23(b) 所示，图中粗大的白色条片为一次渗碳体，其余为低温莱氏体。

(a)   (b)

图 2-23　亚共晶和过共晶白口铸铁的平衡结晶组织

(a) 亚共晶白口铸铁；(b) 过亚共晶白口铸铁

2.6　Fe-Fe₃C 相图的应用

2.6.1　铁碳合金成分、组织、性能之间的关系

从 Fe-Fe₃C 相图的分析可知,在温度一定的前提下,合金的成分决定合金的组织,而组织又决定了合金的性能。铁碳合金室温组织无论成分(含碳量)如何都是由铁素体和渗碳体两基本相组成,但含碳量不同,组织中两个相的相对数量和分布形态也不同,从而导致不同成分的铁碳合金具有不同的组织和性能。

2.6.1.1　碳的质量分数对组织的影响

铁碳合金的室温组织随碳的质量分数的增加,组织的变化规律如下：

$$F+P \rightarrow P \rightarrow P+Fe_3C_{II} \rightarrow P+Fe_3C_{II}+Ld' \rightarrow Ld' \rightarrow Ld'+Fe_3C_I$$

从以上变化可以看出,铁碳合金室温组织随碳的质量分数的增加,铁素体的相对量减少,而渗碳体的相对量增加。具体来说,对钢部分而言,随着含碳量的增加,亚共析钢中的铁素体量随之减少,过共析钢中的二次渗碳体量随之增加;对铸铁部分而言,随着碳的质量分数的增加,亚共晶白口铸铁中的珠光体和二次渗碳体量减少;过共晶白口铸铁中一次渗碳体随之增加。

2.6.1.2　碳的质量分数对力学性能的影响

铁碳合金的力学性能决定于铁素体与渗碳体的相对量及它们的相对分布状况。如图 2-24 所示。当含碳量 $w_C < 0.9\%$ 时,随碳含量的增加,钢组织中渗碳体的相对量增多,铁素体的相对量减少,使钢的强度、硬度呈直线上升,而塑性、韧性随之降低。当含碳量 $w_C > 0.9\%$ 时,随含碳量的继续增加,硬度仍然增加,由于钢中的二次渗碳体沿晶界析出并形成完整的网络,导致钢的脆性增加,强度开始明显下降,

图 2-24　碳的质量分数
对力学性能的影响

塑性、韧性继续降低。为保证钢有足够的强度和一定的塑性及韧性,机械工程中使用的钢的碳质量分数一般不大于 1.4%。含碳量 $w_C > 2.11\%$ 的白口铸铁,由于组织中渗碳体量太多,性能硬而脆,难以切削加工,在机械工程中很少直接应用。

2.6.2　在钢铁材料选材方面的应用

Fe-Fe$_3$C 相图揭示了铁碳合金的组织随成分变化的规律,由此可以判断出钢铁材料的力学性能,便于合理地选择钢铁材料。

工业纯铁室温下退火状态的组织由等轴晶粒组成,强度低,塑性、韧性好;可作为功能材料使用,如变压器的铁芯等。

含碳量在 0.15%~0.7% 的亚共析钢是铁碳合金综合力学性能最好的区域,工程和生产用钢都属于此范围,主要用于大型工程结构件,各种机械零部件及各种弹性元件。含碳量在 0.7%~1.4% 的共析钢和过共析钢,高强度、高硬度和高耐磨,用于制作刃具、量具、模具、轧制工具及耐磨损工具等。

含碳量大于 2.11% 的铁碳合金称为铸铁。铸铁具有较低的熔点,优良的铸造工艺性能和良好的抗震性,且生产工艺简单,成本低廉,用途非常广泛。如:各类机器的机身或底座,铸铁管及轧辊等。

2.6.3　在工艺方面的应用

2.6.3.1　在铸造方面的应用

从 Fe-Fe$_3$C 相图可以看出,共晶成分的铁碳合金熔点最低,结晶温度范围最小,流动性最好,具有良好的铸造性能。因此,铸造生产中多选用接近共晶成分的铸铁。根据 Fe-Fe$_3$C 相图可以确定铸造的浇注温度,一般在液相线以上 50~100℃。铸钢的含碳量 $w_C = 0.15\% \sim 0.6\%$,由相图可见钢的凝固温度区间大,流动性差,易形成缩孔;浇注温度高,晶粒粗大偏析严重。因此,铸钢的铸造性能较差,其铸造工艺比铸铁的铸造工艺复杂。

2.6.3.2　在锻压加工方面的应用

由 Fe-Fe$_3$C 相图可知钢在高温时处于奥氏体状态,而奥氏体变形抗力低、塑性好,有利于进行塑性变形。依据 Fe-Fe$_3$C 相图可确定适当的锻造温度范围,使钢材的锻造、轧制(热轧)等均在单相奥氏体区的进行,易于成形。低碳钢的锻造温度范围较高碳钢大,低碳钢的锻造性能优于高碳钢。

2.6.3.3　在焊接加工方面的应用

含碳量低的钢的焊接性能好于含碳量高的钢,利用 Fe-Fe$_3$C 相图还可对热影响区进行组织分析。

2.6.3.4　在热处理方面的应用

Fe-Fe$_3$C 相图对于制订热处理工艺有着特别重要的意义。热处理常用工艺如退火、正火、淬火的加热温度范围都是根据 Fe-Fe$_3$C 相图确定的。

需要注意的是，Fe-Fe₃C相图上的各个临界温度都是在平衡条件即无限缓慢地加热或冷却的条件下得到的，因此无法说明快速加热或冷却时铁碳合金的组织变化规律，而平衡状态下的铁碳合金力学性能不高。生产中为提高力学性能而使用的淬火等手段得到的不平衡组织，在相图中是体现不出来的。

另外，生产中实际使用的铁碳合金除铁、碳外还有其他元素，也会对铁碳合金相图产生影响。

任务实施

2.1　碳钢和白口铸铁金相组织的识别观察

2.1.1　任务目的

（1）了解典型成分的铁碳合金在平衡状态下的显微金相组织特征。

（2）识别不同钢种的显微金相组织。

（3）分析含碳量对铁碳合金显微金相组织的影响，从而加深理解成分、组织和性能之间的相互关系。

2.1.2　设备及用品

金相显微镜，不同含碳量的铁碳合金试样。

2.1.3　任务指导

2.1.3.1　铁碳合金室温组织的显微特征

铁碳合金主要包括碳钢和白口铸铁，其室温组织是由铁素体和渗碳体这两个基本相所组成，由于含碳量不同，铁素体和渗碳体的相对数量，析出条件及分布均有所不同，因而呈现各种不同的形态。铁碳合金（各种铁碳合金均已退火状态近似替代平衡组织）在金相显微镜下具有下面4种基本相和组织特征。

1）铁素体的金相组织

铁素体是碳溶解于α-Fe中的间隙式固溶体。工业纯铁用4%硝酸酒精溶液浸蚀后，显微镜下呈现白亮色的多边形等轴晶粒；亚共析钢中的铁素体呈块状分布；当含碳量接近共析成分时，铁素体则呈现断续的网状分布于珠光体周围。

2）渗碳体的金相组织

渗碳体是铁与碳形成的金属化合物，含碳量 $w_C = 6.69\%$，质硬而脆，耐腐蚀性强，经4%硝酸酒精浸蚀后，渗碳体呈亮白色，而铁素体浸蚀后呈灰白色，由此可区别铁素体和渗碳体。渗碳体可以呈现不同的形态：一次渗碳体直接由液态中结晶出，呈粗大的片状；二次渗碳体由奥氏体中的出，常呈网状分布于奥氏体的晶界（三次渗碳体由铁素体中析出，呈不连续片状分布于铁素体晶界处,数量极微,可忽略不计)。

3) 珠光体的金相组织

平衡条件下所得的珠光体组织是一层铁素体和一层渗碳体交替排列的机械混合物。4%硝酸酒精溶液浸蚀后,窄的条纹为渗碳体,宽的白色条纹为铁素体,这是因为浸蚀时,铁素体被均匀浸蚀,而渗碳体较铁素体硬,不易被浸蚀,故凸出于铁素体之外。铁素体与渗碳体交界处,由于电化学作用,浸蚀剧烈,因而凸凹不平。当高倍观察时,渗碳体被分辨,可看到渗碳体片的真实形态。如显微镜的放大倍率低时,珠光体的渗碳体与铁素体不易分辨,珠光体则呈黑色或灰色。

珠光体的另一形态是渗碳体呈球状分布在白色的铁素体基础上。这种珠光体组织形态是钢经球化退火后的产物。

4) 莱氏体的金相组织

莱氏体在室温时是珠光体和渗碳体所组成的机械混合物。其组织特征是在亮白色的渗碳体基底上相间地分布着暗黑色斑点及细条状珠光体。

2.1.3.2　典型铁碳合金的显微金相组织

根据含碳量及组织特征的不同,铁碳合金可分为工业纯铁、钢和铸铁三大类。

1) 工业纯铁的金相组织

工业纯铁为两相组织,即由铁素体和少量三次渗碳体所组成。如图 2-25 所示为工业纯铁的显微组织,其中黑色线条是铁素体的晶界,而亮白色基底则是铁素体的不规则等轴晶粒,在某些晶界处可以看到不连续的薄片状三次渗碳体。

2) 钢(碳素钢)的金相组织

(1) 亚共析钢。亚共析钢的含碳量 w_C 在 0.0218%~0.77% 范围内,其组织由铁素体和珠光体所组成。随着钢中含碳量的增加铁素体的数量逐渐减少,而珠光体的数量则相应地增多。图 2-26 为亚共析钢 45 钢的显微组织,其中亮白色为铁素体,暗黑色为珠光体。

图 2-25　工业纯铁的显微组织　　图 2-26　45 钢的显微组织(400)　　图 2-27　T8 钢的显微组织(400)

通过直接在显微镜下观察珠光体和铁素体各自所占面积的百分数,可近似地计算钢中的碳含量,即碳含量≈P×0.77%,其中 P 为珠光体所占面积百分数(室温下铁素体含碳量极微可忽略不计)。例如:某亚共析钢在显微镜下观察到 33% 的面积为珠光体,则此钢的含碳量 w_C≈0.77%×0.33%≈0.25%,此钢相当于 25 钢。

(2) 共析钢。共析钢含碳量 w_C=0.77%,组织是单一的珠光体,即由铁素体和渗碳体呈层片状交替排列的机械混合物。如图 2-27 所示即是 T8 钢的珠光体显微组织。金相显微观察珠光体晶粒之间没有明显的晶界，片层排列方向大致相同的部分就是一个珠光体晶粒。

图 2-28 T12 钢的显微组织(400)

（3）过共析钢。过共析钢的含碳量超过 0.77%（一般不超过 1.4%），室温下的组织是由珠光体和二次渗碳体所组成。钢中含碳量越多，二次渗碳体数量就愈多。如图 2-28 所示为 T12 钢的显微组织，组织形态为层片相间的珠光体和细小的亮白色的网络状渗碳体。（二次渗碳体用不同的浸蚀剂浸蚀其颜色不同，用 4% 硝酸酒精溶液浸蚀时，二次渗碳体呈白色网状；而用苦味酸钠溶液浸蚀，二次渗碳体呈黑色。因此，可利用此溶液使二次渗碳体染色来区分铁素体与二次渗碳体。）

3）铸铁的金相组织

（1）亚共晶白口铸铁。含碳量在 2.11%～4.3% 的白口铸铁称为亚共晶白口铸铁，室温下的组织由珠光体、二次渗碳体和莱氏体组成，如图 2-29 所示。用 4% 硝酸酒精溶液浸蚀后在显微镜下，那些小黑点的珠光体和白色渗碳体组织组成的斑点状莱氏体为基体，粗大的卵形的树枝状黑色斑点为珠光体（先共晶奥氏体转变成的珠光体）。

（2）共晶白口铸铁。共晶白口铸铁的含碳量为 4.3%，室温下的组织由单一的共晶莱氏体组成。在显微镜下，白亮色的基体是渗碳体，暗黑色的斑点状与细条状是珠光体，如图 2-30 所示。

图 2-29 亚共晶白口铸铁
显微组织图

图 2-30 共晶白口铸铁
显微组织图

图 2-31 过共晶白口铸铁
显微组织图

（3）过共晶白口铸铁。含碳量大于 4.3% 的过共晶白口铸铁，室温下的组织由一次渗碳体和莱氏体组成。在显微镜下可观察到在暗色斑点状的莱氏体的基底上分布着亮白色粗大条片状的一次渗碳体，如图 2-31 所示。

2.1.4　任务内容

2.1.4.1　分析铁碳合金的组织

学生应根据铁碳合金相图分析各类成分铁碳合金的组织形成过程，并通过对铁碳合金平衡金相组织的观察和分析，熟悉钢和铸铁的金相组织和形态特征，以进一步建立成分与组织之间相互关系的概念。

2.1.4.2 观察试样组织

观察表 2-4 中所列试样的显微组织。

表 2-4 几种碳钢和白口铸铁的显微样品

编号	材 料	热处理状态	组织名称及特征	浸蚀剂	放大倍数
1	工业纯铁	退火	铁素体(呈等轴晶粒)和微量三次渗碳体(薄片状)	4%硝酸酒精溶液	100～500
2	20 钢	退火	铁素体(呈块状)和少量的珠光体	4%硝酸酒精溶液	100～500
3	45 钢	退火	铁素体(呈块状)和相当数量的珠光体	4%硝酸酒精溶液	100～500
4	T8 钢	退火	铁素体(宽条状)和渗碳体(细条状)相间交替排列	4%硝酸酒精溶液	100～500
5	T12 钢	退火	珠光体(暗色基底)和细网络状二次渗碳体	4%硝酸酒精溶液	100～500
6	亚共晶白口铁	铸态	珠光体(呈黑色枝晶状)、莱氏体(斑点状)和二次渗碳体(在枝晶周围)	4%硝酸酒精溶液	100～500
7	共晶白口铁	铸态	莱氏体,即珠光体(黑色细条及斑点状)和渗碳体(亮白色)	4%硝酸酒精溶液	100～500
8	过共晶白口铁	铸态	莱氏体(暗色斑点)和一次渗碳体(粗大条片状)	4%硝酸酒精溶液	100～500

2.1.4.3 填写实训报告

请将显微镜下观察所得结果填写实训报告纸上。

实训报告 铁碳合金的平衡组织观察

一、实验目的

二、画出所观察的金相试样的显微组织示意图,并用箭头标明组织组成物的名称。

材料名称：　　　　材料名称：　　　　材料名称：　　　　材料名称：
化学成分：　　　　化学成分：　　　　化学成分：　　　　化学成分：
显微组织：　　　　显微组织：　　　　显微组织：　　　　显微组织：

材料名称：　　　　材料名称：　　　　材料名称：　　　　材料名称：

化学成分：　　　　化学成分：　　　　化学成分：　　　　化学成分：

显微组织：　　　　显微组织：　　　　显微组织：　　　　显微组织：

三、根据所观察组织，说明含碳量对铁碳合金的组织和性能的影响的大致规律。

项目小结

1. 常见的晶格类型有三类：体心立方晶格、面心立方晶格、密排六方晶格。

2. 结晶的过程就是形核和长大的过程，这两个过程是同时进行的。大多数合金结晶后获得多晶体，呈现各向同性。

3. 结晶后得到的晶粒越细小，力学性能越好；可采取增加过冷度、变质处理、振动处理等手段细化晶粒。

4. 纯铁存在同素异构转变现象，是铁碳合金能进行热处理的前提。

5. 合金的组织有固溶体、金属化合物、混合物三类。铁碳合金的组织有铁素体、奥氏体、渗碳体、珠光体和莱氏体。其中，铁素体、奥氏体是固溶体，渗碳体是金属化合物，珠光体和莱氏体是混合物。铁素体硬度最低，奥氏体塑性最好，渗碳体硬度最高，珠光体强度最高。

6. 根据含碳量和室温组织的不同，铁碳合金分为工业纯铁、钢和白口铸铁。钢又分为亚共析钢、共析钢和过共析钢；白口铸铁分为亚共晶白口铸铁、共晶白口铸铁和过共晶白口铸铁。

7. 含碳量影响铁碳合金的力学性能：钢的塑性、韧性随含碳量的增加而降低，硬度随含碳量增加而升高，强度随含碳量增加先升后降。工业用钢含碳量一般不超过 1.4%。

项目习题

1. 常见的晶格类型有哪些？

2. 金属的结晶过程实质是什么？晶粒大小对金属力学性能有何影响？实际生产中常用什么有效方法获得细晶粒？

3. 简述纯铁的同素异构转变过程，并说明铁元素的这一特性有什么意义。

4. 写出铁碳合金中几类组织的名称、符号、存在温度区间和性能特点

5. 什么是钢的共析转变和共晶转变？转变的产物各是什么？写出它们的转变式。

6. 画出简化 Fe-Fe$_3$C 状态图,说明图中主要特性点、特性线的意义,填出各相区的相和组织。

7. 根据含碳量和室温组织的不同,铁碳合金可分为哪几类? 其中钢和白口铸铁又分别可分为几类? 写出它们的含碳量范围和室温组织。

8. 什么是二次渗碳体? 在什么温度区间产生? 过共析钢平衡组织中的渗碳体是什么样的形状? 它会对钢的性能产生什么影响?

9. 试分析含碳量对钢力学性能的影响。

10. 根据铁碳相图,将下列成分铁碳合金在给定温度下的组织填入表 2-5 内。

表 2-5　不同温度含碳量铁碳合金的组织

含碳量/%	温度/℃	显微组织	温度/℃	显微组织
0.25	800		1 000	
0.77	400		800	
0.9	700		1 000	
2.5	1 000		1 200	
4.3	1 000		1 200	

11. 根据 Fe-Fe$_3$C 合金相图,解释下列现象:

(1) 钢铆钉一般用低碳钢制造;

(2) 在 1 100℃时,w_C＝0.4% 的钢能进行锻造,而 w_C＝4.0% 的铸铁不能进行锻造;

(3) 在室温下,w_C＝0.8% 的钢比 w_C＝0.4% 的钢硬度高、比 w_C＝1.2% 的强度高;

(4) 绑扎物件一般用铁丝(镀锌低碳钢丝),而起重机吊重物时都用钢丝绳(60 钢(w_C＝0.6%)、65 钢、70 钢制成);

(5) 钳工锯削 70(w_C＝0.7%)、T10(w_C＝1.0%)、T12(w_C＝1.2%)钢料比锯削 10(w_C＝0.1%)、20(w_C＝0.2%)钢料费力,且锯条易磨钝。

项目 3　钢的热处理

知识目标

1. 了解钢的热处理分类定义、目的、分类及作用。
2. 理解钢加热和保温的目的及组织转变。
3. 钢在等温冷却和连续冷却过程中的组织转变和转变产物的性能特点。
4. 掌握退火、正火、淬火、回火的目的、工艺及应用。
5. 掌握钢的淬透性概念、影响因素及与淬硬性的区别。
6. 理解各种表面热处理的目的及应用特点。

技能目标

1. 能制定钢的整体热处理工艺。
2. 能分析并观察钢的不同热处理组织。

本项目导语

由前面所学可知纯铁在加热或冷却过程中存在同素异构转变现象，晶粒重组，组织发生变化。利用这一特性，将钢在固态范围内采用适当的方式进行加热、保温、冷却，使其内部组织发生变化，从而获得预期的组织、结构和性能的工艺过程称为钢的热处理工艺。

所有热处理工艺都由加热、保温和冷却三个阶段组成。获得不同热处理最终组织的关键在于不同的加热、冷却条件，即加热温度、保温时间、冷却速度对于组织变化的影响。热处理工艺曲线如图 3-1 所示。

图 3-1　热处理工艺曲线示意图

热处理工艺是机械制造中的必要工序，它不改变零件的尺寸形状，但是可通过改变内部组织来发挥钢材的潜力，提高工件的使用性能和使用寿命，节约材料，降低成本。另外，热处理工艺还可改善钢的工艺性能，提高加工质量，降低刀具磨损。

据加热、冷却的方式不同,热处理可分为不同的类别,如图 3-2 所示。

图 3-2　热处理的分类方法

知识链接

3.1　钢在加热时的转变

在热处理工艺中,钢的加热目的是为了获得奥氏体,所以钢加热的转变本质就是奥氏体的形成。奥氏体是钢在高温状态时的组织,其晶粒的大小、成分及其均匀化程度,对钢冷却后的组织和性能有重要影响。

3.1.1　钢的加热温度

钢的加热温度是热处理工艺的重要工艺参数之一,是保证热处理质量的主要问题。为了得到细小均匀的奥氏体晶粒,必须严格控制加热温度和保温时间,以求在冷却后获得高性能的组织。

加热温度随被处理的材料和热处理的目的不同而异,但一般都是加热到相变温度以上。因为转变需要一定的时间,因此当金属工件表面达到要求的加热温度时,还须在此温度保持一定时间,使内外温度一致且显微组织转变完全,这段时间称为保温时间。

Fe-Fe$_3$C 相图是表示铁碳合金在接近平衡状态下相与成分和温度间的关系图,图中的临界点 A$_1$、A$_3$ 和 A$_{cm}$ 也只是平衡条件下才适用的。实际生产中受生产效率的影响,其相变是在非平衡的条件即较快的加热冷却条件下进行的。非平衡的组织转变有滞后现象,如图 3-3 所示。非平衡条件下加热的相变点 Ac_1、Ac_3、Ac_{cm} 高于平衡相变温度,差值为过热度;非平衡条件下冷却的相变点 Ar_1、Ar_3、Ar_{cm} 低于平衡相变温度,差值为过冷度。例如,共析钢在平衡条件下珠光体、奥氏体转变温度为 A_1，加热时珠光体在 Ac_1 转变为奥氏体，冷却时奥氏体在 Ar_1 转变为珠光体。加热与冷却速度越大，温度提高与下降的幅度就越大，即过热度与过冷度越大。

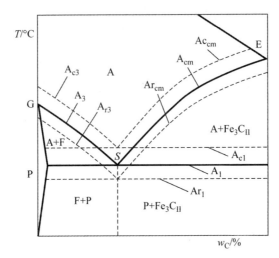

图 3-3　钢在加热和冷却时的临界温度

3.1.2　奥氏体的形成

以共析钢为例分析钢加热到相变点后获得奥氏体的过程。

整个奥氏体的形成过程分为三个阶段，即晶核形成及长大、残余渗碳体的溶解和奥氏体成分的均匀化。

3.1.2.1　奥氏体晶粒的形成与长大

珠光体是由铁素体和渗碳体两相片层交替组成的，在铁素体和渗碳体两相交界处，碳浓度的差别也比较大，有利于在奥氏体形成时碳原子的扩散。此外，由于界面原子排列的不规则，也有利于铁原子扩散和进行晶格的改组重建。因此，奥氏体优先在铁素体和渗碳体的界面处形成晶核。

铁素体通过铁原子的扩散，晶格不断改组为奥氏体；而渗碳体则通过碳的扩散，不断溶入奥氏体中，结果奥氏体晶粒不断向铁素体和渗碳体两边长大，直至珠光体全部转变为奥氏体为止。

3.1.2.2　残余渗碳体的溶解

由于渗碳体的晶格结构和含碳量与奥氏体的差别远大于铁素体与奥氏体的差别。所以铁素体全部优先转变为奥氏体后，还有一部分渗碳体残留下来，被奥氏体包围，这部分残余的渗碳体在保温过程中，通过碳的扩散继续溶于奥氏体，直至全部消失。

3.1.2.3　奥氏体成分的均匀化

渗碳体刚全部溶解时，奥氏体中原属渗碳体的部位含碳较高，原属铁素体的部位含碳较低,随着保温时间的延长,通过碳原子的扩散,奥氏体的含碳量逐渐趋于均匀。

整个共析钢的奥氏体形成过程如图 3-4 所示。

(a)　　　　　　(b)　　　　　　(c)　　　　　　(d)

图 3-4　共析碳钢奥氏体形成过程示意图

(a) A 形核;(b) A 长大;(c) 残余 Fe$_3$C 溶解;(d) A 均匀化

对于亚共析钢,平衡组织为铁素体和珠光体,当加热到 Ac$_1$ 以上温度时,珠光体转变为奥氏体(转变也遵循前面的三个阶段),在 Ac$_1$～Ac$_3$ 的升温过程中,先共析的铁素体逐渐溶入奥氏体,Ac$_3$ 以上可获得单相奥氏体组织。同样,对于过共析钢,平衡组织是二次渗碳体和珠光体,当加热到 Ac$_1$ 以上时,珠光体转变为奥氏体,在 Ac$_1$～Ac$_{cm}$ 的升温过程中,二次渗碳体逐步溶入奥氏体中,Ac$_{cm}$ 以上获得单相奥氏体组织。

3.1.3　影响奥氏体晶粒大小的主要因素

对同一种钢而言,当奥氏体晶粒细小时,冷却后的组织也细小,其强度较高,塑性、韧性较好;当奥氏体晶粒粗大时,在同样冷却条件下,冷却后的组织也粗大。粗大的晶粒会导致钢的机械性能下降,甚至在淬火时形成裂纹。影响奥氏体晶粒大小的主要因素有加热温度和钢的化学成分。

3.1.3.1　加热温度

加热温度越高,保温时间足够长,奥氏体晶粒越容易自发长大粗化。当加热温度确定后,加热速度越快,相变时过热度越大,形核率提高,晶粒越细。若加热时间很短,即使在较高的加热温度下也能得细小晶核。所以快速加热,短时保温是实际生产中细化晶粒的手段之一。

3.1.3.2　钢的化学成分

碳的影响:当钢中的碳以固溶态存在时,含碳量高,晶粒粗化;当钢中的碳以碳化物形成存在时,有阻碍晶粒长大的作用。

对于钢中的合金元素,碳化物形成元素能阻碍晶粒长大,如 V、Ti 等;非碳化物形成元素有的阻碍晶粒长大如:Cu、Si、Ni 等;有的促进晶粒长大,如 P、Mn。

实际生产中因加热温度选择不当,使奥氏体晶粒长大粗化的现象称为"过热",过热将使钢的性能恶化,特别是钢的韧性、强度急剧下降。因此,要获得综合性能高的工件,在制定热处理和热加工加热温度时,必须考虑控制奥氏体晶粒的大小。

3.2　钢在冷却时的转变

钢的冷却过程是热处理的关键工序,直接决定热处理后材料的组织和性能。钢的冷却转变实质上是过冷奥氏体的冷却转变。

由 Fe-Fe₃C 相图可知,奥氏体在临界点 A_1 以上是稳定相,奥氏体处于 A_1 以下时,将发生转变和分解。然而在实际冷却条件下,奥氏体虽然冷到临界点以下,并不立即发生转变,这种处于临界点以下的奥氏体称为过冷奥氏体。随着时间的推移,过冷奥氏体将发生分解和转变,其转变产物的组织和性能取决于冷却条件。据冷却方式不同,过冷奥氏体的转变分为等温转变和连续冷却转变两种。

3.2.1　过冷奥氏体的等温转变

等温转变是把奥氏体迅速冷却到 A_{r1} 以下某一温度保温,迫使奥氏体过冷,待其分解转变完成后,再冷至室温的一种冷却转变方式。

3.2.1.1　等温转变曲线

等温转变曲线就是过冷奥氏体在不同温度的等温冷却转变情况下,转变温度、转变时间和转变产物之间的关系曲线。

以共析钢为例,其等温转变曲线如图 3-5 所示,由于形状像个"C"字,所以又称 C 曲线,也称为"TTT"曲线。

共析钢 C 曲线中,左边的一支曲线 aa' 为转变开始线,右边一支曲线 bb' 为转变终了线。高于临界点 A_1 的区域为奥氏体的稳定区,纵坐标与转变开始线之间为过冷奥氏体区,其横坐标的长度表示过冷奥氏体等温转变的孕育期。两曲线之间为转变区(过冷奥氏体与转变产物的共存区),转变终了线右方为产物区。

C 曲线下方的水平线 M_s 为过冷奥氏体转变为马氏体的开始温度,约为 230℃。过冷奥氏体转变为马氏体的终了温度大约为 -50℃。需要注意的是,马氏体转变不属于等温转变,是在极快的连续冷却过程中进行的。

对共析钢而言,550℃时即"鼻尖"处孕育期最短,过冷奥氏体稳定性最小,转变速度最快。

图 3-5　共析钢的等温转变曲线

3.2.1.2　过冷奥氏体等温转变产物的组织和性能

过冷奥氏体等温转变时,转变的温度区间不同,转变产物的组织性能亦不同。过冷奥氏体在不同的等温条件下会发生不同的转变。

1) 珠光体型转变

珠光体型转变也称高温转变,是过冷奥氏体在 $A_1 \sim 550℃$ 之间进行的等温转变,产物为层片状珠光体型组织。转变过程中既有碳原子的扩散,又有铁原子的扩散。按片层间距的大小,珠光体型产物可分为珠光体、索氏体和托氏体三类。

(1) 珠光体。在 $A_1 \sim 650℃$ 温度范围内形成片层较粗的珠光体,就是通常所说的珠光体,用 P 表示,其片层形貌在 500 倍光学显微镜下就能分辨出来。如图 3-6(a)所示。

(2) 索氏体。在 $650 \sim 600℃$ 温度范围内形成层片较细的珠光体,称为索氏体,用 S 表示。在 $800 \sim 1000$ 倍的光学显微镜下才能分辨清楚片层形貌。如图 3-6(b)所示。

(3) 托氏体。在 $600 \sim 550℃$ 温度范围内形成片层极细的珠光体,称为托氏体,用 T 表示。只有在电子显微镜下才能观察清楚片层形貌。如图 3-6(c)所示。

显然,温度越低,珠光体的层片愈细,片层间距也就愈小;珠光体的片层间距越小,珠光体的强度和硬度就越高,同时塑性和韧性也有所增加。

图 3-6　珠光体组织示意图
(a) 珠光体;(b) 索氏体;(c) 托氏体

2) 贝氏体型转变

贝氏体型转变也称中温转变,是过冷奥氏体在 $550 \sim 230℃(M_s 点)$ 之间进行的等温转变,产物为贝氏体型组织,用"B"表示。由于转变温度低,属于半扩散型转变,转变后得到的贝氏体产物是由含碳过饱和的铁素体和极分散的渗碳体组成的混合物。按转变温度及组织的不同,贝氏体型产物可分为上贝氏体和下贝氏体两类。

(1) 上贝氏体。上贝氏体的形成温度在 $550 \sim 350℃$。由于原子扩散能力弱,渗碳体微粒很难聚集长大成片状,所以上贝氏体是由许多互相平行的过饱和铁素体片和分布在片间的断续细小的渗碳体组成的混合物,用"$B_上$"表示。上贝氏体在显微镜下呈羽毛状,硬度较大,可达 HRC40~45,但由于其铁素体片较粗,因此塑性和韧性较差,在生产中应用较少。

(2) 下贝氏体。下贝氏体的形成温度在 $350 \sim M_s$。下贝氏体中的铁素体也是一种过饱和的铁素体,且 C 的过饱和度大于上贝氏体,用"$B_下$"表示。下贝氏体在光学显微镜下呈黑色针叶状,由针叶状的铁素体和分布在其上的极为细小的渗碳体粒子组成的。其硬度更高,可达

HRC50～60。因其铁素体针叶较细,故其塑性和韧性较好。

在320～350℃温度等温转变形成的下贝氏体具有高强度、高硬度、高塑性、高韧性,即具有良好的综合机械性能。生产中有时对中碳合金钢和高碳合金钢采用"等温淬火"方法获得下贝氏体,以提高钢的强度、硬度、韧性和塑性。

3.2.2　过冷奥氏体向马氏体的转变

3.2.2.1　马氏体转变的组织和性能特点

当奥氏体过冷到 M_s(约为230℃)～M_f(约为-50℃)时发生马氏体转变,马氏体用 M 表示。马氏体是碳在 α-Fe 晶格中的过饱和固溶体,具有体心立方晶格。马氏体转变温度低,铁原子和碳原子都不能扩散,属于非扩散型相变。大量碳原子的过饱和造成晶格畸变,使塑性变形的抗力增加;另外,当奥氏体转变成马氏体时发生体积膨胀,产生较大的内应力,引起塑性变形和加工硬化。因此,马氏体具有高的强度和硬度。

奥氏体转变所产生的马氏体的形态取决于奥氏体中的含碳量。低碳马氏体呈板条状,高碳马氏体呈针叶状。含碳量<0.6%的为板条马氏体;含碳量在0.6%～1.0%之间为板条和针状混合的马氏体;含碳量大于1.0%的为针状马氏体。

随着马氏体含碳量的增加,硬度和强度也随之升高,而塑性和韧性随之降低。低碳马氏体强而韧,而高碳马氏体硬而脆。当含碳量很高时,尽管马氏体的硬度和强度很高,但由于过饱和度太大,引起严重的晶格畸变和较大的内应力,致使高碳马氏体针叶内产生许多微裂纹,因而塑性和韧性显著降低。

板条状和针叶状马氏体的形态如图3-7所示。

(a)　　　　　　　　　　　　　　　　(b)

图3-7　低碳马氏体和高碳马氏体

(a) 板条状马氏体;(b) 针叶状马氏体

3.2.2.2　马氏体的转变特点

1) 马氏体是在一定范围内(M_s～M_f)连续冷却转变得到的

当奥氏体过冷到 M_s 点时,便有第一批马氏体针叶沿奥氏体晶界形核并迅速向晶内长大,由于长大速度极快,它们很快彼此相碰而立即停止长大。

如果不断连续冷却,便有新的的马氏体针叶不断形成。随着温度的降低,马氏体的数量不断增多,直至转变终了温度 M_f 点。

2）马氏体转变不完全

M_f 以下奥氏体向马氏体转变结束后也不可能获得 100％ 马氏体,总有部分奥氏体被保留下来,这部分奥氏体称为残余奥氏体。残余奥氏体就是 M 转变后剩余的奥氏体,室温下不再发生相变;而过冷奥氏体则是未发生相变,随时间的延长会发生相变的奥氏体。

3.2.3　过冷奥氏体连续冷却转变

在实际生产中,奥氏体的转变大多是在连续冷却过程中进行的。由于连续冷却曲线的测定比较困难,可用等温转变曲线定性地、近似地分析其应得到的组织。如图 3-8 所示,将代表连续冷却的冷却速度线(如 V_1、V_2、V_3、$V_临$、V_4 等)画在 C 曲线上,根据与 C 曲线相交的位置,就能估计出所得到的组织性能。

V_1 相当于随炉冷却(退火)时的情况,可以判断转变为珠光体组织。冷却速度 V_2 相当于空冷(正火),可判断转变为索氏体。冷却速度 V_4 相当于水冷(淬火),它不与 C 曲线相交,说明因冷却快,奥氏体来不及分解便激冷到 M_s 线以下,向马氏体转变。冷却速度 V_3 相当于油中冷

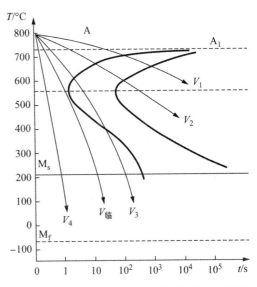

图 3-8　用等温转变曲线近似分析连续冷却转变

却,它与 C 曲线的开始相变线相交于鼻部附近,所以有部分过冷奥氏体转变为托氏体组织,而另一部分奥氏体来不及分解,最后发生马氏体转变,结果得到托氏体与马氏体的混合组织。

冷却速度 $V_临$ 在图上恰于 C 曲线鼻部相切,表示奥氏体不发生分解而全部发生马氏体转变的最低冷却速度,称为临界冷却速度,也记作 V_k。$V_临$ 愈小,钢在淬火时越容易获得马氏体组织,即钢接受淬火的能力愈大。这是决定淬火工艺的一个重要因素,只有在知道某种钢 $V_临$ 大小的情况下,才能正确选择冷却方式,使淬火达到或超过临界冷却速度。

3.3　钢的整体热处理

整体热处理是对工件整体进行加热,然后以适当的速度冷却,以改变其整体力学性能的金属热处理工艺。

钢的整体热处理大致有退火、正火、淬火和回火四种基本工艺,是整体热处理中的"四把火",其中的淬火与回火关系密切,常常配合使用。

3.3.1　钢的退火

退火是将钢加热到临界点以上或在临界点以下某一温度保温一定时间后,进行缓慢冷却(炉冷、坑冷、灰冷)的热处理工艺。

退火的目的:降低硬度,提高塑性,以利于切削加工及冷变形加工;消除钢中的残余内应力,防止开裂与变形;细化晶粒,均匀钢的组织成分,为后续的热处理做准备。

根据钢的成分、组织状态和退火目的不同,退火工艺可分为:完全退火、等温退火、球化退

火、去应力退火等。

3.3.1.1 完全退火

1）完全退火工艺

将钢件加热到 Ac_3 以上 30～50℃，保温一定时间完全奥氏体化后，随炉缓慢冷却到 500℃以下，然后在空气中冷却。退火后的组织为平衡组织。这种工艺过程比较费时间。为克服这一缺点，生产中常代以等温退火工艺。

2）完全退火目的

完全退火的目的是细化晶粒，降低硬度，改善切削加工性能。

3）完全退火应用

完全退火主要用于亚共析成分的碳钢和合金钢的铸件、锻件及热轧型材，有时也用于焊接结构。

过共析钢完全奥氏体化后再缓慢冷却时，将析出网状渗碳体，降低钢的性能，因此过共析钢不宜采用完全退火。

3.3.1.2 等温退火

等温退火工艺：将钢件加热到 Ac_3 以上 30～50℃，保温一定时间后，先以较快的冷速冷到珠光体的形成温度等温，待等温转变结束再快冷。这样就可大大缩短退火的时间。等温退火比完全退火时间短，组织均匀，硬度容易控制；其目的、应用等同于完全退火。

3.3.1.3 球化退火

1）球化退火工艺

将钢件加热到 Ac_1 以上 20～30℃，保温一定时间后，随炉缓慢冷却至 600℃后出炉空冷。通过球化退火，使片层状渗碳体呈球状分布，所以球化退火后的组织是由铁素体和球状渗碳体组成的球状珠光体。球状珠光体与片状珠光体相比：硬度低，便于切削；淬火加热时，奥氏体晶粒不易粗大，冷却变形和开裂倾向小。

2）球化退火目的

球化退火的目的在于降低硬度，提高塑性，改善切削加工性，并为以后淬火做准备。

3）球化退火应用

球化退火主要用于共析或过共析成分的碳钢及合金钢，如刀具、量具、模具等。如钢的球化组织中有明显网状渗碳体时，应先经正火清除网状渗碳体后，再进行球化退火。

3.3.1.4 去应力退火（低温退火）

1）去应力退火工艺

将钢件随炉缓慢加热至 500～650℃（低于 A_1），保温一段时间后随炉缓慢冷却（50～100℃/h）至 200℃出炉空冷。由于加热温度没有达到临界温度，因而去应力退火不发生组织变化。

2）去应力退火的目的

去应力退火的目的只是在加热状态下消除内应力。

3）去应力退火应用

去应力退火主要用于消除铸件、锻件、焊接结构、冷冲压件（或冷拔件）的残余的内应力及精密零件在切削加工时产生的内应力，使这些零件在以后的加工和使用过程中不易发生形变。

退火是应用非常广泛的热处理，在工模具或机械零件等的制造过程中，经常作为预备热处理安排在铸锻焊之后，切削（粗）加工之前，用以消除前一道工序所带来的某些组织缺陷和内应力，并为随后的工序做好准备。

3.3.2 钢的正火

3.3.2.1 正火

1）正火工艺

将钢件加热到 Ac_3 或 Ac_{cm} 以上 30～50℃，保温后从炉中取出在空气中冷却。正火所得组织：共析钢为索氏体；亚共析钢为铁素体和索氏体；过共析钢为渗碳体和索氏体。

正火与退火相似，其目的是细化晶粒，均匀组织，调整硬度。正火的冷却速度比退火快，因此正火钢组织细，强度、硬度比退火钢高。

2）正火的应用

（1）用于普通结构零件，作为最终热处理，细化晶粒提高机械性能。

（2）用于低、中碳钢，作为预先热处理，得合适的硬度便于切削加工。

（3）用于过共析钢，消除网状渗碳体，有利于球化退火的进行。

3.3.2.2 退火与正火的选择

退火与正火的加热温度、保温时间都相似，目的也有相似之处，在实际生产中又可部分替代，选择退火与正火应考虑：

1）切削加工性能

一般金属的硬度在 170～230HBW 范围内，切削加工性能较好。硬度过低或过高会使刀具磨损快，加工后的零件表面粗糙度很大。因此，对于低、中碳结构钢以正火作为预先热处理比较合适，高碳结构钢和工具钢则以退火为宜。至于合金钢，由于合金元素的加入，使钢的硬度有所提高，故中碳以上的合金钢一般都采用退火以改善切削性能。

2）从使用性能上考虑

如工件性能要求不太高，随后不再进行淬火和回火，那么往往用正火来提高其机械性能；但若零件的形状比较复杂，正火的冷却速度快，有形成裂纹的危险，应采用退火。

3）从经济上考虑

正火比退火的生产周期短，耗能少，且操作简便，故在可能的条件下，应优先考虑以正火代替退火。

各种退火和正火的加热温度范围及热处理工艺曲线如图 3-9 所示。

3.3.3 钢的淬火

淬火是将钢加热到 Ac_1（共析、过共析钢）或 Ac_3（亚共析钢）以上 30～50℃，保温后以适当速度冷却获得马氏体或下贝氏体组织的热处理工艺。

图 3-9 退火和正火的加热温度范围及热处理工艺曲线

图 3-10 钢的淬火加热温度

钢的淬火是热处理工艺中最重要、用途最广泛的工序。淬火可以显著提高钢的强度和硬度,但淬火后的钢韧性差,为提高韧性并获得所需要的力学性能,淬火后必须进行适当的回火。进行淬火和回火的目的,对于工具主要是提高硬度和耐磨性;对于机械零件,则是为了在保持足够韧性的前提下提高钢的强度。

3.3.3.1 淬火加热温度的选择

淬火加热温度是由钢的含碳量所决定的。碳素钢的淬火加热温度范围如图 3-10 所示。

亚共析钢的淬火加热温度一般为 Ac_3 以上 $30\sim 50℃$,淬火后可获得细小的均匀的马氏体。如温度过高则有晶粒粗化现象,淬火后获得粗大的马氏体,使钢的脆性增大;如温度过低则铁素体未完全奥氏体化,淬火后有铁素体出现,淬火硬度不足。

共析钢和过共析钢的淬火加热温度则为 Ac_1 以上 $30\sim 50℃$,能保证得到高的硬度和耐磨性。如果加热温度超过 Ac_{cm} 将会使碳化物全部溶入奥氏体中,使奥氏体中的含碳量增加,淬火后残余奥氏体量增多,降低钢的硬度和耐磨性;同时淬火温度过高,奥氏体晶粒粗化,淬火后易得到含有显微裂纹的粗片状马氏体,使钢的脆性增大。

3.3.3.2 淬火冷却介质

冷却是决定淬火质量的关键,为了使工件获得马氏体组织,淬火冷却速度必须大于临界冷却速度 $V_{临}$,而冷速过快会产生很大的内应力,容易引起工件的变形和开裂。所以冷速既不能过大又不能过小,理想的冷却速度应是如图 3-11 所示的速度,但到目前为止还没有找到十分理想的冷却介质能符合这一理想的冷却速度的要求。

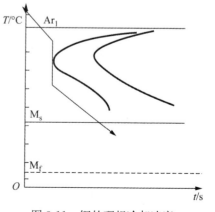

图 3-11 钢的理想冷却速度

最常用的淬火冷却介质是水、水溶液、油、空气和有机水溶液等。

水及水溶液：水在 650～550℃ 范围内具有很大的冷却速度（＞600℃/s），可防止珠光体的转变，但在 300～200℃ 需要慢冷时冷却速度仍然很快（约为 270℃/s），必然会引起淬火钢的变形和开裂。若在水中加入 10％的盐（NaCl）或碱（NaOH），可将 650～550℃ 范围内的冷却速度提高到 1100℃/s，但在 300～200℃ 范围内冷却速度基本不变，因此用水及盐水或碱水淬火都易引起材料变形和开裂，常被用作尺寸不大、形状简单的碳钢工件的淬火冷却介质。

油：油在 300～200℃ 范围内的冷却速度较慢（约为 20℃/s），可减少钢在淬火时的变形和开裂倾向，但在 650～550℃ 需要快冷时的冷却速度慢（约为 150℃/s），不易使碳钢淬火成马氏体，只能用于过冷奥氏体比较稳定的合金钢的淬火。常用淬火油为 10#、20# 机油。

新型淬火介质有聚乙烯醇水溶液、过饱和硝盐水溶液等。它们的共同特点是冷却能力介于水、油之间，接近于理想淬火介质，主要用于贝氏体等温淬火，马氏体分级淬火，常用于处理形状复杂、尺寸较小和变形要求严格的钢件。

3.3.3.3　淬火冷却方法

为了使工件淬火成马氏体并防止变形和开裂，单纯依靠选择淬火介质是不行的，还必须采取正确的淬火方法。如图 3-12 所示，最常用的淬火方法有单液淬火法、双介质淬火法、分级淬

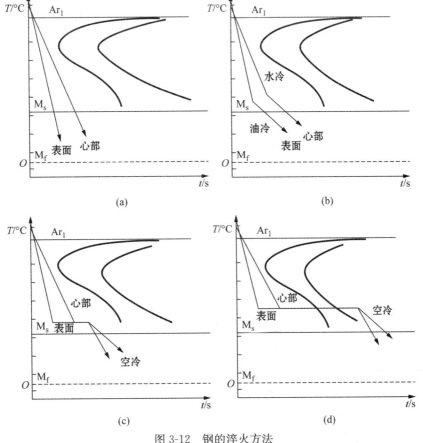

图 3-12　钢的淬火方法
（a）单液淬火；（b）双介质淬火；（c）分级淬火；（d）等温淬火

火法和等温淬火法 4 种。

1）单液淬火法

单液淬火法是将加热的工件放入一种淬火介质中一直冷到室温。工艺曲线如图 3-12(a) 所示。这种方法操作简单，容易实现机械化，自动化，如碳钢在水中淬火，合金钢在油中淬火。

缺点是不符合理想淬火冷却速度的要求，水淬容易产生变形和裂纹，油淬容易产生硬度不足或硬度不均匀等现象。

2）双介质淬火法

双介质淬火是将加热的工件先在快速冷却的介质中冷却到 300℃左右，立即转入另一种缓慢冷却的介质中冷却至室温，以降低马氏体转变时的应力，防止变形开裂。工艺曲线如图 3-12(b) 所示。如形状复杂的碳钢工件常采用水淬油冷的方法，即先在水中冷却到 300℃后再在油中冷却；合金钢则采用油淬空冷，即先在油中冷却后在空气中冷却。

3）分级淬火法

分级淬火是将加热的工件先放入温度稍高于 M_s（150～260℃）的硝盐浴或碱浴中，保温 2～5min，使零件内外的温度均匀后，立即取出在空气中冷却。工艺曲线如图 3-12(c) 所示。这种方法可以减少工件内外的温差和减慢马氏体转变时的冷却速度，从而有效地减少内应力，防止产生变形和开裂。但由于硝盐浴或碱浴的冷却能力低，只适用于淬透性好的合金钢或零件尺寸较小、形状复杂、要求变形小、尺寸精度高的碳钢工件，如模具、刀具等。

4）等温淬火法

将加热的工件放入温度稍高于 M_s（260～400℃）的硝盐浴或碱浴中，保温足够长的时间使其完成贝氏体转变的热处理工艺称为等温淬火。需要注意的是，与前三种淬火方法不同，等温淬火后获得下贝氏体组织，工艺曲线如图 3-12(d) 所示。

下贝氏体与回火马氏体相比，在含碳量相近，硬度相当的情况下，前者比后者具有较高的塑性与韧性，适用于尺寸较小，形状复杂，要求变形小、具有高硬度和强韧性的工具、模具。

3.3.3.4 淬火质量

1）钢的淬透性

钢的淬透性是指钢淬火时获得马氏体淬硬层深度的能力。

由于工件表层和心部的冷却速度不同，淬火工件不一定在整个截面上都能得到马氏体组织。淬透性以淬硬层的深度衡量，淬硬层较深的钢淬透性较好。淬透性主要与钢的临界冷却速度有关，临界冷却速度越低，钢转变为马氏体的可能性越大，淬透性越好。合金钢的淬透性通常好于碳素钢。

淬透性好的钢，在淬火时就可采用稍缓和的冷却介质，以减小开裂和变形的倾向。淬透的钢回火后工件内外性能均匀一致，而未淬透的钢回火后韧性降低，如图 3-13 所示。

图 3-13　钢的淬透性

(a) 淬透的钢；(b) 未淬透的钢

2）钢的淬硬性

淬硬性是指钢在理想条件下淬成马氏体组织所能达到的最高硬度。钢的淬硬性主要决定于马氏体的含碳量，即钢的含碳量。淬硬性以淬火后达到的最高硬度衡量。低碳钢淬火最高硬度值低，淬硬性差；高碳钢淬火最高硬度值高，淬硬性好。

钢的淬透性与淬硬性是两个不同的概念。淬透性好的钢其淬硬性不一定高，而淬火后硬度低的钢也可能是具有高的淬透性。如低合金钢淬透性相当好，但其淬硬性却不高；高碳钢的淬硬性高，但其淬透性却很差。

3）淬火缺陷

（1）过热和过烧。工件在淬火加热时，由于温度过高或者时间过长造成奥氏体晶粒粗大的缺陷称为过热。淬火加热温度太高，使奥氏体晶界出现局部熔化的现象称为过烧。过热的工件晶粒粗大，强度和韧性降低，易于产生脆性断裂。过热工件可通过延长回火时间或细化晶粒退火再重新淬火补救，过烧工件只能报废。

（2）氧化和脱碳。淬火加热时，钢件与周围加热介质相互作用，往往会产生氧化和脱碳等缺陷。氧化、脱碳会降低淬火后钢的力学性能和表面质量。在空气介质炉中加热时，向炉内加入无水分的木炭可减少氧化和脱碳。此外，采用盐炉加热、用铸铁屑覆盖工件表面等方法都可有效地防止或减少工件的氧化和脱碳。

（3）变形和开裂。热处理过程中工件各部位加热、冷却速度的差异以及相转变的应力都会引起工件变形甚至开裂。合理摆放加热炉内工件、多次预热或缓慢加热、选择合适的淬火冷却介质可减少变形倾向，避免开裂。

（4）硬度不足。工件淬火后未达到要求的硬度。加热温度低、保温时间短、冷却速度慢引起的硬度不足，可重新热处理消除。如是脱碳造成的硬度不足，重新热处理不能消除。

淬火后的钢存在残余内应力，组织、尺寸都不够稳定。钢淬火后必须再经回火处理，以使工件获得良好的使用性能。

3.3.4　钢的回火

钢件淬火后，再加热到 A_1 以下某一温度，保持一定时间，然后冷却到室温的热处理工艺称为回火。回火的目的有以下几个方面。

（1）减小或消除淬火应力，防止工件在使用或精加工时变形。

（2）稳定尺寸和组织，保证精度。

（3）调整淬火钢的硬度、强度和塑性、韧性，获得良好的综合使用性能。

3.3.4.1　淬火钢在回火时组织的转变

淬火钢在回火过程中，随着加热温度的提高，原子活动能力增大，其组织相应发生以下 4 个阶段的转变。

（1）马氏体分解（80～200℃）。由淬火马氏体中析出薄片状细小的碳化物，使马氏体中碳的过饱和度有所降低，内应力有所减小。这种由马氏体和碳化物组成的组织称为回火马氏体，用符号 M' 表示。

（2）残余奥氏体分解（200～300℃）。200℃以上，在马氏体分解的同时，残余奥氏体也开始分解形成回火马氏体组织，残余奥氏体至300℃分解完成。回火温度在300℃以下得到的回火组织是回火马氏体,它是由两相组成的,易被腐蚀,在显微镜下观察呈黑色针叶状,如图3-14(a)所示。

(3) 碳化物转变(300～450℃)。300℃以上,马氏体中析出的碳化物转变成极细的颗粒状的渗碳体。400℃时,过饱和的固溶体基本上都转化为铁素体,但铁素体仍保持着马氏体的针叶状外形。这种由针叶状铁素体和极细粒状渗碳体组成的机械混合物称为回火托氏体,用 T′ 表示。如图3-14(b)所示。在这一阶段马氏体的内应力基本消除,硬度降低。

(4) 渗碳体聚集长大(＞400℃)。回火温度超过400℃时,粒状渗碳体聚集长大成球状;500℃以上时铁素体从针叶状转变为多边形的粒状。这种由粒状铁素体和渗碳体组成的回火组织称为回火索氏体,用 S′ 表示。如图3-14(c)所示。

(a)   (b)   (c)

图 3-14　回火组织

(a) 回火马氏体;(b) 回火托氏体;(c) 回火索氏体

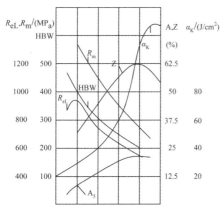

图 3-15　钢的性能与回火温度的关系

回火组织的变化引起钢的性能变化。如图3-15所示,以40钢为例,硬度大约在200℃以后随温度升高呈直线下降;钢的强度在开始时虽然随着内应力和脆性的减少而有所提高,但自300℃以后也和硬度一样随回火温度升高而降低;而钢的塑性和韧性则相反,自300℃以后迅速升高。

所有淬火钢回火时,在300℃左右由于断续薄片状碳化物沿马氏体界面析出而导致冲击韧性降低,这种现象称为低温回火脆性,生产上要避免在此温度范围内回火。

回火冷却一般采用空冷。一些重要的机器和工具、模具,为了防止重新产生内应力和变形、开裂,通常都采用缓慢的冷却方式。对于有高温回火脆性(高温回火后缓冷通过脆化温度区所产生的脆性)的钢件,回火后应进行油冷或水冷,以抑制回火脆性。

3.3.4.2　回火的分类

(1) 低温回火(150～250℃)。低温回火的组织是回火马氏体。与淬火马氏体相比,回火马氏体既保持了钢的高硬度(58～64HRC)、高强度和良好耐磨性,又适当提高了韧性。主要用于高碳钢、合金工具钢制造的刀具、量具、冷作模具及滚动轴承,渗碳、碳氮共渗和表面淬火件等要求表面耐磨的零件。

(2) 中温回火(350～500℃)。中温回火组织为回火托氏体。对于一般碳钢和低合金钢,中温回火相当于回火的第三阶段,此时碳化物开始聚集,基体开始回复,淬火应力基本消失。硬度为35~50HRC,具有高的弹性极限、屈服强度和韧性,主用于弹性件及热作模具处理。

(3) 高温回火(500~650℃)。高温回火组织为回火索氏体。具有良好的综合力学性能,硬度为25~40HRC,广泛用于各种重要结构件。

通常在工业上将钢件经淬火加高温回火的复合热处理工艺称为调质,用来制作汽车、拖拉机、机床等承受较大载荷的结构零件,如曲轴、连杆、螺栓、机床主轴及齿轮等重要的机器零件。

钢经正火后和调质后的硬度很相近,但重要的结构件一般都要进行调质而不采用正火。在抗拉强度大致相同情况下,钢经调质处理后的屈服点、塑性和韧性指标均显著超过正火,尤其塑性和韧性更为突出。

调质处理一般可作为最终热处理,但是调质处理后的钢硬度不高,适于切削加工并能获得较低的表面粗糙度值,因此也可作为表面淬火和化学热处理的预备热处理。

3.4 钢的表面热处理和化学热处理

一些在弯曲、扭转、冲击载荷、摩擦条件区工作的齿轮等机器零件,要求具有表面高硬度、高耐磨,心部韧性好能抗冲击的特性。仅从选材方面去考虑是很难达到,生产中广泛采用表面热处理或化学热处理来满足上述要求。

3.4.1 表面热处理

表面热处理就是通过改变工件表面的组织或化学成分使工件表面和心部具有不同性能的热处理工艺。最常用的表面热处理是表面淬火。

表面淬火是将工件表面快速加热到淬火温度,迅速冷却,使工件表面得到一定深度的淬硬层,而心部仍保持未淬火状态组织的热处理工艺。常用的表面淬火有火焰加热表面淬火和感应加热表面淬火。

3.4.1.1 火焰加热表面淬火

火焰加热表面淬火是应用氧-乙炔等混合气体的火焰对零件表面进行加热,随之快速冷却的淬火工艺。如图3-16所示。淬硬层深度一般为2~6mm。

火焰加热表面淬火的特点是设备简单,成本低,但生产率低,工件表面易过热,淬火质量不稳定。适用于单件或小批量生产的工件及大型零件(如轴、齿轮、轧辊等)的淬火。

图3-16 火焰加热表面淬火示意图

3.4.1.2 感应加热表面淬火

感应加热表面淬火是利用感应电流通过工件所产生的热效应,使工件表面、局部或整体加热并快速冷却的淬火工艺。

如图3-17所示,将钢件放入感应器内,在一定频率交流电的作用下产生交变磁场,钢件在磁场作用下产生了同频率的感应电流,使钢件表面迅速(2～10s)加热至淬火温度,立即把水喷射到钢件表面。经表面感应淬火的零件,表面硬而耐磨,而内部有较好的强度和韧性。

图 3-17   感应加热表面淬火

感应加热淬火的电流频率越高,淬硬层越浅。选择不同频率的电流频率可得到不同的淬硬层,如表 3-1 所示。

表 3-1   感应加热表面淬火的电流频率选择

感应加热频率	频率范围	淬硬层深度/mm	应 用
高频感应加热	100～1 000kHz	0.2～2	中小齿轮、花键轴、活塞和其他小型零件
中频感应加热	0.5～10kHz	2～8	曲轴、钢轨、机床导轨、中型齿轮、轴等中型零件
工频感应加热	50Hz	10～15	直径大于 300mm 的轧辊、轴等大型工件

感应加热表面淬火的优点:加热速度极快;变形小;工件表层组织细、硬度高、脆性小;生产效率高;便于自动化。

感应加热表面淬火的缺点:设备投入大,形状复杂的感应器不易制造;不适于单件生产。

3.4.2   化学热处理

化学热处理是将工件置于一定温度的活性介质中加热、保温,使一种或几种元素渗入其表层,以改变表层一定深度的化学成分、组织和性能的热处理工艺。

化学热处理的目的是强化工件表面的硬度、耐磨性、疲劳极限,提高工件的物理、化学性能,如耐高温、耐腐蚀性等。

化学热处理的三个基本过程:首先是渗入介质发生分解,形成渗入元素的活性原子;其次,活性组分被工件表面吸收;最后是渗入元素向工件内部扩散,形成一定厚度的渗层。

根据渗入元素的不同,化学热处理有钢的渗碳、钢的渗氮和碳氮共渗等几种。

3.4.2.1 钢的渗碳

渗碳是为了增加钢件表层的含碳量,将钢件在渗碳介质中加热并保温,使碳原子渗入到钢件表层的化学热处理工艺。

渗碳方法有固体渗碳、液体渗碳、气体渗碳,其中应用较为广泛的是气体渗碳。

气体渗碳法是将工件置于气体渗碳剂中进行渗碳的。如图 3-18 所示,工件置于密封的加热炉中,加热温度为 900～950℃,滴入煤油、丙酮、甲醇等渗碳剂。渗碳剂在高温下产生的活性碳原子溶入到钢表面的奥氏体中,并向内扩散,最后形成一定深度的渗碳层。渗碳时间一般为 3～9h,渗碳层深度在一般在 0.5～2.5mm。钢渗碳后表面层的含碳量可达到 0.8%～1.1%范围。

图 3-18 气体渗碳法示意图

渗碳件渗碳后缓冷到室温的组织接近于铁碳相图所反映的平衡组织,从表层到心部依次是过共析组织、共析组织、亚共析过渡层、心部原始组织。

渗碳零件必须用低碳钢或低碳合金钢来制造,如 20Cr、20CrMnTi 等。渗碳只提高零件表层的含碳量,因此渗碳后必须经热处理(淬火加低温回火),使零件表面组织变为细针回火马氏体,获得高硬度和耐磨性,而心部仍保有一定强度和良好的塑性、韧性。

渗碳主要用于齿轮、活塞销、套筒等零件和工具的处理。

3.4.2.2　钢的渗氮

渗氮是在一定温度下使活性氮原子渗入工件表面的化学热处理工艺。渗氮的目的是提高钢件表面硬度、耐磨性、疲劳强度、抗蚀性及热硬性。

渗氮方法有气体氮化、离子氮化。应用较广泛的是气体氮化法,即把工件放入密封箱式炉内加热(温度 500~580℃),并通入氨气,使其分解。分解出的活性氮原子被工件表面吸收,通过扩散得到一定深度的渗氮层。

当含氮量超过饱和溶解度时,氮与铁生成氮化物。此外,氮还可与钢中铬(Cr)、钼(Mo)、铝(Al)、钒(V)、钛(Ti)等合金元素形成颗粒细密、分布均匀、硬度高且稳定的各种氮化物,这些氮化物具有高硬度、高耐磨度、高的耐蚀性,对氮化钢的性能起着主要的作用。

氮化用钢通常是含铝、铬、钼等合金元素的中碳合金钢,如 38CrMoAlA、35CrMo、18CrNiW 等。

与渗碳相比,氮化工件具有以下特点:

(1) 氮化前需经调质处理,以便使心部组织具有较高的强度和韧性。

(2) 表面硬度可达 65~72HRC,具有较高的耐磨性。

(3) 表面形成致密氮化物组成的连续薄膜,具有一定的耐腐蚀性。

(4) 处理温度低,变形小,渗氮后不需再进行其他热处理。

氮化处理适用于耐磨性和精度都要求较高的零件或要求抗热、抗蚀的耐磨件。如:发动机的汽缸、排气阀、高速传动的精密齿轮、精密机床主轴、镗床镗杆等。

3.4.2.3　碳氮共渗

碳氮共渗是在一定温度下,同时向工件表面渗入碳原子和氮原子的化学热处理。目的是提高零件表面的硬度、耐磨性、抗蚀性和疲劳强度。与渗碳相比,碳氮共渗温度低,速度快,变形小。目前以中温气体碳氮共渗和低温气体碳氮共渗应用较为广泛。

中温气体碳氮共渗以渗碳为主,主要目的是提高钢的硬度、耐磨性和疲劳强度。

低温气体碳氮共渗(气体软氮化)以渗氮为主,主要目的是提高钢的耐磨性和抗咬合性。

碳氮共渗一般用于模具、量具、高速钢刀具等零件和工具的处理。

3.5　热处理工艺设计

机械制造过程中,大多数零件和工具都要进行热处理。零件的设计、选材、制定加工工艺路线都需要考虑到热处理问题。

3.5.1　热处理的技术条件

设计零件或工具时,应根据零件或工具的工作条件及环境提出使用性能要求,然后选材、确定热处理方法和相关的技术条件,并在零件图上标出最终热处理方法(如调质、淬火、回火、渗碳等)和应达到的力学性能指标。应按照 GB/T12603—1990 的规定标注热处理的技术条件,同时标明应达到的力学性能指标及其他要求,并在标题栏上方作简要说明。热处理工艺代号的标注方法如图 3-19 所示。

图 3-19 热处理工艺代号

热处理工艺代号由基础分类代号和附加分类工艺代号组成。基础分类代号如表 3-2 所示,附加分类工艺代号依次如表 3-3、表 3-4、表 3-5、表 3-6 所示。

表 3-2 热处理工艺分类代号

工艺总称	代号	工艺类型	代号	工艺名称	代号	加热方法	代号
热处理	5	整体热处理	1	退火	1	加热炉	1
				正火	2		
				淬火	3		
				淬火和回火	4	感应	2
				调质	5		
				稳定化处理	6	火焰	3
				固溶处理;水韧处理	7		
				固溶处理+时效	8		
		表面热处理	2	表面淬火和回火	1	电阻	4
				物理气相沉积	2		
				化学气相沉积	3	激光	5
				等离子化学气相沉积	4		
		化学热处理	3	渗碳	1	电子束	6
				碳氮共渗	2		
				渗氮	3		
				氮碳共渗	4	等离子	7
				渗其他非金属	5		
				渗金属	6		
				多元共渗	7	其他	8
				熔渗	8		

表 3-3 加热介质及代号

加热介质	固体	液态	气体	真空	保护气氛	可控气氛	液态床
代号	S	L	G	V	P	C	F

表 3-4 退火工艺及代号

退火工艺	去应力退火	扩散退火	再结晶退火	石墨化退火	去氢退火	球化退火	等温退火
代号	o	d	r	g	h	s	n

表 3-5 淬火冷却介质和冷却方法及代号

冷却介质和方法	空气	油	水	盐水	有机水溶液	盐浴	压力淬火	双液淬火	分级等温	等温淬火	形变	冷处理
代号	a	o	w	b	y	s	p	d	m	n	f	z

表 3-6 渗碳碳氮共渗后冷却方法及代号

冷却方法	直接淬火	一次加热淬火	二次加热淬火	表面淬火
代号	g	r	t	h

对于一般零件和工具,力学性能指标一般只标出硬度值。标注硬度值要注意布氏硬度值浮动不超过30,洛氏硬度值浮动不超过5。如:调质220~250HBW,淬火回火40~45HRC。对于力学性能要求较高的重要零件和工具,如主轴、齿轮、曲轴、连杆等,还应标出强度、塑性和韧性指标,有时还要对金相组织提出要求。对于渗碳或渗氮件应标出渗碳或渗氮部位、渗层深度、渗碳或渗氮后的硬度等。表面淬火零件应标明淬硬层深度、硬度及部位等。

例如,45钢制小轴的热处理技术条件标注为5151,235~265HBW,表示对轴进行加热炉加热的整体调质处理,处理后布氏硬度值达到235~265HBW;45钢制摇杆的热处理技术条件标注为5212,回火后48~53HRC,表示对摇杆进行感应加热表面淬火和回火处理,回火后洛氏硬度值达到48~53HRC。

3.5.2 热处理工序安排

3.5.2.1 预先热处理

预先热处理包括退火、正火、调质等,通常安排在毛坯生产之后、切削加工之前的位置,目的是消除内应力,改善切削加工性能,为最终热处理作组织准备。要求不高的零件,退火、正火、调质也可作为最终热处理。

退火、正火工序位置:毛坯生产→退火(或正火)→切削加工。

调质工序位置:下料→锻造→正火(或退火)→粗加工(留余量)→调质→半精加工(或精加工)。

3.5.2.2 最终热处理

最终热处理包括淬火、回火、表面淬火及化学热处理,通常安排在半精加工之后、精加工之前,目的是获得零件或工具要求的使用性能。

最终热处理之后,由于零件、工具的硬度高,所以不再安排磨削以外的切削加工。

整体淬火位置:下料→锻造→退火(或正火)→粗加工、半精加工(留磨量)→淬火、回火(低、中温)→磨削。

表面淬火位置:下料→锻造→退火(或正火)→粗加工→调质→半精加工(留磨量)→表面

淬火、低温回火→磨削。

渗碳工序位置:渗碳件(整体与局部渗碳)的加工路线一般为:下料→锻造→正火→粗、半精加工→渗碳→淬火、低温回火→磨削。

渗氮工序位置:下料→锻造→退火→粗加工→调质→半精加工→去应力退火(俗称高温回火)→粗磨→渗氮→精磨或研磨或抛光。

以 CA6140 机床主轴的热处理为例介绍热处理工艺。

机床主轴属于中速、中负荷、在滚动轴承中工作的机床主轴,一般选用 45 钢。

1)工艺路线确定

下料→锻造→正火(或调质)→机加工→高频淬火→回火→磨加工。

2)热处理工艺确定

(1)正火。840～860℃,保温 1～1.5h,空冷,HBW≤229。

(2)高频淬火。在高频设备及淬火机床上进行淬火,淬火前应进行一次预热。

(3)回火。220～250℃,1～1.5h。

3)工艺分析

(1)正火。在主轴经过锻造后进行正火,主要是为了调整、细化内部组织使其具有良好的综合机械性能,为表面高频淬火做好准备。如果性能要求很高,则需将正火改为调质。经过调质处理的主轴,其综合性能要大大优于正火主轴。

(2)高频淬火。主要提高轴颈部的接触精度及接触刚度,可以大大延长零件的使用寿命。

(3)回火。高频淬火后经过低温回火,主要是为了消除淬火应力,保持表面淬火的高硬度和高耐磨性。

```
任务实施
```

3.1　碳钢的整体热处理操作

3.1.1　任务目的

(1)掌握碳钢的基本热处理工艺方法。

(2)了解不同的热处理工艺对碳钢表面硬度的影响。

3.1.2　设备及用品

箱式电炉,洛氏硬度计,冷却剂:水、10#机械油、试样。

3.1.3　任务指导

在研究热处理的组织时,不仅要参考铁碳相图,还要利用 C 曲线。铁碳相图能说明缓慢冷却时,铁碳合金的结晶过程和室温下的组织及相的相对量。C 曲线则能说明一定成分的铁碳合金在不同冷却条件下的转变及能得到哪些组织。

3.1.3.1　加热温度的确定

碳钢普通热处理的加热温度,原则上可按表 3-7 选定。但生产中,应根据工作实际情况作适当调整。

常用碳钢的临界点如表 3-8 所示。热处理加热温度不能过高,否则会使工件的晶粒粗大、氧化、脱碳严重,变形、开裂倾向增加。但加热温度过低也达不到要求的效果。

表 3-7　碳钢普通热处理的加热温度

方　法		加热温度	应 用 范 围
退火		$Ac_3 + 30 \sim 50℃$	亚共析钢完全退火
		$Ac_1 + 20 \sim 30℃$	过共析钢球化退众
正火		$Ac_3 + 30 \sim 50℃$	亚共析钢
		$Ac_{cm} + 30 \sim 50℃$	过共析钢
淬火		$Ac_3 + 30 \sim 50℃$	亚共析钢
		$Ac_1 + 30 \sim 50℃$	过共析钢
回火	低温	$150 \sim 250℃$	切削刃具,量具,冷冲摸具,高强度零件等
	中温	$350 \sim 500℃$	弹簧,中等硬度零件等
	高温	$500 \sim 650℃$	齿轮,轴,连杆等要求综合机械性能的零件

表 3-8　常用碳钢的临界点

钢号	临界点/℃			
	Ac_1	Ac_3 或 Ac_{cm}	Ar_1	Ar_3
20	735	855	680	835
45	724	780	682	760
T8	730	——	700	——
T12	730	820	700	——

3.1.3.2　保温时间的确定

热处理的加热时间(包括升温与保温时间)与钢的成分、热处理方法等许多因素有关。因此,要确切计算加热时间是比较复杂的。在实验室中,通常将钢件放入炉中后,当炉温恢复到指定温度,从此刻到钢件出炉的一段时间为加热时间。根据经验,钢在箱式电炉中加热,按直径(或厚度)每毫米保温一分钟计算。

3.1.3.3　冷却方式

钢退火一般采用随炉冷却到 $600 \sim 550℃$ 以下再出炉空冷。正火采用空气中冷却,淬火时,钢在过冷奥氏体最不稳定的范围内($650 \sim 550℃$)的冷却速度应大于临界冷却速度,以保证工作不转变为珠光体型组织;而在 M_s 点附近的冷却速度应尽可能低,以降低淬火内应力,减少工件变形与开裂。因此,淬火时除了要选用合适的淬火冷却介质外,还应注意淬火方法。对于形状简单的工件,常采用简易的单液淬火法,碳钢用水或盐水溶液作冷却介质,合金钢常用油作冷却介质。

3.1.3.4　任务内容

（1）根据表 3-9 对钢试样进行不同的热处理。注意：在炉内取、放试样时必须切断电源，淬火过程动作要迅速，试样在冷却液中要不断搅动。

（2）将热处理后试样表面用砂纸磨去氧化皮，然后测量 HRC 值并填入表 3-9。

（3）分析含碳量、热处理方法对钢热处理后组织、硬度的影响。

表 3-9　钢试样的整体热处理

材料	加热温度/℃	冷却方式	回火温度	硬度	组织
45 钢	860	炉冷		HBW180	
		空冷		HRC	
		油冷		HRC	
		水冷		HRC	
		水冷	600℃	HRC	
T12 钢	780	水冷		HRC	
		水冷	200℃	HRC	
45 钢	760	水冷		HRC	

3.2　碳钢的热处理显微组织观察

3.2.1　任务目的

（1）观察钢在不同热处理状态下的组织形貌。

（2）分析钢在不同热处理状态下的组织和性能特点。

3.2.2　设备及用品

金相显微镜，20 钢，45 钢试样，浸蚀剂。

3.2.3　任务内容

由于碳钢热处理冷却条件不同，获得的组织形貌也不同。热处理样品如表 3-10 所示。

表 3-10　热处理样品

编号	材料	热处理状态	组织	浸蚀剂
1	20	900℃正火	P+F	4%硝酸酒精溶液
2	20	950℃水淬	低碳 M	
3	45	退火	P+F	
4	45	淬火	M	
5	45	淬火加 600℃回火	S′	

20 钢 900℃加热后正火处理,如图 3-20(a)所示。组织是白色基体为铁素体等轴晶,黑色块状为片状珠光体。此为正火后的正常组织。

20 钢 950℃加热保温后水淬,如图 3-20(b)所示。组织是低碳马氏体,又称板条状马氏体,硬度为 46~47HRC。低碳钢淬火后可得到板条状马氏体组织,它的特征是:尺寸大致相同的条状马氏体定向平行排列,组成马氏体束或马氏体区域,在区域与区域之间位向差较大。20 钢通过加热后淬火、回火等处理,可以改善其力学性能和可加工性,以充分利用它的潜能,来制造强度和韧性要求较高的零部件。

(a)　　　　　　　　　　　　　　　　　(b)

图 3-20　20 钢热处理显微组织

(a) 20 钢正火组织;(b) 20 钢 950℃水淬

45 钢退火处理,如图 3-21(a)所示,基体组织为珠光体及铁素体。铁素体沿奥氏体晶界呈网络状分布。同时,从网络状分布的铁素体可以看出,此钢退火温度不高;故其晶粒细小。这种钢在退火状态下强度是偏低的,为了充分发挥材料的潜力,通常采用调质或正火处理。

45 钢 860℃加热保温后淬火,如图 3-21(b)所示,针状淬火马氏体,其针叶大小中等。

45 钢 860℃加热保温后淬火,600℃回火 1h,如图 3-21(c)所示,基体组织为保持马氏体位向分布的回火索氏体,硬度为 28HRC。45 钢淬火后得到淬火马氏体。它的强度及硬度很高(硬度可达 58~60HRC 左右),而其韧性及塑性则明显下降。为了消除淬火时的内应力和组织应力,淬火的工件应及时进行回火处理,当回火温度达 600℃时,马氏体则发生分解,析出极细的渗碳体颗粒,从而使基体分解为索氏体组织,此时工件的强度和硬度有所下降,而塑性及韧性则显著提高。因此,可获得良好的综合力学性能,以适应制造要求强度较高,塑性及韧性也好的机械零件。

(a)　　　　　　　　　　　(b)　　　　　　　　　　　(c)

图 3-21　45 钢退火、淬火及回火处理

(a) 45 钢退火;(b) 45 钢 860℃淬火;(c) 45 钢 860℃淬火、600℃回火

项目小结

1. 钢的普通热处理分为退火、正火、淬火、回火。

2. 退火的主要目的是降低硬度、提高塑性、消除残余内应力、细化晶粒、均匀组织和成分。退火分为：完全退火、球化退火、去应力退火。

3. 正火与退火目的基本相同。正火的速度比退火快，正火钢的组织较细，强度、硬度比退火钢高。

4. 淬火主要目的是为了获得硬度高、耐磨的马氏体组织。淬火方法有单液淬火、双介质淬火、分级淬火和等温淬火（获得下贝氏体组织）。淬火必须与回火相配合。

5. 回火的目的是减小或消除淬火产生的内应力，降低硬度、脆性，提高韧性，使钢获得良好的综合力学性能。回火还能稳定工件的尺寸，保证精度。回火分为高温回火、中温回火、低温回火。

6. 常见的表面热处理为表面淬火。表面淬火有火焰加热表面淬火和感应加热表面淬火。化学热处理有渗碳、渗氮、碳氮共渗等。

7. 预先热处理包括退火、正火、调质等，通常安排在毛坯生产之后、切削加工之前的位置；最终热处理包括淬火、回火、表面淬火及化学热处理，通常安排在半精加工之后、精加工之前的位置，且不再进行除磨削之外的切削加工。

项目习题

1. 热处理工艺都是由哪三个阶段组成的？每个阶段的目的是什么？

2. 根据共析钢的 C 曲线，写出过冷奥氏体在 A_1 线以下等温转变的产物类型。怎样判断连续冷却转变得到的产物？

3. 何谓钢的退火？其目的是什么？退火工艺有哪几类？加热温度分别是多少？

4. 何谓正火？怎样选择正火和退火？

5. 低碳钢退火后切削加工时易出现黏刀现象，改用哪种热处理方法可改善切削加工性能？

6. 淬火的目的是什么？为什么亚共析钢的正常淬火温度范围为 $Ac_3 + (30 \sim 50)$℃；而过共析钢选择 $Ac_1 + (30 \sim 50)$℃？

7. 把两个 45 钢的退火态小试样分别加热到 760℃和 860℃快速水冷，所得组织分别是什么？哪个温度下淬火硬度高？为什么？

8. 何谓钢的淬透性？何谓钢的淬硬性？它们各自取决于什么因素？

9. 测量淬火钢、调质钢、深层表面硬化层的硬度，应选用什么硬度测定方法？

10. 常用的淬火冷却介质有哪几种？分别说明它们的冷却特性、优缺点及应用范围。

11. 常用的淬火方法有哪几种？说明它们的主要特点及其应用范围。

12. 常见淬火缺陷有什么？

13. 何谓回火？回火的目的是什么？回火可分为哪几类？各用于什么场合？

14. 火焰加热表面淬火和感应加热表面淬火各有什么特点？感应电流的频率和淬硬层的

深度有什么关系?

15. 化学热处理的基本过程是由哪几个阶段组成? 渗碳零件具有什么优点?

16. 某汽车齿轮选用 20CrMnTi 制造,其工艺路线为:

下料→锻造→正火①→切削加工→渗碳②→淬火③→低温回火④→喷丸→磨削

请说明①、②、③、④四项热处理工艺的目的及大致工艺参数。

17. 写出具有网状渗碳体的过共析钢锻造冷作模具毛坯在加工过程中的热处理工艺。

18. 指出下列铁碳合金工件的淬火及回火温度,并说明回火后得到的组织和大致硬度。

①$w_C = 0.45\%$ 钢制小轴(要求综合力学性能好);②$w_C = 0.60\%$ 钢制弹簧;③$w_C = 1.2\%$ 钢制锉刀。

项目4 工程材料的选用

知识目标

    1. 了解合金元素在钢中的作用。

    2. 掌握金属材料的分类、牌号、性能及其用途。

技能目标

    能够对普通机床及常用零件材料进行性能分析和选材。

本项目导语

    工程材料是指各类工程建设中所需的材料。由于材料多用于工业、工程领域,故亦称工程材料。工程材料是各项工程建设的重要物质基础,材料占整个工程投资的比例很大,其中的金属材料,在现代工农业生产中占有及其重要的地位。材料质料的优劣和选用是否适当,直接关系到工程质量寿命。

知识链接

4.1 钢中常存元素与合金元素

在碳素钢中加入合金元素后,可以改善钢的使用性能和工艺性能,使合金钢得到许多碳钢所不具备的优良的或特殊的性质。例如合金钢具有较强的强度和韧性,良好的耐蚀性,在高温下具有较高的硬度和强度,良好的工艺性能(冷变形性、淬透性、回火稳定性和可焊性)。合金钢之所以具备这些优异的性能,主要是合金元素与铁、碳以及合金元素之间的相互作用,从而改变了钢的内部组织结构的缘故。

4.1.1 钢中常存元素对钢性能的影响

各类元素,尤其是合金元素的加入在金属材料中都会对材料的组织、性能产生各种各样的影响。为一定目的加入到钢中,能起到改善钢的组织和获得所需性能的元素,才称为是合金元素。常用的有 Cr、Mn、Si、Ni、Mo、W、V、Co、Ti、Al、Cu、B、N、稀土等。合金元素在钢中的作用,主要表现为合金元素与铁、碳之间的相互作用以及对铁碳相图和热处理相变过程的影响。

实际使用的非合金钢并不是单纯的铁碳合金,由于冶炼时所用原料以及冶炼工艺方法等影响,钢中总不免有少量其他元素存在,如 Si、Mn、S、P 等,这些元素一般作为杂质看待。它们的存在对钢性能也有较大影响。

Mn 和 Si 是钢中的有益元素,有利于提高钢的强度和硬度,Mn 还可与硫形成 MnS,以消除硫的有害作用。

S 和 P 是钢中的有害元素。S 在钢中以化合物 FeS 形式存在,其与 Fe 形成低熔点共晶体分布在晶界上。钢加热到 1 000~1 200℃进行锻压或轧制时,易晶界熔化,使钢在晶界开裂,这种现象称为热脆。P 在低温时会使材料塑性和韧性显著降低,这种现象称为冷脆。

4.1.2 钢中合金元素的作用

4.1.2.1 合金元素对钢基本相的影响

钢的基本相主要是固溶体(如铁素体)和化合物(如碳化物)。

大多数合金元素(如 Mn、Cr、Ni 等)都能溶于铁素体,引起铁素体晶格畸变,产生固溶强化,使铁素体的强度、硬度升高,塑性、韧性下降,如图 4-1 所示。

图 4-1 合金元素对铁素体力学性能的影响
(a)对硬度的影响;(b)对韧性的影响

有些合金元素可与碳作用形成碳化物,这类元素称为碳化物形成元素,有 Fe、Mn、Cr、Mo、W、V、Nb、Zr、Ti 等(按与碳亲和力由弱到强排列)。与碳的亲和力越强,形成的碳化物就越稳定,硬度就越高。由于与碳的亲和力强弱不同及含量不同,合金元素可以形成不同类型的碳化物:①溶入渗碳体中,可形成合金渗碳体,如$(Fe,Mn)_3C$、$(Fe,Cr)_3C$ 等;②形成合金碳化物,如 Cr_7C_3、Fe_3W_3C 等;③形成特殊碳化物,如:WC、MoC、VC、TiC 等。从合金渗碳体到特殊碳化物,稳定性及硬度依次升高。碳化物的稳定性越高,高温下就越难溶于奥氏体,也越不易聚集长大。随着碳化物数量的增加,钢的硬度、强度提高,塑性和韧性下降。

非碳化物形成元素 Ni、Si、Al、Co、Cu 等与碳亲和力很弱,不形成碳化物。

4.1.2.2 合金元素对 Fe-Fe₃C 相图的影响

Fe-Fe₃C 相图是以铁和碳两种元素为基本组元的相图。如果在这两种元素的基础上加入一定量的合金元素,必将使 Fe-Fe₃C 相图的相区和转变点等发生变化。

1) 合金元素对奥氏体相区的影响

Ni、Mn 等合金元素使单相奥氏体区扩大,即使 A_1 线、A_3 线下降。若其含量足够高,可使单相奥氏体区扩大至常温,即可在常温下保持稳定的单相奥氏体组织。利用合金元素扩大奥氏体相区的作用可生产出奥氏体钢。

Cr、Mo、Ti、Si、Al 等合金元素使单相奥氏体区缩小,即使 A_1 线、A_3 线升高,当其含量足够高时,可使钢在高温与常温均保持铁素体组织,这类钢称为铁素体钢。

2) 合金元素对 S、E 点的影响

合金元素都使 Fe-Fe_3C 相图的 S 点和 E 点向左移,即使钢的共析含碳量和奥氏体对碳的最大固溶度降低。若合金元素含量足够高,可以在 $w_C = 0.4\%$ 的钢中产生过共析组织,在 $w_C = 1.0\%$ 的钢中产生莱氏体。例如,在高速钢($w_C = 0.7\% \sim 0.8\%$)的铸态组织中就有莱氏体,故可称之为莱氏体钢。

4.1.2.3　合金元素对钢热处理的影响

我们原来了解的热处理原理和工艺主要是针对铁碳合金的,如果加入了合金元素,则热理的加热、冷却和回火转变都会在原来的基础上发生一定的变化。

1) 加热时对奥氏体化及奥氏体晶粒长大的影响

合金钢的奥氏体形成过程基本上与非合金钢相同,但合金钢的奥氏体化比非合金钢需要温度更高,保温时间更长。由于高熔点的合金碳化物、特殊碳化物(特别是 W、Mo、V、Ti 等的碳化物)的细小颗粒分散在奥氏体组织中,能机械地阻碍晶粒长大,所以热处理时合金钢一般易过热。

2) 冷却时对过冷奥氏体转变的影响

除 Co 外,大多数合金元素(如 Cr、Ni、Mn、Si、Mo、B 等)溶于奥氏体后都使钢的过冷奥氏体稳定性提高,从而使钢的淬透性提高。因此,一方面有利于大截面零件的淬透,另一方面可用较缓和的冷却介质淬火,有利于降低淬火应力,减少变形、开裂。有的钢中提高淬透性元的含量大,则其过冷奥氏体非常稳定,甚至在空气中冷却也能形成马氏体组织,故可称其为马氏体钢。除 Co、Al 以外,大多数合金元素都使 M_s 点下降,并增加残余奥氏体量。

3) 对回火转变的影响

由于淬火时溶入马氏体的合金元素阻碍马氏体的分解,所以合金钢回火到相同的硬度,需要比非合金钢更高的加热温度,这说明合金元素提高了钢的耐回火性(回火稳定性)。所谓耐回火性是指淬火钢在回火时抵抗强度、硬度下降的能力。

在高合金钢中,W、Mo、V 等强碳化物形成元素在 500～600℃回火时,会形成细小弥散的特殊碳化物,使钢回火后硬度有所升高;同时淬火后残余的奥氏体在回火冷却过程中部分转变为马氏体,使钢同火后硬度显著提高;这两种现象都称为"二次硬化",如图 4-2 所示。高的耐回火性和二次硬化使合金钢在较高温度(500～600℃)仍保持高硬度(≥60HRC),这种性能称

图 4-2　$w_C = 0.35\%$Mo 钢的回火温度与硬度关系曲线

为热硬性。热硬性对高速切削刀具及热变形模具等非常重要。合金元素对淬火钢回火后力学性能的不利方面主要是回火性。这种脆性主要在含 Cr、Ni、Mn、Si 的调质钢中出现,而 Mo 和 W 可降低这种回火脆性。

4.2　非合金钢

非合金钢即碳钢,是指碳含量在 2.11% 以下的铁碳合金。在生产中使用的碳钢,实际碳含量都不大于 1.4%,因为随着碳含量增大,组织中渗碳体增多,塑性、韧度低,脆性增大而强度降低,难于加工成型,没有实用意义。

由于碳钢价格低廉,便于冶炼,容易加工,且通过含碳量的增减和不同的热处理可使其性能得到改善,因此能满足很多生产上的要求,至今仍是应用最广泛的钢铁材料。

4.2.1　碳钢的分类

碳钢是应用极为广泛的金属材料,种类繁多,为了便于生产、选用和储运,需根据一定的标准将碳钢进行分类、编号。碳钢的分类方法很多,主要有以下几种:

4.2.1.1　按碳的含量分类

(1) 低碳钢。$w_C = 0.08\% \sim 0.25\%$,塑性好,多用作冲压、焊接和渗碳工件。

(2) 中碳钢。$w_C = 0.25\% \sim 0.60\%$,强度和韧度均较高,热处理后有良好的综合力学性能,多用于要求良好强韧度的各种重要结构零件。

(3) 高碳钢。$w_C = 0.60\% \sim 1.40\%$,硬度较高,多用作工具、模具和量具等工件。

4.2.1.2　按钢的冶金质量分类

根据钢中的有害杂质元素 S、P 含量的多少可分为普通钢、优质钢和高级优质钢。

(1) 普通钢。钢中的 S、P 含量高,$w_S \leqslant 0.055\%$,$w_P \leqslant 0.045\%$。

(2) 优质钢。钢中的 S、P 含量为,$w_S \leqslant 0.040\%$,$w_P \leqslant 0.040\%$。

(3) 高级优质钢。钢中的 S、P 含量很低,$w_S \leqslant 0.030\%$,$w_P \leqslant 0.035\%$。

4.2.1.3　按钢的用途分类

(1) 碳素结构钢。主要用于制造各种机械零件和工程结构件的碳钢(如齿轮、轴、弹簧等),其含碳量一般 $w_C < 0.7\%$。

(2) 碳素工具钢。主要用于制造各种刀具、模具和量具的碳素钢(如丝锥、板牙、锯条等),其含碳量一般为 $w_C \geqslant 0.7\%$。

(3) 专用钢。包括锅炉钢、船用钢、易切钢等。

钢的分类命名往往是混合应用的。例如:结合质量和用途,可将钢命名为优质碳素结构钢、高级优质碳素工具钢等。

4.2.1.4　按钢液脱氧程度分类

(1) 沸腾钢(F)。沸腾钢是脱氧不完全的钢,组织不致密,成分不均匀,性能较差。

（2）镇静钢（Z）。镇静钢是脱氧完全的钢，钢锭组织致密，成分较均匀，性能较好。优质钢和高级优质钢多为镇静钢。通常不再标注镇静钢代号。

（3）半镇静钢（b）。半镇静钢脱氧程度介于沸腾钢和镇静钢之间。

4.2.2　碳素结构钢

碳素结构钢简称普碳钢，产量约占钢总量的 70%～80%，其中大部分用作工程结构，少量用作机器零件，以各种热轧板材、带材、棒材和型材供应。由于普碳钢易于冶炼、价格低廉，性能也基本满足了一般工程构件的要求，所以在工程上用量很大。

其中最具代表性和用量最大的是 Q235，既有较高的塑性，又有适中的强度，可焊性好，可用于建筑构件、车轴、桥梁的各种型材、板材，也可以制造一般的机器零件。一般在供货状态下（热轧）使用，也可以进行热处理。

碳素结构钢的牌号由代表屈服点的字母 Q、屈服强度数值、质量等级符号（A、B、C、D——分别为质量等级）和脱氧方法符号四部分按顺序组成。脱氧方法：F 沸腾钢，Z 镇静钢，TZ 特殊镇静钢（一般 Z、TZ 符号可以省略）。碳素结构钢的牌号和化学成分和机械性能如表 4-1 和表 4-2 所示。

表 4-1　碳素结构钢的牌号和化学成分（摘自 GB/T700—2006）

牌号	统一数字代号[a]	等级	厚度（或直径）/mm	脱氧方法	化学成分（质量分数）/%，不大于				
					C	Si	Mn	P	S
Q195	U11952	—	—	F、Z	0.12	0.30	0.50	0.035	0.040
Q215	U12152	A	—	F、Z	0.15	0.35	1.20	0.045	0.050
	U12155	B							0.045
Q235	U12352	A	—	F、Z	0.22	0.35	1.40	0.045	0.050
	U12355	B			0.20[b]				0.045
	U12358	C		Z	0.17			0.040	0.040
	U12359	D		TZ				0.035	0.035
Q275	U12752	A	—	F、Z	0.24	0.35	1.50	0.045	0.050
	U12755	B	≤40	Z	0.21			0.045	0.045
			>40		0.22				
	U12758	C	—	Z	0.20			0.040	0.040
	U12759	D		TZ				0.035	0.035

a　表中为镇静钢、特殊镇静钢牌号的统一数字，沸腾钢牌号的统一数字代号如下：
　　Q195F——U11950；
　　Q215AF——U12150，Q215BF——U12153；
　　Q235AF——U12350，Q235BF——U12353；
　　Q275AF——U12750。

b　经需方同意，Q235B 的碳含量可不大于 0.22%。

表 4-2　碳素结构钢的机械性能(摘自 GB/T700—1988)

牌号	等级	屈服强度[a]R_{eH}/(N/mm²),不小于						抗拉强度[b]R_m/(N/mm²)	断后伸长率 A/%,不小于					冲击试验(V 型缺口)	
		厚度(或直径)/mm							厚度(或直径)/mm					温度/℃	冲击吸收功(纵向)/J 不小于
		≤16	>16~40	>40~60	>60~100	>100~150	>150~200		≤40	>40~100	>60~100	>100~150	>150~200		
Q195	—	195	185	—	—	—	—	315~430	33	—	—	—	—	—	—
Q215	A	215	205	195	185	175	165	335~450	31	30	29	27	26	—	—
	B													+20	27
Q235	A	235	225	215	215	195	185	370~500	26	25	24	22	21	—	27[c]
	B													+20	
	C													0	
	D													−20	
Q275	A	275	265	255	245	225	215	410~540	22	21	20	18	17	—	27
	B													+20	
	C													0	
	D													−20	

a　Q195 的屈服强度值仅供参考,不作交货条件。
b　厚度大于 100mm 的钢材,抗拉强度下限允许降低 20N/mm²。宽带钢(包括剪切钢板)抗拉强度上限不作交货条件。
c　厚度小于 25mm 的 Q235B 级钢材,如供方能保证冲击吸收功值合格,经需方同意,可不作检验。

4.2.3　优质碳素结构钢

优质碳素结构钢的有害杂质 S、P 含量低,常用来制造各种较重要的机械零件。

根据含 Mn 量的不同,可以分为两类。第一类为正常含 Mn 量钢(w_{Mn}<0.7%),第二类为较高含 Mn 量钢(w_{Mn}=0.7%~1.2%)。在含碳量相同时,第二类钢的强度、硬度略高于第一类。

第一类的牌号用两位数字表示钢中平均含碳量的万分数(0.01% 为单位)。如 08(w_C=0.08%)、10(w_C=0.1%)、20(w_C=0.2%)、70(w_C=0.7%)。

较高含 Mn 量的优质碳素结构钢,在两位数字后加化学元素 Mn 符号,如 45Mn,w_C=0.45%,含 Mn 较高。

根据优质碳素结构钢中碳的含量不同,可用来制造不同性能的零件。优质碳素结构钢使用前一般都要进行热处理。部分优质碳素钢的化学成分、性能和用途如表 4-3 所示。

表 4-3　部分优质碳素钢的化学成分、性能和用途(摘自 GB/T699—1999)

钢号	化学成分/%					力学性能	性能和用途
	C	Mn	Si	S	P	σ_s/MPa≥	
08F	0.05~0.11	0.25~0.50	≤0.03	<0.035	<0.035	175	塑性好、焊接性好,但强度、硬度较低,适用于轧制薄板,冲压件、焊接结构件和容器等
10	0.07~0.13	0.35~0.65	0.17~0.37			205	

（续表）

钢号	化学成分/%					力学性能	性能和用途
	C	Mn	Si	S	P	$\sigma_s/$MPa$\geqslant$	
20	0.17～0.23	0.35～0.65				245	渗碳后经淬火、回火热处理后用于承受冲击载荷，表面要求耐磨丽强度要求不太高的零件，如活塞销、齿轮、小轴等
35	0.32～0.39		0.17～0.37	<0.035	<0.035	315	强度和韧度均较好，经过热处理特别是调质处理后，性能可有显著提高广泛用作各种重要机械零件，如主轴、齿轮、键、连杆等；也可以进行表面淬火处理，用作表面耐磨零件。但因碳钢淬透性差，不宜用作形状复杂或大截面的重要工件
40	0.37～0.44					335	
45	0.42～0.50	0.50～0.80				355	
50	0.47～0.55					375	
60	0.57～0.65					400	淬火后中温回火用以保证较高的弹性和疲劳强度，常用于制作螺旋弹簧、板簧、弹性垫圈等弹性零件故又称弹簧钢

4.2.4　一般工程用铸造碳钢

在实际生产中，有许多形状复杂的零件很难用锻压、焊接方法成型，用铸铁又难以满足使用性能，因此必须采用铸钢件。特别是近年来铸造技术的进步，精密铸造的发展，铸钢件在组织、性能、精度和表面光洁程度等方面都已接近锻钢件，可在不经切削加工或只需少量切削加工后使用，能大量节约钢材和成本，因此铸钢得到了更加广泛的应用。

铸钢含碳量 0.15%～0.60% 之间，若碳的质量分数过高，则钢的塑性变差，在铸造时易产生裂纹。

铸钢的牌号：ZG×××—×××。后面两组数字，第一组表示屈服强度，第二组表示抗拉强度。

铸钢一般均需热处理。它与铸铁相比，铸造性能较差，但机械性能优良。铸钢的特点是晶粒粗大，偏析严重、铸造内应力大，使塑性和韧性显著下降。为了消除或减轻这些铸钢组织中的缺陷，应进行完全退火或正火，细化晶粒，消除铸造内应力，改善铸钢的机械性能。此外，对某些局部表面要求耐磨的中碳钢铸件，可采用局部表面淬火，如铸钢大齿轮，可逐齿进行火焰淬火。较小的中碳铸钢件，可采用调质以改善其机械性能。一般工程用铸造碳钢的牌号、成分、性能和用途如表 4-4 所示。

表 4-4　工程用铸造碳钢的牌号、成分、性能和用途

牌号	化学成分/%					力学性能（不小于）					性能和用途
	C	Si	Mn	S	P	σ_s/MPa	σ_b/MPa	δ/%	Ψ/%	A_{KV}/J	
ZG200-400	0.20	0.50	0.80	0.04	0.04	200	400	25	40	30	良好的塑性、韧性好焊接性，用于受力不大的机械零件，如机座、变速箱壳等

（续表）

牌号	化学成分/%					力学性能（不小于）					性能和用途
	C	Si	Mn	S	P	σ_s/MPa	σ_b/MPa	δ/%	Ψ/%	A_{KV}/J	
ZG230-450	0.30	0.50	0.90			230	450	22	32	25	一定的强度和好的塑性、韧性，焊接性良好。用于受力不大，韧性好的机械零件，如外壳、轴承盖、阀体等
ZG270-500	0.40	0.50	0.90	0.04	0.04	270	500	18	25	22	较高的强度和较好的塑性。铸造型良好，焊接性尚好，切削性好。用于轧钢机机架、轴承座、连杆、箱体、曲轴、缸体等
ZG310-570	0.50	0.60	0.90			310	570	15	21	15	强度和切削性良好，塑性、韧性较低。用于载荷较高的大齿轮、缸体、制动轮、辊子等
ZG340-640	0.60	0.60	0.90			340	640	10	18	10	有高的轻度和耐磨性，切削性好，焊接性较差，流动性好，裂纹敏感性较大。用作齿轮、棘轮等

4.3　合金钢

合金钢是指为了改善钢的组织、性能，在冶炼时特意加入合金元素的钢。合金钢具有良好的热处理工艺性能、综合的力学性能，并有特殊的物理、化学性能，组织和性能的可调节性强，所以，虽然合金钢生产工艺复杂、成本较高，但使用范围依然不断扩大，重要的工程结构和机械零件广泛使用合金钢制造。

4.3.1　合金钢的分类与编号

4.3.1.1　合金钢的分类

1) 按合金元素含量分类

(1) 低合金钢。钢中合金元素总含量 $w_{Me} \leqslant 5\%$。

(2) 中合金钢。钢中合金元素总含量 $w_{Me} = 5\% \sim 10\%$。

(3) 高合金钢。钢中合金元素总含量 $w_{Me} > 10\%$。

2) 按合金元素种类分类

根据主加合金元素，分别称为铬钢、锰钢、铬镍钢、铬钼钢、硅锰钢、铬镍锰钢、硅锰钼矾钢等。

3) 按主要用途分类

(1) 合金结构钢。主要用于强度、塑性和韧度要求较高的建筑工程结构和各种机械零件。

(2) 合金工具钢。主要用于硬度、耐磨性和热硬性等要求高的各种刀具、工具和模具。

（3）特殊性能钢。包括要求特殊物理、化学或力学性能的各种不锈钢、耐热钢、耐磨钢、磁钢、超强钢等。

4）按金相组织分类

一般是按合金钢在空冷（正火）后的不同组织而分为珠光体钢、贝氏体钢、奥氏体钢和碳化物钢等。

4.3.1.2　合金钢的编号

合金钢的编号是按照合金钢中的含碳量及所含合金元素的种类（元素符号）和含量来编制的。牌号的首部是表示碳的平均质量分数的数字，表示方法与优质碳素钢的编号是一致的。对于结构钢，以万分数计，对于工具钢以千分数计。当钢中某合金元素的平均质量分数 $w_{Me} < 1.5\%$ 时，钢号中只标出元素符号，不标明含量；当 $w_{Me} = 1.5\% \sim 2.5\%$、$2.5\% \sim 3.5\%$⋯时，在该元素后面相应地用整数 2、3⋯注出其近似含量。

1）合金结构钢

例如 60Si2Mn，表示平均 $w_C = 0.6\%$、$w_{Si} > 1.5\%$、$w_{Mn} < 1.5\%$ 的合金结构钢；09Mn2 表示平均 $w_C = 0.09\%$、$w_{Mn} > 1.5\%$ 的合金结构钢。钢中 V、Ti、Al、B、稀土（以 RE 表示）等合金元素，虽然含量很低，仍应在钢号中标出，例如 40MnVB、25MnTiBRE。滚动轴承钢有自己独特的牌号。牌号前面以"G"（滚）为标志，其后为铬元素符号 Cr，质量分数以千分之几表示，其余与合金结构钢牌号规定相同，例如 GCr15SiMn 钢。

2）合金工具钢

当平均 $w_C < 1.0\%$ 时，如前所述，牌号前以千分之几（一位数）表示；当 $w_C \geq 1\%$ 时，为了避免与结构钢相混淆，牌号前不标数字。例如 9Mn2V 表示平均 $w_C = 0.9\%$、$w_{Mn} = 2\%$、含少量 V 的合金工具钢；CrWMn 钢号前面没有数字，表示钢中平均 $w_C > 1.0\%$。高速工具钢牌号中则不标出含碳量。

3）特殊性能钢

特殊性能钢牌号表示法与合金工具钢基本相同，只是当 $w_C \leq 0.08\%$ 及 $w_C \leq 0.03\%$ 时，在牌号前面分别冠以"0"及"00"，例如 0Cr19Ni9、00Cr18Ni10 等。

4.3.2　合金结构钢

4.3.2.1　低合金高强度结构钢

低合金高强度结构钢简称"普低钢"，这种钢是在低碳钢的基础上加入少量的合金元素（$w_{Me} \leq 3\%$），比低碳钢强度提高 $10\% \sim 30\%$，具有较高强度的构件用钢，由于强度高，就可使 1t 普低钢抵 $1.2 \sim 2.0$t 普碳钢使用，从而可减轻构件质量，提高使用的可靠性并节约钢材。冶炼简单，生产成本与低碳钢相近，广泛用于建筑、石油、化工、铁道、桥梁、船舶等工业中。

普低钢中碳的质量分数一般不超过 0.2%，以满足韧性、焊接性和冷成形性能要求。加入以 Mn 为主的合金元素，节省贵重的 Ni、Cr 等元素。自 1957 年开始试制第一个普低钢 16Mn 以来，已建立起适合我国资源情况的普低钢系统，产量已占钢产量的 15%，其中 16Mn 是普低钢中产量和用量最大的钢种，其他普低钢均是在 16Mn 基础上发展，加入 V、Ti、Nb。

16Mn 比 Q235 提高强度 $30\% \sim 40\%$，所以重量可减 $30\% \sim 40\%$。Mn 的作用是使铁素体

固溶强化,增加过冷 A 稳定性而细化晶粒。加入 V、Ti、Nb、Re 进一步提高普低钢的强度。

低合金高强度结构钢一般在热轧空冷或正火状态下使用,不需要专门的热处理。若改善焊接性能,可进行正火。

新旧低合金高强度结构钢标准牌号对照及用途举例如表 4-5 所示。

表 4-5　新旧低合金高强度结构钢标准牌号对照及用途举例

新标准 (GB/T1591—1994)	旧标准(BG/T1591—1988)	用途举例
Q295	09MnV,09MnNb,09Mn2,12Mn	车辆的冲压件、冷弯型钢、螺旋焊管、拖拉机轮圈、低压锅炉气包、中低压化工容器、输油管道、储油罐、油船等
Q345	18Nb,09MnCuPTi,10MnSiCu,12MnV,14MnNb,16Mn,16MnRE	船舶、铁路车辆、桥梁、管道、锅炉、压力容器、石油储罐、起重及矿山机械、电站设备、厂房钢架等
Q390	10MnPNbRE,15MnV,15MnTi,16MnNb	中高压锅炉汽包、中高压石油化工容器、大型船舶、桥梁、车辆、起重机及其他较高载荷的焊接结构件等
Q420	14MnVTiRE,15MnVN	大型船舶、桥梁、电站设备、起重机械、机车车辆、中压或高压锅炉及容器及其大型焊接结构件等
Q460	—	可淬火加回火后用于大型挖掘机、起重运输机械、钻井平台等

4.3.2.2　合金渗碳钢

合金渗碳钢通常是指经渗碳淬火、低温回火后使用的合金钢。不少机器零件如汽车、拖拉机上的变速齿轮,内燃机上的凸轮、活塞销以及部分量具等,均采用渗碳钢制造。要求工件表面耐磨、高硬度、心部具有较高的塑性和韧性。

合金渗碳钢的热处理一般是渗碳后淬火加上低温回火。热处理使表层获得高碳回火马氏体加碳化物,硬度一般为 $58\sim64HRC$;而心部组织则视钢的淬透性高低及零件尺寸的大小而定,可得到低碳回火马氏体或珠光体加铁素体组织。图 4-3 为 20CrMnTi 热处理工艺曲线。

合金渗碳钢按淬透性分为三类:

图 4-3　20CrMnTi 热处理工艺曲线

（1）低淬透性合金渗碳钢。其强度级别 σ_b 在 800MN/m² 以下。常用的有（15、20）20Mn、20MnV、15Cr 等。由于淬透性低，只适用于心部强度要求不高的小型渗碳件，如套筒、链条、活塞销、小轴、小齿轮等。

（2）中淬透性合金渗碳钢。其强度级别 σ_b 在 800～1 200MN/m² 范围内。常用的钢号有 20CrMnTi、20MnVB、20MnTiB 等。这类钢的淬透性和心部强度均较高，可用于制造一般机器中较为重要的渗碳件，如汽车、拖拉机的齿轮及活塞销等。

（3）高淬透性合金渗碳钢。其强度级别 σ_b 在 1 200MN/m² 以上。常用的牌号有 20Cr2Ni4A、18Cr2Ni4WA 等。由于具有很高的淬透性，心部强度很高，因此这类钢可以用于制造截面较大的重负荷渗碳件，如航空发动机齿轮、轴、坦克齿轮等。

近年来，生产中采用渗碳钢直接进行淬火和低温回火，以获得低碳马氏体组织，制造某些要求综合力学性能较高的零件（如传递动力的轴、重要的螺栓等），在某些场合下，它还可以代替中碳钢的调质处理。表 4-6 列出了常用合金渗碳钢的牌号、热处理、力学性能与用途。

表 4-6　常用合金渗碳钢的牌号、热处理、力学性能与用途（摘自 GB/T3077—1999）

牌　号	热处理工艺			力学性能（不小于）				用　途　举　例
	第一次淬火/℃	第二次淬火/℃	回火/℃	σ_b/MPa	σ_s/MPa	δ/%	A_{kv}/J	
20Cr	880 水、油	780～820 水、油	200 水、空	835	540	10	47	截面在 30mm 以下载荷不大的件，如机床及小汽车齿轮、活塞销等
20CrMnTi	880 油	870 油	200 水、空	1 080	850	10	55	汽车、拖拉机截面在 30mm 以下，承受高速、中或重载荷以及受冲击、摩擦的重要渗碳件，如齿轮、轴、齿轮轴、爪形离合器、蜗杆等
20MnVB	860 油	—	200 水、空	1 080	885	10	55	模数较大、载荷较重的中小渗碳件，如重型机床齿轮、轴、汽车后桥主动、被动齿轮等淬透性件
12Cr2Ni4	860 油	780 油	200 水、空	1 080	835	10	71	大截面、载荷较高、缺口敏感性低的重要零件，如重型载重车、坦克的齿轮等
18Cr2Ni4WA	950 空	850 空	200 水、空	1 180	835	10	78	截面更大、性能要求更高的零件，如大截面的齿轮、传动轴、精密机床上控制进刀的蜗轮等

4.3.2.3　合金调质钢

合金调质钢是经调质处理后使用，主要用于要求高强度和良好塑性与韧性相配合的零件，综合机械性能良好。许多机器设备上的重要零件如机床主轴、汽车拖拉机的后桥半轴、柴油发动机曲轴、连杆、高强度螺栓等，都是在多种应力负荷下工作的，受力情况比较复杂，要求具有比较全面的机械性能——不但要有很高的强度，而且要求有良好的塑性和韧性，即要求良好的综合机械性能，才能承受较大工作应力，防止由于突然过载等偶然原因造成的破坏。

最典型的钢种是 40Cr,用于制造一般尺寸的重要零件。调质钢的最终热处理为淬火后高温回火(即调质处理),回火温度一般为 500～650℃。热处理后的组织为回火索氏体。要求表面有良好耐磨性的,则可在调质后进行表面淬火或氮化处理。表 4-7 列出了常用合金调质钢的牌号、热处理、力学性能与用途。

合金调质钢按淬透性分为以下三类:

(1) 低淬透性调质钢。油淬临界直径 30～40mm。40Cr、40MnB、40VB(代 Cr),淬透性差、切削性能也差。主要用于汽车、拖拉机上的连杆、螺栓、传动轴和机床主轴。以 40Cr 应用最广泛。

(2) 中淬透性调质钢。油淬临界直径 40～60mm。常用:35CrMo、40CrMn 等。淬透性较好,可以制造截面尺寸较大的中型甚至大型零件,如曲轴、齿轮、连杆。

(3) 高淬透性调质钢。油淬临界直径 60mm 以上,大多含有 Ni、Cr 等元素。为了防止回火脆性,钢中还含 Mo。典型:40CrNiMo。用于制造大截面、重载荷的重要零件,如航空发动机曲轴。

表 4-7 常用合金调质钢的牌号、热处理、力学性能及用途(摘自 GB/T3077—1999)

牌 号	热处理工艺		力学性能(不小于)					用途举例
	淬火/℃	回火/℃	σ_b/MPa	σ_s/MPa	δ/%	ψ/%	A_{kv}/J	
40Cr	850 油	520 水、油	980	785	9	45	47	汽车后半轴、机床齿轮、轴,花键轴、顶尖套等
40MnB	850 油	500 水、油	980	785	10	45	47	代替 40Cr 钢制造中、小截面重要调质件等
35CrMo	850 油	550 水、油	980	835	12	45	63	受冲击、振动、弯曲、扭转载荷的机件,如主轴、大电机轴、曲轴锤杆等
38CrMoAl	940 油	640 水、油	980	835	14	50	71	制作磨床主轴、精密丝轩、精密齿轮、高压阀门、压缩机活塞杆等
40CrNiMoA	850 油	600 水、油	980	835	12	55	78	韧性好、强度高及大尺寸重要调质件,如重型机械中高载荷轴类、直径大于 250mm 汽轮机轴、叶片、曲轴

调质钢经热加工后,必须经过预备热处理来降低硬度,便于切削加工,消除热加工时造成的组织缺陷(带状组织),细化晶粒,改善组织,为最终热处理做好准备。调质钢的最终热处理是淬火、高温回火。合金钢淬透性高,可以较慢冷速淬火,一般用油淬,以避免出现热处理缺陷,调质钢的最终性能取决于回火温度,一般 500～650℃。当强度要求较高时,应采用较低的回火温度。反之,选用较高的回火温度。

调质钢不一定非得进行调质处理,应根据工作条件而定。若零件韧性不需要太高,而强度成为主要矛盾时,调质钢可以采用中、低温回火状态下使用(得到回火屈氏体和回火马氏体),比高温回火索氏体有较高强度,但冲击韧性较低。例如模锻锤杆经中温回火,凿岩机活塞经低温回火后均显著提高了零件的使用寿命。

4.3.2.4 合金弹簧钢

弹簧钢是指用于制造各种弹簧的钢种。在各种机器设备中(仪器、仪表),弹簧的主要作用是吸收冲击能量,缓和机械的振动和冲击作用,此外,弹簧还可储存能量使其他机件完成事先规定的动作。其作用力是交变应力(冲击、振动、弯曲、扭转等)。弹簧类零件应有高的弹性极限和屈强比(σ_e/σ_s),还应具有足够的疲劳强度和韧性。

60Si2Mn 钢是典型的合金弹簧钢。弹簧钢热处理一般是淬火后中温回火,获得回火托氏体组织。表 4-8 列出了常用合金弹簧钢的牌号、热处理、力学性能及用途。

表 4-8 常用合金弹簧钢的牌号、热处理、力学性能与用途(摘自 GB/T1222—2007)

牌 号	热处理工艺		力学性能(不小于)			用 途 举 例
	淬火/℃	回火/℃	R_m/MPa	R_{eL}/MPa	Z/%	
60Si2Mn	870 油	480	1 275	1 180	25	用途广,汽车、拖拉机、机车上的减振板簧和螺旋弹簧、气缸安全阀簧等
60Si2CrA	870 油	420	1 765	1 570	20	用作承受高应力及 300～350℃ 以下的弹簧,如汽轮机汽封弹簧、破碎机用弹簧等
50CrVA	850 油	500	1 275	1 130	40	用作高载荷重要弹簧及工作温度<300℃的阀门弹簧、活塞弹簧、安全阀弹簧等
30W4Cr2VA	1 050～1 100 油	600	1 470	1 325	40	用作工作温度≤500℃的耐热弹簧,如锅炉主安全阀弹簧、汽轮机汽封弹簧等

4.3.2.5 滚动轴承钢

用于制造滚动轴承套圈和滚动体的专用钢,称为滚动轴承钢。除了制作滚动轴承外,还广泛应用于制造各类工具和耐磨零件。轴承钢的工作条件非常复杂和苛刻。滚动轴承要求承受强烈摩擦磨损和很大的交变载荷,钢材应具有高强度、高硬度、高的耐磨性和疲劳强度,并有一定的抗腐蚀性。

滚动轴承钢一般为高碳($w_C=0.95\%\sim1.10\%$)含铬的合金钢,其牌号首位用 G("滚"字汉语拼音首位字母)表示,后面为合金元素化学符号和表示该元素平均含量千分数的数字,碳含量通常不再标注。如 GCr15,表示铬平均含量为 1.5% 的滚动轴承钢,碳含量 $w_C=0.95\%\sim1.05\%$。

常用的滚动轴承钢有:GCr19、GCr15、GCr15NiMn 等。碳含量较低的渗碳轴承钢,如 G20CrMo、G20Cr2、G20Cr2Ni4 等。经渗碳淬火处理后,表面耐磨性好。心部有良好的韧度,用作承受大冲击载荷的轴承。表 4-9 列出了常用滚动轴承钢的牌号、热处理、性能及用途。

表 4-9 常用滚动轴承钢的牌号、化学成分、热处理及用途(摘自 GB/T18254—2002)

牌 号	化学成分/%					热处理			性能和用途
	C	Si	Mn	Cr	S,P	淬火/℃	回火/℃	回火/HRC	
GCr₄	0.95～1.05	0.15～0.30	0.25～0.30	0.35～0.50	≤0.025	810～830	150～170	62～66	一般工作条件下小尺寸的滚动体和内、外套圈

（续表）

牌　号	化学成分/%					热处理			性能和用途
	C	Si	Mn	Cr	S、P	淬火/℃	回火/℃	回火/HRC	
GCr15	0.95~1.05	0.15~0.35	0.25~0.45	1.40~1.65	≤0.025	825~845	150~170	62~66	广泛用于汽车、拖拉机、内燃机、机床及其他工业设备上的轴承
GCr15SiMn	0.95~1.05	0.45~0.75	0.95~1.25	1.40~1.65		825~845	150~180	>62	大型轴承或特大轴承（外径>440mm）的滚动体和内、外套圈

4.3.3　合金工具钢

工具钢是用来制造各种加工工具的钢。根据用途不同，分为刃具钢、模具钢和量具钢三大类。

按照化学成分不同，工具钢可分为碳素工具钢、合金工具钢和高速钢三类。

根据含碳量和合金元素总量不同，工具钢有中碳（$w_C = 0.3\% \sim 0.65\%$）、高碳（$w_C = 0.7\% \sim 1.35\%$）和超高碳（$w_C > 1.4\%$）之分，或低合金工具钢（$w_{Me} < 5\%$）、中合金工具钢（$w_{Me} = 5\% \sim 10\%$）和高合金工具钢（$w_{Me} > 10\%$）之分。

工具钢为优质钢或高级优质钢，各类工具钢由于工作条件和用途不同，对性能的要求也不同，但高硬度和高耐磨性是工具钢最重要的性能要求之一。一般工具钢均经淬火和低温回火，淬透性是选择工具钢的另一个重要性能。

4.3.3.1　合金刃具钢

刃具钢是用来制造各种切削工具的钢种（车刀、铣刀、钻头、丝锥、板牙等）。刃具在切削过程中，刀刃与工件表面金属相互作用，使切削产生变形与断裂，并从整体上剥离下来。所以，刃具在工作时承受弯曲、扭转、剪切应力和冲击、震动负载，同时切削与刀具产生摩擦，刃部温度很高，所以刃具钢要求具有高强度、高硬度、高耐磨、高热硬性，足够的塑性和韧性。一般经过淬火加低温回火后使用。常用量具刃具钢的牌号、成分、热处理和用途如表 4-10 所示。

表 4-10　常用量具刃具钢的牌号、成分、热处理和用途（摘自 GB/T1299—2000）

牌　号	化学成分/%						热处理		性能和用途
	C	Si	Mn	Cr	S	P	淬火/℃	淬火/HRC	
9SiCr	0.85~0.95	1.20~1.60	0.30~0.60	0.95~1.25	≤0.03		820~860 油	≥62	板牙、丝锥、钻头、铰刀、齿轮铣刀、拉刀等，还可做冷冲模、冷轧辊等
W	1.50~1.25	≤0.40	≤0.40	0.10~0.30			800~830 水	≥62	用作淬火变形小的刀具，如长铰刀、丝锥、拉刀，以及丝杠、冷冲模等

（续表）

牌　号	化学成分/%						热处理		性能和用途
	C	Si	Mn	Cr	S	P	淬火/℃	淬火/HRC	
Cr06	1.30~1.45	≤0.40	≤0.40	0.50~0.70	≤0.03		780~810 水	≥64	作剃刀、刀片、手术刀具以及刮片、刻刀等
9Cr2	0.80~0.95	≤0.40	≤0.40	1.30~1.65			820~850 油	≥62	主要用作冷轧辊、钢印、冲孔凿、冷冲模、冲头量具及木工工具等

4.3.3.2　高速工具钢

高速工具钢是由大量 W、Mo、Cr、Co、V 等元素组成的高碳、高合金钢。它是适应高速切削的需要而发展起来的一类刃具钢,显著提高钢的红硬性(Co)、硬度、耐磨性、淬透性。其显著特点是很高的红硬性(可达 600℃),高速钢还具有很高的淬透性,中、小型刃具在空气冷却也能淬透,所以,该钢广泛用于制造尺寸大,切削速度高,负荷重的刃具,车刀、铣刀、刨刀、拉刀、钻头、冷热模具。

一般高速钢淬火后,都要在 560℃进行回火,但高速钢淬火后残余奥氏体量多而且稳定。一次 560℃回火只能对淬火 M 起回火作用,不能使所有 A′转变为 M。为了尽量多的消除 A′,通常要在 560℃进行三次回火。图 4-4 为 W18Cr4V 钢的热处理工艺曲线。

常用的高速工具钢有 W18Cr4V(18-4-1),W6Mo5Cr4V2(6-5-4-2)和 W9Mo3Cr4V(9-3-4-1)等。这三种钢的使用量占我国高速工具钢总用量的 95%以上。

图 4-4　W18Cr4V 钢的热处理工艺曲线

4.3.3.3　量具钢

量具钢是用来制造各种度量工具的钢种。量具在使用和存放过程中保持其尺寸精度是量具钢最基本的性能要求。量具钢必须具有高的尺寸稳定性,高硬度、高耐磨性和一定的韧性。一般经淬火加低温回火后使用。

形状简单,精度较低,尺寸较小的量具可选用碳素工具钢。如卡尺、拼板、量规。精度要求较高的量具,通常选用高碳低合金工具钢 Cr12、GCr15,耐磨性好,尺寸稳定性好。对于形状简单,精度不高,使用中易受冲击的量具,可用渗碳钢制造。量具经渗碳、淬火并低温回火后,表面具有高硬度、高耐磨性,心部保持足够的韧性,中碳钢50、55、60。在腐蚀条件下工作的量具可选不锈钢4Cr13、9Cr18制造。

4.3.3.4　模具钢

模具钢是用来制造锻压、冲压、成型、压铸等模具的钢种。按模具的工作条件和使用性质分为两大类:热作模具钢和冷作模具钢。热作模具钢用于制造各种热锻模、热挤压模、压铸模等,工作时型腔表面温度可达600℃以上。冷作模具钢用于制造各种冷冲模、冷镦模、拉丝模、挤压模、弯曲模、落料模、切边模等,工作温度不超过200~300℃。冷作模具在工作时承受较大的弯曲应力、压力、冲击及摩擦。冷作模具钢的性能要求与刃具钢相似,即要求高硬度、高耐磨性、高弯曲强度和足够的韧性。冷作模具钢最重要的是淬透性要高,淬火变形和开裂倾向要小(红硬性要求低)。热作模具的工作条件与冷作模具有很大不同。其在工作时承受很大的压力和冲击,并反复受热和冷却,因此要求热作模具钢在高温下具有足够的强度、硬度、耐磨性和韧性,以及良好的耐热疲劳性,即在反复的受热、冷却循环中,表面不易热疲劳(龟裂),还应具有良好的导热性及较高的淬透性。

热作模具钢的最终热处理为淬火后高温(中温)回火,以获得均匀回火索氏体组织,硬度在40HRC左右,并具有较高的韧性。冷作模具钢的热处理与低合金刃具钢类似,淬火后低温回火。常用模具钢的牌号、成分、热处理和用途如表4-11所示。

表 4-11　常用模具钢的牌号、成分、热处理和用途(摘自 GB/T1299—2000)

类别	牌号	化学成分 $w_{Me}/\%$							热处理		用途举例
		C	Si	Mn	Cr	W	Mo	V	淬火/℃	硬度 HRC	
冷作模具钢	Cr12	2.00~2.30	≤0.40	≤0.40	11.50~13.00	—	—	—	950~1000油	60	冷冲模、冲头、钻套、量规、螺纹滚丝模、拉丝模等
	Cr12MoV	1.45~1.70	≤0.40	≤0.40	11.00~12.50	—	0.40~0.60	0.15~0.30	950~1000油	58	截面较大、形状复杂、工作条件繁重的各种冷作模具等
热作模具钢	5CrMnMo	0.50~0.60	0.25~0.60	1.20~1.60	0.60~0.90		0.15~0.30		820~850油	197~241HB	中小型垂锻模(边长≤300~400mm)、小压铸模
	3Cr2W8V	0.30~0.40	≤0.40	≤0.40	2.20~2.70	7.50~9.00		0.20~0.50	1075~1125油	207~255HB	压铸模、平锻机凸模和凹模、镶块、热挤压模等

4.3.4　特殊性能钢

特殊性能钢是指有特殊物理、化学性能的合金钢。包括不锈钢,耐热钢、耐磨钢等。这类钢的牌号表示方法与合金工具钢相同,首位数字表示碳平均含量的千分数(当碳含量大于1%时不标注),合金元素用化学符号表示,后面的数字表示合金元素的百分数。如1Cr13表示碳平均含量为 0.1％,铬含量为 13％的不锈钢;Mn13 表示碳平均含量大于 1％,锰含量为 13％的耐磨钢。

4.3.4.1　不锈钢

不锈钢是指在空气、水、酸、碱等介质中具有较强抗腐蚀能力的合金钢。这类钢一般碳含量不高,主加合金元素为铬、镍。常用的不锈钢按组织分为马氏体型、铁素体型和奥氏体型三类。

(1) 马氏体型不锈钢。这类钢主要为铬不锈钢,铬含量为 12％～18％,碳含量较高($w_C=$ 0.1％～1.4％),主要用于制造力学性能要求较高,并能耐腐蚀的工件,如汽轮机叶片、喷嘴,阀座、医疗器械、量具等。常用的马氏体型不锈钢的牌号有 1Cr13、2Cr13、3Cr13、7Cr17(根据 GB/T20878—2007 规定,这 4 种牌号对应的新牌号分别为 12Cr13、20Cr13、30Cr13、68Cr17)等,使用时需经淬火和回火处理。

(2) 铁素体型不锈钢。这类钢也属于铬不锈钢,但铬含量较高(一般为 17％～32％),碳含量较低(一般小于 0.12％),具有良好的抗高温氧化和大气、盐水、硝酸的腐蚀,强度较低,因此主要用作耐蚀性要求较高而强度要求不高的零部件,如化工食品设备、管道、容器热交换器等。常用的铁素体型不锈钢的牌号有 1Cr17、1Cr17Mo、00Cr27Mo(根据 GB/T20878—2007 规定,这 3 种牌号对应的新编号分别为 10Cr17、10Cr17Mo、008Cr27Mo)等,一般在退火状态下使用。

(3) 奥氏体型不锈钢。这类钢属铬镍不锈钢,铬含量为 17％～19％,镍含量为 8％～9％,组织基本为奥氏体,耐蚀性高于铬不锈钢,具有良好的塑性和低温韧性,没有磁性,但强度不高,切削加工性差。主要用作在各种腐蚀介质中工作的工件,如化工容器、管道、医疗器械以及抗磁仪表、建筑造型装饰等。常用的奥氏体型不锈钢的牌号有 1Cr18Ni9、2Cr18Ni9、1Cr18Ni11Ti(根据 GB/T20878—2007 规定,这 3 种牌号对应的新牌号分别为 12Cr18Ni9、17Gr18Ni9、07Cr19Ni11Ti)等。

4.3.4.2　耐热钢

耐热钢是指在高温时具有良好抗氧化性和保持高强度的合金钢。主要合金元素为提高高温抗氧化能力的铬、硅、铝等,还有提高高温强度的钨、钼、钒、钛、铌等。耐热钢按其组织分为马氏体型、奥氏体型和铁素体型等几种。

(1) 马氏体型耐热钢。这类钢用于工作温度低于 600℃的重载工件,汽轮机转子、叶片、泵阀、排气阀等。常用的马氏体型耐热钢的牌号有 1Cr5Mo、1Cr17Ni2、4Gr9Si2、4Cr10Si2Mo(根据 GB/T20878—2007 规定,这 4 种牌号对应的新牌号分别为 12Cr5Mo、14Cr17Ni2、42Cr9Si2、40Cr10Si2Mo)等。

(2) 奥氏体型耐热钢。这类钢用于工作温度为 600～700℃的重负荷重要工件,如内燃机排气阀、加热炉构件、热交换器等。常用的奥氏体型耐热钢的牌号有 2Cr25Ni20、0Cr23Ni13、4Cr14Ni14W2Mo(根据 GB/T20878—2007 规定,这 3 种牌号对应的新牌号分别为 20Cr25Ni20、06Cr23Ni13、45Cr14Ni14W2Mo)等。

(3) 铁素体型耐热钢。这类钢的工作温度可以高达 900～1 000℃,主要用作炉用材料、高温热交换器、喷嘴、汽缸套、化工石油设备等。常用的铁素体型耐热钢的牌号有 2Cr25N、

00Cr12、1Cr17(根据 GB/T20878—2007 规定,这 3 种牌号对应的新牌号分别为 16Cr25N、022Cr12、10Cr17)等,主要合金元素是铬。

4.3.4.3 耐磨钢

耐磨钢是指能承受强烈冲击载荷和严重磨损的高锰合金钢。由于高锰钢加工硬化性极强,难以切削加工,因此一般都直接铸造成型。主要用于制造拖拉机和坦克履带、铁道道叉、挖掘机铲齿、破碎机颚板和防弹装甲等耐磨损、耐冲击工件。常用的耐磨钢有 ZGMn13-1(低冲击件用)、ZGMn13-2(普通件用)、ZGMn13-3(复杂件用)、ZGMn13-4(高冲击件用)等。ZG 是铸钢两字汉语拼音字首,Mn 后面的数字表示锰含量的百分数,最后的数字为序号。

高锰耐磨钢使用前,都应进行在水中淬火的"水韧处理",以提高塑性、韧度而降低硬度、强度。当工作受到强烈的冲击、摩擦和压力时,表面即因塑性变形而产生很强的加工硬化,同时还发生马氏体转变,因此表面硬度可大大提高,能达到 52~56HRC,具有很高的耐磨性,而心部还保持良好的塑性和韧度。

4.4 铸铁

铸铁是 $w_C > 2.11\%$ 的铁碳合金。除碳以外,铸铁还含有较多的 Si、Mn 和其他一些杂质元素。同钢相比,铸铁熔炼简便、成本低廉,虽然强度,塑性和韧性较低,但是具有优良的铸造性能,很高的减摩和耐磨性,良好的消震性和切削加工性以及缺口敏感性低等一系列优点。因此,铸铁广泛应用于机械制造、冶金、石油化工、交通、建筑和国防工业各部门。

工业上所有的铸铁实际上不是简单的铁碳合金,而是以 Fe、C、Si 为主要元素的多元合金。其成分范围大致为 $w_C = 2.4\% \sim 4.0\%$、$w_{Si} = 0.6\% \sim 3.3\%$、$w_{Mn} = 0.2\% \sim 1.2\%$、$w_P = 0.02\% \sim 1.2\%$、$w_S = 0.02\% \sim 0.15\%$,有时还加入合金元素生产合金铸铁。

根据碳在铸铁中存在的形式,铸铁可分为以下几种:

(1) 白口铸铁。碳全部或大部分以渗碳体形式存在,因断裂时断口呈白亮颜色,故称白口铸铁。

(2) 灰口铸铁。碳大部分或全部以游离的石墨形式存在。因断裂时断口呈暗灰色,故称为灰铸铁。

(3) 麻口铸铁。碳既以渗碳体形式存在,又以游离态石墨形式存在。

根据石墨的形态,灰铸铁可分为以下几种:

(1) 普通灰铸铁。石墨呈片状。

(2) 球墨铸铁。石墨呈球状。

(3) 可锻铸铁。石墨呈团絮状。

(4) 蠕墨铸铁。石墨呈蠕虫状。

因此,除白口铸铁外,各种铸铁之间的区别仅仅在于石墨形态不同,铸铁与钢的区别仅在于铸铁组织中存在不同形状的游离态石墨。

4.4.1 铸铁的石墨化

铸铁中 C 的存在形式主要有两种,一是碳化物状态,如渗碳体(Fe_3C)及合金铸铁中的其他碳化物;二是游离状态,即石墨(以 G 表示)。石墨的晶格类型为六方晶格,如图 4-5 所示,其基面中的原子结合力较强,而两基面之间的结合力弱,故石墨的基面很容易滑动,其强度、硬度、塑性和韧性极低,常呈片状形态存在。

图 4-5　石墨的晶体结构

铸铁组织中石墨的形成过程称之为石墨化过程。铸铁的石墨化可以有两种方式:一种是石墨直接从液态合金和奥氏体中析出,另一种是渗碳体在一定条件下分解出石墨。铸铁的组织取决于石墨化过程进行的程度,而影响石墨化的主要因素是铸铁的化学成分和冷却速度。

碳与硅是强烈促进石墨化的元素。铸铁的碳、硅含量越高,石墨化进行得越充分。硫是强烈阻碍石墨化的元素,并降低铁水的流动性,使铸铁的铸造性能恶化,其含量应尽可能降低。锰也是阻碍石墨化的元素。但它和硫有很大的亲和力,在铸铁中能与硫形成 MnS,减弱硫对石墨化的有害作用。

冷却速度对铸铁石墨化的影响也很大。冷却越慢,越有利于石墨化的进行。冷却速度受造型材料、铸造方法和铸件壁厚等因素的影响。例如,金属型铸造使铸铁冷却快,砂型铸造冷却较慢;壁薄的铸件冷却快,壁厚的冷却慢。图 4-6 表示化学成分(C+Si)和冷却速度(铸件壁厚)对铸铁组织的综合影响。从图中可以看出,对于薄壁铸件,容易形成白口铸铁组织。要得到灰铸铁组织,应增加铸铁的碳、硅含量。相反,厚大的铸件,为避免得到过多的石墨,应适当减少铸铁的碳、硅含量。

图 4-6　铸铁的成分和冷却速度对铸铁组织的影响

常用铸铁有灰铸铁、球墨铸铁、可锻铸铁和蠕墨铸铁,它们的组织形态都是由某种基体组织加上不同形态的石墨构成的。

4.4.2　灰铸铁

4.4.2.1　灰铸铁的化学成分、组织和性能

由于化学成分和冷却条件的综合影响,灰铸铁的显微组织有三种类型:铁素体(F)基体+片状石墨(G);铁素体(F)-珠光体(P)基体+片状石墨(G);珠光体(P)基体+片状石墨(G)。因此,灰铸铁的显微组织(见图 4-7)可以看成是在钢的基体上分布着一些片状石墨。

灰铸铁的性能主要决定于基体的性能和石墨的数量、形状、大小及分布状况。基体组织主

图 4-7　灰铸铁的显微组织
(a) 铁素体灰铸铁；(b) 铁素体＋珠光体灰铸铁；(c) 珠光体灰铸铁

要影响灰铸铁的强度、硬度、耐磨性及塑性。由于石墨本身的强度、硬度和塑性都很低，因此灰铸铁中存在的石墨，就相当于在钢的基体上布满了大量的孔洞和裂缝，割裂了基体组织的连续性，减小了基体金属的有效承载面积；而且在石墨的尖角处易产生应力集中，造成铸件局部损坏，并迅速扩展形成脆性断裂。这就是灰铸铁的抗拉强度和塑性比同样基体的钢低得多的原因。若片状石墨愈多，愈粗大，分布愈不均匀，则强度和塑性就愈低。

石墨除有割裂基体的不良作用外，也有它有利的一面，归纳起来大致有以下几个方面：

（1）优良的铸造性能。由于灰铸铁碳的质量分数高、熔点较低、流动性好，因此凡是不能用锻造方法制造的零件，都可采用铸铁铸造成形。此外，石墨的比体积较大，当铸件在凝固过程中析出石墨时，部分地补偿了铸件在凝固时基体的收缩，故铸铁的收缩量比钢小。

（2）良好的吸振性。由于石墨阻止晶粒间振动能的传递，并且将振动能转化为热能，所以铸铁中的石墨对振动可起缓冲作用。灰铸铁的这种吸振能力约是钢的数倍，这对提高机床的精度，减少噪音，延长受振零件的寿命很有好处。因此，灰铸铁广泛用作机床床身、主轴箱等。

（3）较低的缺口敏感性。灰铸铁中由于石墨的存在，就相当于存在许多小的缺口，故对铸件的缺陷或缺口等，几乎不具有敏感性。

（4）良好的切削加工性。在进行切削加工时，石墨起着减摩和断屑作用，故切削加工性能好，刀具磨损小。

（5）良好的减摩性。由于石墨本身的润滑作用，以及它从铸铁表面脱落后留下的孔洞具有储存润滑油的能力，故铸铁具有良好的减摩性。

值得注意的是，铸件在承受压应力时，由于石墨不会缩小有效承载面积和不产生缺口应力集中现象，故铸铁的抗压强度与钢相近。基体组织对灰铸铁力学性能的影响是：当石墨存在的状态一定时，铁素体灰铸铁具有较高的塑性，但强度、硬度和耐磨性较低；珠光体灰铸铁的强度和耐磨性都较高，但塑性较低；铁素体-珠光体灰铸铁的力学性能介于两者之间。

4.4.2.2　灰铸铁的牌号及用途

灰铸铁的牌号由"HT"及数字组成。其中"HT"是"灰铁"两字汉语拼音的第一个字母，其后的数字表示最低的抗拉强度，如 HT100 表示灰铸铁，最低抗拉强度是 100MPa。常用灰铸铁的牌号、力学性能及用途如表 4-12 所示。

表 4-12 常用灰铸铁的牌号、力学性能及用途

类别	牌号	力学性能		用途举例
		σ_b/MPa 不小于	硬度 HBW	
F 灰铸铁	HT100	100	143～229	低载荷和不重要零件,如盖、外罩、手轮、支架等
F＋P 灰铸铁	HT150	150	163～229	承受中等应力的零件,如底座、床身、工作台、阀体、管路附件及一般工作条件要求的零件
P 灰铸铁	HT200	200	170～241	承受较大应力和较重要的零件,如汽缸体、齿轮、机座、床身、活塞、齿轮箱、油缸等
	HT250	250	170～241	
孕育铸铁	HT300	300	187～225	床身导轨,车床、冲床等受力较大的床身、机座、主轴箱、卡盘、齿轮等,高压油缸、泵体、阀体、衬套、凸轮,大型发动机的曲轴、汽缸体、汽缸盖等
	HT350	350	197～269	

4.4.2.3 灰铸铁的孕育处理

为了改善灰铸铁的组织和力学性能,生产中常采用孕育处理,即在浇注前向铁水中加入少量孕育剂(如硅铁、硅钙合金等),改变铁水的结晶条件,从而得到细小均匀分布的片状石墨和细小的珠光体组织。经孕育处理后的灰铸铁称为孕育铸铁。孕育铸铁的强度有较大的提高,塑性和韧性也有改善,一般用于制造力学性能要求较高、截面尺寸变化较大的大型铸件。

4.4.2.4 灰铸铁的热处理

由于热处理只能改变灰铸铁的基体组织,不能改变石墨的形状、大小和分布,故灰铸铁的热处理一般只用于消除铸件内应力和白口组织、稳定尺寸、提高工件表面的硬度和耐磨性等。消除应力退火是将铸铁缓慢加热到 500～600℃,保温一段时间,随炉降至 200℃后出炉空冷。消除白口组织的退火是将铸件加热到 850～950℃,保温 2～5h,然后随炉冷却到 400～500℃,出炉空冷,使渗碳体在高温和缓慢冷却中分解,用以消除白口,降低硬度,改善切削加工性。为了提高某些铸件的表面耐磨性,常采用表面淬火等方法,使工作面(如机床导轨)获得细马氏体基体＋石墨组织。

4.4.3 球墨铸铁

球墨铸铁是 20 世纪 50 年代发展起来的一种新型铸铁,它是由普通灰铸铁熔化的铁液,经过球化处理后得到的。球化处理的方法是在铁液出炉后且浇注前加入一定量的球化剂(稀土镁合金等)和孕育剂,使石墨呈球状析出。

球墨铸铁按显微组织可分为铁素体(F)基体＋球状石墨(G);铁素体(F)-珠光体(P)基体＋球状石墨(G),珠光体(P)基体＋球状石墨(G),下贝氏体(B_F)基体＋球状石墨(G)四种,图 4-8 为球墨铸铁的显微组织形貌。

球墨铸铁的力学性能与基体的类型以及球状石墨的大小、形状及分布状况有关。由于球状石墨对基体的割裂作用最小,又无应力集中作用,所以,基体的强度、塑性和韧性可以充分发挥。球墨铸铁与灰铸铁相比,有较高的强度和良好的塑性与韧性。它的某些性能还可与钢相媲美,如屈服点比碳素结构钢高,疲劳强度接近中碳钢。同时,它还具有与灰铸铁相类似的优

(a)   (b)

图 4-8   球墨铸铁的显微组织

（a）铁素体球墨铸铁；（b）铁素体＋珠光体球墨铸铁

良性能。此外，球墨铸铁通过各种热处理，可以明显地提高其力学性能。但球墨铸铁的收缩率较大，流动性稍差，原材料及处理工艺要求较高。

球墨铸铁的牌号用"QT"符号及其后面两组数字表示。"QT"是"球铁"两字汉语拼音的第一个字母，两组数字分别代表其最低抗拉强度和最低伸长率。表 4-13 为部分球墨铸铁的牌号、力学性能及用途。

表 4-13   部分球墨铸铁铸铁的牌号、力学性能及用途（摘自 GB/T1342—2009）

牌号	基体组织	抗拉强度 $R_m/$ MPa(min)	屈服强度 $R_{\sigma 0.2}/$ MPa(min)	伸长率 A/% (min)	布氏硬度 HBW	应用举例
QT400-15	F	400	250	15	130～180	阀体，汽车、内燃机零件，机床零件，减速器壳
QT450-10		450	310	10	160～210	
QT500-7	F＋P	500	320	7	170～230	机油泵齿轮，机车、车辆轴瓦
QT700-2	P	700	420	2	225～305	柴油机曲轴、凸轮轴，汽缸体、汽缸套，活塞环，部分磨床、铣床、车床的主轴等
QT800-2		800	480	2	245～335	
QT900-2	B_F	900	600	2	280～360	汽车的螺旋锥齿轮，拖拉机减速齿轮，柴油机凸轮轴

球墨铸铁的热处理工艺性能较好，凡是钢可以进行的热处理工艺，一般都适合于球墨铸铁，而且球墨铸铁通过热处理改善性能的效果比较明显。球墨铸铁常用的热处理工艺有：退火、正火、调质、贝氏体等温淬火等。

图 4-9   铁素体蠕墨铸铁的显微组织

4.4.4 蠕墨铸铁

蠕墨铸铁是 20 世纪 60 年代开发的一种铸铁材料。它是用高碳、低硫、低磷的铁液加入蠕化剂（镁钛合金、镁钙合金等），经蠕化处理后获得的高强度铸铁。

蠕墨铸铁的原铁液一般都属于含高碳硅的共晶或过共晶化学成分。蠕墨铸铁中的石墨呈短小的蠕虫状，其形状介于片状石墨和球状石墨之间，如图 4-9 所示。

蠕虫状石墨对基体产生的应力集中与割裂现象明显

减小,因此,蠕墨铸铁的力学性能优于基体相同的灰铸铁而低于球墨铸铁,而且蠕墨铸铁在铸造性能、导热性能等方面都要比球墨铸铁好。

蠕墨铸铁的牌号用"RuT"符号及其后面数字表示。"RuT"是"蠕铁"两字汉语拼音的第一个字母,其后数字表示最低抗拉强度。

由于蠕墨铸铁具有许多优良的力学性能及良好的铸造性能,故常用于制造受热循环载荷、要求组织致密、强度较高、形状复杂的大型铸件,如机床的立柱、柴油机的汽缸盖、缸套、排气管等。

4.4.5　可锻铸铁

可锻铸铁俗称玛钢、马铁,它是由一定成分的白口铸铁经可锻化退火,使渗碳体分解而获得团絮状石墨的铸铁。为了保证铸件在一般冷却条件下都获得白口组织,又要在退火时容易使渗碳体分解,并呈团絮状石墨析出,因此要求严格控制铁水的化学成分。与灰铸铁相比,应使可锻铸铁中碳、硅的质量分数低一些,以保证铸件获得白口组织。

可锻化退火将白口铸铁件加热到 910~960℃,经长时间保温,使组织中的渗碳体分解为奥氏体和石墨(团絮状)。然后缓慢降温,奥氏体将在已形成的团絮状石墨上不断析出石墨。当冷却至共析转变温度范围(720~770℃)时,缓慢冷却,即得到以铁素体为基体的黑心可锻铸铁(也称为铁素体可锻铸铁)。如果在通过共析转变温度时的冷却速度较快,则得到以珠光体为基体的可锻铸铁。如图 4-10 所示。

(a)　　　　　　　　　　　　　(b)　　　　　　　　　　　　　(c)

图 4-10　可锻铸铁的显微组织
(a) 铁素体可锻铸铁;(b) 铁素体+珠光体可锻铸铁;(c) 珠光体可锻铸铁

由于可锻铸铁中的石墨呈团絮状,对基体的割裂作用较小,因此它的力学性能比灰铸铁有所提高,但可锻铸铁并不能进行锻压加工。可锻铸铁的基体组织不同,其性能也不一样,其中黑心可锻铸铁具有较高的塑性和韧性,而珠光体可锻铸铁具有较高的强度、硬度和耐磨性。

可锻铸铁的牌号是由三个字母及两组数字组成。其中前两个字母 KT 是"可铁"两字汉语拼音的第一个字母,第三个字母代表类别。其后的两组数字分别表示最低抗拉强度和最低伸长率。表 4-14 列出了可锻铸铁的牌号、力学性能及主要用途。

可锻铸铁具有铁液处理简单、质量比球墨铸铁稳定、容易组织流水线生产和低温韧性好等优点,广泛应用于汽车、拖拉机等机械制造行业,用于制造形状复杂、承受冲击载荷的薄壁(≤25mm)和中小型零件。但可锻化退火的时间太长(几十小时),能源消耗大,生产率低,成本高。

表 4-14　可锻铸铁的牌号、力学性能及用途(摘自 GB/T9440—2010)

牌号	类别	抗拉强度 R_m/MPa(min)	0.2%屈服强度 $R_{p0.2}$/MPa(min)	伸长率 A/%(min)($L_0 = 3d$)	布氏硬度 HBW	应用举例
KTH300-06	黑心可锻铸铁	300	—	6	≤150	汽车、拖拉机的后桥外壳、转向机构、弹簧钢板支座等,机床上用的扳手、低压阀门、管接头、铁道扣板和农具等
KTH330-08		330	—	8		
KTH350-10		350	200	10		
KTH370-12		370	—	12		
KTH550-04	珠光体可锻铸铁	550	340	4	180～230	曲轴、连杆、齿轮、凸轮轴、摇臂、活塞环等
KTH700-02		700	530	2	240～290	

4.4.6　合金铸铁

常规元素硅、锰高于普通铸铁规定含量或含有其他合金元素,具有较高力学性能或某种特殊性能的铸铁,称为合金铸铁。常用的合金铸铁有耐磨铸铁、耐热铸铁及耐腐蚀铸铁等。

4.4.6.1　耐磨铸铁

不易磨损的铸铁称为耐磨铸铁。通常可通过激冷或向铸铁中加入铜、钼、锰、磷等元素,在铸铁中形成一定数量的硬化相来提高其耐磨性。耐磨铸铁按其工作条件大致可分为两类:一类是在无润滑、干摩擦条件下工作的如犁铧、轧辊和球磨机磨球等;一类是在润滑条件下工作的,如机床导轨、汽缸套、活塞环和轴承等。

在干摩擦条件下工作的零件,应具有均匀的高硬度组织,如白口铸铁就是一种较好的耐磨铸铁。我国很早就用它来制作农具等,但它的脆性很大。在润滑条件下工作的零件,其组织应为软基体上分布着硬组织。珠光体灰铸铁基本上符合要求,其珠光体基体中的铁素体为软基体,渗碳体为硬组织,而石墨片则有润滑作用,

4.4.6.2　耐热铸铁

可以在高温下使用,其抗氧化或抗生长性能符合使用要求的铸铁,称为耐热铸铁。铸铁在反复加热、冷却时产生体积长大的现象,称为铸铁的生长。在高温下铸铁产生的体积膨胀是不可逆的,这是由于铸铁内部发生氧化和石墨化引起的。因此,铸铁在高温下损坏的形式主要是在反复加热及冷却过程中,发生相变和氧化,从而引起铸铁生长及产生微裂纹。

为了提高铸铁的耐热性,常向铸铁中加入硅、铝、铬等合金元素,使铸铁表面形成一层致密的 SiO_2、Al_2O_3、Cr_2O_3 等氧化膜,阻止氧化性气体渗入铸铁内部产生内氧化,从而抑制铸铁的生长。国外应用较多的耐热铸铁是铬、镍系耐热铸铁,我国目前广泛应用的是高硅、高铝或铝硅耐热铸铁以及铬耐热铸铁。

耐热铸铁主要用于制造工业加热炉附件,如炉底板、烟道挡板、传递链构件、渗碳坩埚等。

4.4.6.3　耐腐蚀铸铁

能耐化学、电化学腐蚀的铸铁,称为耐腐蚀铸铁。耐腐蚀铸铁通常加入的合金元素是硅、

铝、铬、镍、铜等,使铸铁表面生成一层致密稳定的氧化膜,从而提高了耐腐蚀能力。常用的耐腐蚀铸铁有高硅耐腐蚀铸铁、高铝耐腐蚀铸铁和高铬耐腐蚀铸铁等。耐腐蚀铸铁主要用于化工机械,如管件、阀门、耐酸泵等

4.5　非铁金属材料

4.5.1　铝及其金属

4.5.1.1　工业纯铝

铝是地壳中储量最丰富的元素之一,工业纯铝呈银白色,面心立方晶格,无同素异构转变,熔点为660℃,密度小,仅为铁的三分之一。导电性、导热性较高,导电性仅次于银、铜、金,导电率为铜的64%,导热性强于铁差于铜。强度、硬度低,塑性高,可以进行各种冷、热加工,能轧制很薄的铝箔,冷拔成极细的丝,焊接性良好。广泛应用于电器、电缆、容器、低温设备、日常生活用品。

4.5.1.2　铝合金

在纯铝中适量加入 Si、Cu、Mn、Mg 等合金元素配制成铝合金,可获得较高强度,并具有良好的加工性能,而仍保持其密度小、耐腐蚀的优点,许多铝合金还可以通过热处理使其强化。铝合金通常按成型工艺分为变形铝合金和铸造铝合金。图 4-11 为铝合金分类示意图。

图 4-11　铝合金分类示意图
Ⅰ—变形铝合金;Ⅱ—热处理不可强化铝合金;Ⅲ—热处理可强化铝合金;Ⅳ—铸造铝合金

1) 变形铝合金

变形铝合金按照性能特点和用途分为:防锈铝、硬铝、超硬铝、锻铝 4 种。其中只有防锈铝合金属于不能热处理强化的铝合金,其他可热处理强化。

(1) 防锈铝。这类铝合金主要是 Al-Mg、Al-Mn 合金,呈单相固溶体,塑性好,抗蚀性高,焊接性好,一般只能依靠加工硬化。牌号 LF,其中 LF21 属 Al-Mg 合金,其他 LF1～LF11 属Al-Mn 合金。

(2) 硬铝。牌号 LY,由于该铝合金强度和硬度高,故称硬铝,又称杜拉铝。主要为 Al-Cu-Mg 和 Al-Cu-Mn 系。LY12 是航空工业应用最广泛的一种高强度硬铝合金。制造飞机蒙皮、木行条、梁、动力骨架及建筑结构。硬铝耐腐蚀性差,为了提高硬铝合金的耐蚀性,通常在硬铝

板材表面通过热轧包上一层工业纯铝,称为包铝。

(3) 超硬铝。Al-Zn-Mg-Cu 系超硬铝合金是变形铝合金中强度最高的一类铝合金,其强度可达 680MPa。热处理为淬火加人工时效硬化,淬火温度 465～475℃,120℃人工时效 4h。超硬铝的性能特点是,强度很高,但塑性较差(LC4,δ12％;LC6,δ6％),耐腐蚀性较差(可包铝),缺口敏感性大(过时效处理可改善)。这类合金主要用于制造飞机上受力较大的结构零件。

(4) 锻铝。牌号 LD,主要为 Al-Mg-Si-Cu 等合金。具有良好的热塑性,适于生产各种锻件或模锻件。热处理为淬火加人工时效。锻铝合金常用于仪表和飞机制造中一些要求有中等以上强度,形状比较复杂的锻压件。

表 4-15 为常见变形铝合金的代号、热处理和力学性能。

表 4-15 常见变形铝合金的代号、热处理和力学性能

类别	代号	主要化学成分/%				热处理	力学性能		
		Cu	Mg	Mn	其他		σ_b/MPa	δ/%	HBS
防锈铝	LF5	0.10	4.5～5.5	0.3～0.6	—	退火	270	23	70
	LF11	0.10	4.8～5.5	0.3～0.6	V 0.02～0.2		270	23	70
	LF21	0.20	0.05	1.0～1.6	Ti 0.15		130	23	30
硬铝	LY1	2.2～3.0	0.2～0.5	0.02	Ti 0.15	固溶处理 + 自然时效	300	24	70
	LY11	3.8～4.8	0.4～0.8	0.4～0.8	Ni 0.10 Ti 0.15		420	18	100
	LY12	3.8～4.9	1.2～1.8	0.3～0.9	Ni 0.10		480	11	131
超硬铝	LC4	1.4～2.0	1.8～2.8	0.2～0.6	Zn 5.0～7.0	固溶处理 + 人工时效	600	12	150
	LC6	2.2～2.8	2.5～3.2	0.2～1.5	Zn 7.6～8.6		680	7	190
锻铝	LD5	1.8～2.6	0.4～0.8	0.4～0.8	Si 0.7～1.2		420	13	105
	LD7	1.9～2.5	1.4～1.8	1.0～1.5	Fe 1.0～1.5		440	13	120
	LD10	3.9～4.8	0.4～0.8	0.4～1.0	Si 0.5～1.2		480	10	135

2) 铸造铝合金

用于制造铸件的铝合金称为铸造铝合金,其主要特点是具有良好的铸造性能,所以一些形状复杂而又不易用锻压方法制造的零件,如发动机缸体、活塞、曲轴箱等,均可采用铸铁铝合金。常用的铸造铝合金有 Al-Si 系、Al-Cu 系、Al-Mg 系、Al-Zn 系等 4 大类。常见铸造铝合金的牌号、代号、力学性能和特点如表 4-16 所示。

表 4-16 铸造铝合金的牌号、代号、力学性能和特点

类别	牌号	代号	铸造方法	热处理	力学性能			用途举例
					σ_b/MPa	δ_5/%	HBS	
铝硅合金	ZAlSi12	ZL102	J	F	155	2	50	铸造性能好,力学性能低
	ZAlSi7Mg	ZL101	J	T5	205	2	60	良好的铸造性能和力学性能
	ZAlSi7Cu4	ZL107	J	T6	275	2.5	100	

类别	牌号	代号	铸造方法	热处理	力学性能			用途举例
					σ_b/MPa	δ_5/%	HBS	
铝铜合金	ZAlCu5Mn	ZL201	S	T4	295	8	70	耐热性好,铸造性能及耐腐蚀性低
铝镁合金	ZAlMg10	ZL301	S	T4	280	10	60	力学性能较高,耐腐蚀性好
铝锌合金	ZAlZnSi7	ZL401	J	T1	244	1.5	90	力学性能较高,适宜于压力铸造

注:①铸造方法符号为:J—金属性铸造;S—砂型铸造。
　　②热处理:F—铸态;T1—人工时效;T5—固溶加不完全人工时效;T6—固溶加完全人工时效;T4—固溶加自然时效。

Al-Si 系合金是铸造铝合金中应用最广泛的一种合金系,也是牌号最多。二元 Al-Si 合金(ZL102)又称硅铝明。ZL102 简单的 Al-Si 合金,流动性好,铸件致密,是比较理想的铸造铝合金。然而即使经过变质处理后,合金强度仍然很低,通常用来制造机械性能要求不高而形状复杂的铸件。为了进一步提高 Al-Si 合金的机械性能,通常需要加入 Cu、Mg、Mn 等合金,造成 Mg_2Si、$AuAl_2$、$W(Al_xMg_5Si_4Cu)$ 等强化相,通过"淬火+时效"使合金进一步强化,形成特殊硅铝明。

4.5.2　铜及其合金

4.5.2.1　纯铜

纯铜又称紫铜,密度为 8.9,溶点为 1083℃,面心立方晶格。强度低(200~250MPa),塑性好($\delta=50\%$),抗蚀性较好,导电、导热性高,抗磁性好,加工硬化性高。广泛用于电器原件,电缆、换热器等。

工业纯铜按照加工方法及含氧量不同分为工业纯铜和无氧铜两类。工业纯铜又称"韧铜"、"电解铜",是用电解方法制造的,牌号为 T1~T4,T1 纯度最高 99.95%,T4 是 99.5%;无氧铜是经熔练和铸造法生产的,氧含量极低,牌号为 Tu1、Tu2。

4.5.2.2　铜合金

由于纯铜强度低,价格贵,工业上常用合金化来获得强度较高的铜合金,用作结构材料。

1)黄铜

以 Zn 作为主要合金元素的铜合金称为黄铜。黄铜的抗蚀性能与纯铜相似,在大气、淡水中是稳定的,在海水中抗蚀性稍差。按加工成型方法的不同,分为加工黄铜和铸造黄铜两类;按化学成分又可分为普通黄铜和特殊黄铜。加入 Al、Sn、Pb、Si 等第三种元素的黄铜称为特殊黄铜(复杂黄铜)。

(1)普通黄铜。简单的 Cu-Zn 合金称为普通黄铜。牌号中 H 表示黄铜,其后数字表示平均含铜量,例 H80、H70、H62。图 4-12 表示黄铜中含 Zn 量对力学性能的影响。由图可见:$w_{Zn}=45\%$,强度达到最大值,但 δ 很低,无实用价值。$w_{Zn}<32\%$ 时,强度和塑性都随含 Zn 量的增加而提高。当 $w_{Zn}\geq32\%$,黄铜组织中出现 β 相,所以塑性急剧下降,无实用价值。工业用黄铜一般不超过 50%,按其退火组织可以分为 α 黄铜和($\alpha+\beta$)黄铜。Cu-Zn 合金的显微组织如图 4-13 所示。

图 4-12 锌对铜力学性能的影响

(a)

(b)

图 4-13 Cu-Zn 合金的显微组织

(a) 单相黄铜 α；(b) 双相黄铜(α＋β)

α 黄铜，单相黄铜，w_{Zn}＜32％(即 H68 以上黄铜)。具有较高的强度，塑性很好，可进行冷、热加工，适宜制造冷轧板材，冷拔线材，广泛用于制造散热器、冷凝器的管道、弹壳、工艺品、奖章等。常用的有 H80、H70、H68 等。H70、H68 是三七黄铜，其中 Zn 和 Cu 的比例为 3:7。

双相黄铜，典型牌号 H62、H59，w_{Zn}＝32％～45％。由于 β 相高温塑性好，所以双相黄铜适宜热加工，一般轧成棒材、板材，再经切削，加工成各种零件、散热器、垫圈、弹簧、金属网等。

(2) 特殊黄铜。在二元黄铜基础上添加 Al、Fe、Si、Mn、Pb、Ni 形成特殊黄铜(分别称为铅黄铜、铁黄铜、硅黄铜)。它们具有比普通黄铜更高的强度、硬度、抗耐磨性和良好的铸造性能。在造船、电机、化工行业得到了广泛的使用。

2) 青铜

铜与锡的合金最早称为青铜，现在把除黄铜以外的所有铜的合金都称为青铜。为了区别起见，把 Cu、Sn 合金称为锡青铜，其他称为无锡青铜，或分别称为铝青铜、硅青铜、锡青铜、铍青铜等。

常用铜合金的分类、代号、化学成分及力学性能如表 4-17 所示。

表 4-17　常见铜合金的代号、化学成分、力学性能

组别	代号	主要化学成分/%		力 学 性 能		
		Cu	其他	σ_b/MPa	δ/%	HB
Pb 黄铜	HPb63-3	62.0～65.0	Pb2.4～3.0	600	5	—
	HPb60-1	59.0～61.0	Pb0.6～1.0	610	4	—

（续表）

组别	代号	主要化学成分/%		力学性能		
		Cu	其他	σ_b/MPa	δ/%	HB
Sn 黄铜	HSn90-1 HSn62-1	88.0～91.0 61.0～63.0	Sn0.25～0.75 Sn0.7～1.1	520 700	5 4	148 —
Al 黄铜	HAl77-2	76.0～79.0	Al1.8～2.6	650	12	170
Si 黄铜	HSi65-1.5-3	63.5～66.5	Si1.0～2.0 Pb2.5～3.5	600	8	160
Mn 黄铜 Fe 黄铜	HMn58-2 HFe59-1-1	57.0～60.0 57.0～60.0	Mn1.0～1.2 Fe0.6～1.2	700 700	10 10	175 160
Ni 黄铜	HNi65-5	64.0～67.0	Ni5.0～6.5	700	4	—

4.5.3 轴承合金

滑动轴承是由轴承体和轴瓦组成的。制造轴瓦及其内衬的合金称为轴承合金。轴在轴瓦中高速旋转时，必然发生强烈摩擦，必然造成轴和轴承的磨损。轴通常价格昂贵，经常更换是不经济的，选择满足一定性能要求的轴承合金可以确保轴的最小磨损。

在轴承合金中，如在软基体上均匀分布一定大小的硬质点，则基体上能满足上述性能要求。当轴在轴承中运转时，软基体由于先磨损而凹陷，使硬质点凸出在软基体之上，这样，轴和轴瓦的接触面积变小，且其间隙可储存润滑油，降低了轴和轴承的磨损系数，减少了轴和轴承的磨损。图 4-14 中软的基体可以承受冲击和震动，而且偶然进入的外来硬质点也能压入到软基体内，不致擦伤轴。对于载荷较大的轴承，也可以在轴承的硬基体上分布一定的软质点。总之，轴承不能太硬，太硬使得轴磨损增大；轴承不能太软，太软使得承受能力变小。

图 4-14 轴承合金理想组织示意图

常用锡基轴承合金是以锡为基础，加入锑、铜等元素组成的合金，此外还有铅基轴承合金、铜基轴承合金和铝基轴承合金等。常用轴承合金的牌号、力学性能、特点及用途如表 4-18 所示。

表 4-18 轴承合金的牌号、力学性能、特点及用途

牌号	熔化温度/℃	力学性能			特 点	用途举例
		σ_b/MPa	δ/%	HBS		
ZSnSb12Pb10Cu4	185			29	软而韧，耐压，硬度较高，热强度较低，浇注性能差	一般中速、中压发动机的主轴承，不适应于高温

（续表）

牌号	熔化温度/℃	力学性能			特　点	用途举例
		σ_b/MPa	δ/%	HBS		
ZSnSb11Cu6	241	90	6.0	27	应用较广,不含 Pb,硬度适中,减摩性和抗磨性较好,膨胀系数比其他巴氏合金都小,优良的导热性和耐蚀性疲劳强度低,不宜浇注很薄且振动载荷大的轴承	重载、高速、<110℃的重要轴承如 750kW 以上电机,890kW 以上快速行程柴油机,高速机床主轴的轴承和轴瓦
ZSnSb4Cu4	225	80	7.0	20	韧性为巴氏合金中最高者,与 ZSnSb11Cu6 相比强度硬度较低	韧性高、浇注层较薄的重载荷高速轴承,如涡轮内燃机高速轴承
ZPbSb16Sn16Cu2	240	78	0.2	30	与 ZSnSb11Cu6 相比,摩擦因数较大,耐磨性和使用寿命不低,但冲击韧度低,不能承受冲击载荷,价格便宜	工作温度<120℃,无显著冲击载荷,重载高速轴承及轴衬
ZPbSb15Snl0	240	60	1.8	24	冲击韧性比上一合金高,摩擦因数大,但磨合性好,经退火处理,其塑性、韧性、强度和减摩性均大大提高,硬度有所下降	承受中等冲击载荷,中速机械的轴承,如汽车、拖拉机的曲轴和连杆轴承
ZPbSb15Sn5	248		0.2	20	与锡基 ZSnSb11Cu6 相比,耐压强度相当,塑性和导热较差,在≤100℃冲击载荷较低的条件下,其使用寿命相近,属性能较好的铅基低锡轴承合金	低速、轻压力条件下的机械轴承,如矿性山水泵轴承、汽轮机、中等功率电机、空压机的轴承和轴衬

4.5.4　钛及其合金

钛及钛的合金是航空、航天、导弹、造船、化工机械等广泛应用,它具有质量轻、比强度高、耐高温、耐腐蚀以及良好的低温韧性等优点,由于钛化学活泼性极高,目前钛的制炼比较困难,价格昂贵。

工艺纯钛熔点 1 668℃,密度为 4.51g/m³,具有同素异晶转变。在 882.5℃以下,为 α-Ti（密排六方）,在 882.5℃以上 β-Ti（体心立方）。工艺纯钛的性质与其纯度有关,纯度越大,硬度、强度越低。常用牌号有 TA1、TA2、TA3,牌号顺序数字增大,杂质含量增加,钛的强度变大,塑性变差。工艺纯钛耐腐蚀性强,在航空、船舶、化工工件中应用较多,如飞机滑架、蒙皮。

工业钛合金按其退火组织可分为 α、β 和 α+β 三大类。牌号为 TA4~TA8 表示 α-Ti 合金,TB1-TB2 表示 β 钛合金,TC1-TC10 表示（α+β）钛合金。

钛及钛合金是一种很有发展前途的新型金属材料。我国钛金属的矿产资源丰富,蕴藏量居世界各国前列,目前已形成了较完整的钛金属生产工业体系。常用钛合金的牌号、力学性能和用途如表 4-19 所示。

表 4-19　钛合金的牌号、力学性能和用途

组别	牌号	供应状态	力学性能			用途举例
			σ_b/MPa	δ/%	HBS	
α 型钛合金	TA5	退火	686	12～20	60	在 500℃以下工作的零件,如飞机蒙皮、骨架零件、压气机壳体、叶片等
	TA6	退火	686	12～20	40～50	
β 型钛合金	TB2	淬火	≤980	20	120	在 350℃以下工作的零件,如压气机叶片、轴、轮盘等重载旋转件,以及飞机的构造等
		淬火＋时效	1324	8	—	
(α＋β)型钛合金	TC4	退火	902	10～12	30～35	在 400℃以下长期工作的零件、锻件,各种容器、泵、低温部件、舰艇耐压壳体、坦克履带等
	TC10	退火	1059	8～10	25	在 450℃以下长期工作的零件,如飞机结构零件、起落架、导弹发动机外壳、武器结构件等

任务实施

4.1　金属零件选材的一般原则

4.1.1　任务目的

培养学生在设计和制造机械零件的过程中能够合理地选用材料。

4.1.2　任务指导

在机器制造工业中,无论是开发新产品或是更新老产品,在设计和制造机械零件的过程中,除了标准零件可由设计者查阅手册选用外,大都要考虑如何合理地选用材料这个重要问题。实践证明,影响产品的质量和生产成本的因素很多,其中材料的选用是否恰当,往往起到关键的作用。

从机械零件设计和制造的一般程序来看,先是按照零件工作条件的要求来选择材料,然后根据所选材料的机械性能和工艺性能来确定零件的结构形状和尺寸。在着手制造零件时,也要按所用的材料来制定加工工艺方案。比如选用的材料是铸铁,就只能用铸造方法去生产。

机械零件选材时,主要是考虑的工作条件、材料的工艺性能和产品的成本。现将有光选材的一些基本原则分述如下。

4.1.2.1　选用的材料要满足零件工作条件的要求

零件的工作条件是各种各样的,例如受力状态就有拉伸、压缩、弯曲、扭转、剪切等;载荷性质也有静载、冲击、交变的不同;工作温度则有室温、高温、低温之分;环境介质亦有酸的、碱的、海水以及使用润滑剂等的不同。从上列的工作条件来看,受力状态和载荷性质是反映机械性

能的；工作温度和环境介质则属使用环境的。

材料的机械性能指标也是各种各样的。如屈服极限、强度极限、疲劳极限等是反映材料强度的指标；延伸率、断面收缩率等式反映材料塑性的指标；冲击韧性、断裂韧性等则是反映材料韧性的指标。

由于选材的基本出发点是要满足零件的强度要求，所以各种强度指标通常都直接用于零件断面尺寸的设计计算。而 δ、ψ、α_k、K_{1C} 等则一般不直接用于设计计算。有时为了保证零件的安全，采用它们作间接的强度校核，以确定所选材料的强度、塑性和韧性等是否配合适当。至于材料的硬度指标，虽可对强度性能作出一定量的估计，也不用于零件的设计计算。但测量硬度比较简便，在生产中是应用很多的。

至于使用环境的情况，在选材时也是必须考虑的。例如：在高温下工作的零件，可选用耐热钢；要求耐腐蚀的，可用奥氏体不锈钢；要求耐磨的，可用硬质合金；要求高硬度的，可用工具钢等。

4.1.2.2　材料的工艺性能也是选材的重要依据之一

因为零件的生产方法不同，将直接影响其质量和生产成本。

金属材料的基本加工方法有铸造、压力加工、焊接、切削加工和热处理等。金属材料的工艺性能对这些加工方法的影响，将在以后各篇中分别论述，这里就不介绍了。

4.1.2.3　选材时必须十分重视材料的经济性

所选材料既要价廉质优，又要尽量选用国产材料。一般而言，铸铁能满足要求就不用铸钢；碳素钢能满足要求就不用合金钢。例如有些曲轴和连杆，选用球墨铸铁代替锻钢去生产，就减少了切削加工量，降低了成本。

在选材时必须重视材料的经济性，不仅要考虑材料本身的价格和制造零件所需的一切费用，还要考虑材料的功能。根据价值工程的原理：价值＝功能/成本。用它计算出的结果进行比较，价值就不单是材料本身的价格了，还有材料的功能和使用寿命等含义，所以能够比较全面的反应选材的经济性。例如：要制造一个耐腐蚀的容器，有三个选材方案，一是用普通碳素钢，制造成本为 5 000 元，可使用 1 年；二是用奥氏体耐酸不锈钢，制造成本为 40 000 元，可用10 年；三是用铁素体不锈钢，制造成本为 15 000 元，可用 6 年。根据价值工程原理算出一、二、三方案的价值系数是 1∶1.25∶2，可见第三选材方案的经济性更好些。

项目小结

1. 钢中常存元素 Si、Mn、S、P 等，Mn 和 Si 是钢中的有益元素，S 和 P 是钢中的有害元素。

2. 非合金钢即碳钢，是指碳含量在 2.11％ 以下的铁碳合金。按碳的含量分类：低碳钢、中碳钢、高碳钢；按钢的冶金质量分类：普通钢、优质钢、高级优质钢；按钢的用途分类：碳素结构钢、碳素工具钢、专用钢；按钢液脱氧程度分类：沸腾钢、镇静钢、半镇静钢。

3. 合金钢是指为了改善钢的组织、性能，在冶炼时特意加入合金元素的钢。按合金元素含量分类：低合金钢、中合金钢、高合金钢；按合金元素种类分类：根据主加合金元素，分别称为铬钢、锰钢、铬镍钢、铬钼钢、硅锰钢、铬镍锰钢、硅锰钼钒钢等；按主要用途分类：合金结构钢、合金工具钢、特殊性能钢;按金相组织分类:珠光体钢、贝氏体钢、奥氏体钢和碳化物钢等。

4. 铸铁是 $w_C > 2.11\%$ 的铁碳合金。根据碳在铸铁中存在的形式,铸铁可分为白口铸铁、灰口铸铁和麻口铸铁;根据石墨的形态,灰铸铁可分为普通灰铸铁、球墨铸铁、可锻铸铁和蠕墨铸铁。

5. 工业纯铝的纯度为 $99.0\% \sim 98.0\%$,其牌号有 L1~L7,牌号越大,纯度越低。在纯铝中适量加入 Si、Cu、Mn、Mg 等合金元素配制成铝合金,铝合金通常按成型工艺分为变形铝合金和铸造铝合金。

6. 纯铜又称紫铜,按照加工方法及含氧量不同分为工业纯铜和无氧铜两类。

7. 制造轴瓦及其内衬的合金称为轴承合金。常用锡基轴承合金是以锡为基础,加入锑、铜等元素组成的合金。此外还有铅基轴承合金、铜基轴承合金和铝基轴承合金等。

8. 钛及钛的合金在航空、航天、导弹、造船、化工机械等领域得到广泛应用。它具有质量轻、比强度高、耐高温、耐腐蚀以及良好的低温韧性等优点。工艺纯钛的性质与其纯度有关,纯度越大,硬度、强度越低。

项目习题

1. 碳素结构钢、优质碳素结构钢、碳素工具钢各自有何性能特点? 非合金钢共同的性能不足是什么?

2. 合金元素提高钢的耐回火性,使钢在使用性能方面有何益处?

3. 为什么合金渗碳钢一般采用低碳,合金调质钢采用中碳,而合金工具钢采用高碳成分?

4. 指出下列每个牌号钢的类别、含碳量、热处理工艺和主要用途:

T8,Q345,20Cr,40Cr,20CrMnTi,2Cr13,GCr15,60Si2Mn,9SiCr,Cr12,CrWMn,0Cr19Ni9Ti,4Cr9Si2,W18Cr4V,ZGMn13

5. 为什么汽车变速齿轮常采用 20CrMnTi 钢制造,而机床上同样是变速齿轮却采用 45 钢或 40Cr 钢制造?

6. 试为下列机械零件或用品选择适用的钢种及牌号:

地脚螺栓,仪表箱壳,小柴油机曲轴,木工锯条,油气储罐,汽车齿轮,机床主轴,汽车发动机连杆,汽车发动机螺栓,汽车板簧拖拉机轴承板牙,高精度塞规麻花钻头,大型冷冲模,胎模锻模,镜面塑料模具,硝酸槽,手术刀,内燃机气阀,大型粉碎机颚板。

7. 化学成分和冷却速度对铸铁石墨化有何影响? 阻碍石墨化的元素主要有哪些?

8. 为什么一般机器的支架、机床床身常用灰铸铁制造?

9. 白口铸铁、灰铸铁和钢,这三者的成分、组织和性能有何主要区别?

10. 灰铸铁、球墨铸铁、蠕墨铸铁、可锻铸铁在组织上的根本区别是什么? 试述石墨对铸铁性能特点的影响。

11. 球墨铸铁和可锻铸铁,哪种适宜制造薄壁铸件? 为什么?

12. 灰铸铁为什么不能进行改变基体的热处理,而球墨铸铁可以进行这种热处理?

13. 铝合金分为几类? 各类铝合金各自有何强化方法? 铝合金淬火与钢的淬火有何异同?

14. 黄铜分为几类? 合金元素在铜中的作用是什么? 为什么工业黄铜的含锌量不超

过 45%？

15. 轴承合金必须具备哪些特性？其组织有何特点？常用滑动轴承合金有哪些？

16. 指出下列代号、牌号合金的类别、主要合金元素及主要性能特征。

LF11，LC4，ZL102，ZL203，H68，HPb59-1，ZCu2n16S14，YZCu2n30A13，QSn4-3，QBe2，ZCuSn10Pbl，ZSnSb11Cu6。

项目 5　铸造

知识目标

　　1. 理解合金的铸造性能及对铸件质量的影响,常用铸造合金的铸造性能。

　　2. 掌握砂型铸造的工艺过程及工艺要点(分型面、浇注位置、工艺参数等的正确选择)。

　　3. 了解金属型铸造、压力铸造、熔模铸造、离心铸造的基本原理、特点和应用。

技能目标

　　1. 熟悉整模造型和分模造型典型工艺过程,铸件的结构工艺性。具有选择典型铸造方法的能力。会画简单铸件的铸造工艺简图。

　　2. 熟悉挖砂造型工艺过程,铸件的结构工艺性。具有选择典型铸件铸造方法的能力。

本项目导语

　　铸造是零件毛坯最常用的生产工艺之一。在一般机械设备中,铸件约占整个机械设备质量的 $45\%\sim90\%$,如汽车铸件质量约占 $40\%\sim60\%$,拖拉机的铸件质量约占 70%,金属切削机床的铸件质量约占 $70\%\sim80\%$ 等。在国民经济其他各个部门中,也广泛采用各种各样的铸件。铸造由于可选用多种多样成分、性能的铸造合金,加之基本建设投资小,工艺灵活性大和生产周期短等优点,因而广泛地应用在机械制造、矿山冶金、交通运输、石化通用设备、农业机械、能源动力、轻工纺织、家用电器、土建工程、电力电子、航天航空、国防军工等国民经济各部门,是现代大机械工业的基础。

知识链接

5.1　铸造工艺基础

　　将液体金属浇注到具有与零件形状相适应的铸型空腔中,待其冷却凝固后,以获得零件或毛坯的方法称为铸造。铸件通常是毛坯,要经过切削加工才能成为零件。但对要求不高或用精密铸造方法的铸件,也可不经切削加工,直接使用。

铸造能够制造各种尺寸和形状复杂的铸件,特别是内腔形状复杂的毛坯。如设备的箱体、机座等。铸件的轮廓尺寸可小至几毫米,大至十几米;质量可小至几克,大至数百吨。铸件的形状和尺寸与零件很接近,因而节省了金属材料和加工的工时。精密铸件可省去切削加工,直接用于装配。铸造生产的适应性广,各种金属合金都可以用铸造方法制成铸件,特别是有些塑性差的材料,只能用铸造方法制造毛坯,如铸铁等。铸造设备简单,所用的原材料来源广泛而且价格较低,因此铸件的成本低廉。

但是,铸造缺陷较多,铸件性能低于同种材料的锻件(晶粒粗等)。铸造工序较多,生产效率低,劳动条件差,污染环境。

5.1.1　液态合金的充型

金属和合金采用铸造方法制成外部形状、尺寸正确,内在质量健全的铸件的能力,称为铸造性能。铸造性能是衡量材料可铸性好坏的重要指标。

如果某种合金在液态时流动能力大,不易吸收气体,冷凝过程将缩小,凝固后铸件化学成分均匀,则认为该合金具有良好的铸造性能。液态金属填充铸型的过程称为充型。液态合金充满铸型型腔,获得形状完整、轮廓清晰铸件的能力,即为充型能力。充型能力不足,易产生浇不足或冷隔,其他如气孔、夹渣、缩孔等缺陷。

5.1.1.1　合金的流动性

液态合金本身的流动能力,称为合金的流动性,是合金主要铸造性能之一。在液态金属的流动性能好时,填充铸型的能力强,易得到形状完整,轮廓清晰,尺寸准确,外观质量好的铸件,而且有利于液态金属在凝固过程中对铸件的补缩,有利于液态金属中气体和熔渣的浮出,使铸件的内在质量好。

测定合金流动性的方法:图 5-1 将液态金属浇入一个特别的由螺旋型的标准试样所形成的铸件中(该试样由每 50mm 为一个标距),然后测出实际螺纹线长度,在相同的浇注工艺条

图 5-1　螺旋形模样及浇注系统

1—模样;2—浇口杯;3—冒口;4—凸点

件下,测得的螺纹线的长度越长,说明该合金流动性能越好。反之,流动性较差。在使用的铸造合金中,灰铸铁、硅黄铜的流动性最好,铝合金次之,铸钢流动性最差。

5.1.1.2　影响充型能力的主要因素

1)合金的成分

合金的化学成分不同,则流动性不同,共晶成分的合金是在恒温下结晶,结晶是由表面向中心逐层进行的。这种凝固方式的结晶前沿是平齐的,凝固层的内壁较为光滑,所以对未凝固液态金属的流动阻力较小,合金的流动性好。除纯金属外,其他成分合金的结晶是在一个温度范围内进行的,由于初生的树枝状晶体使固体层内表面粗糙,所以合金的流动性变差,显然,合金成分越远离共晶点,结晶温度范围越宽,流动性越差。

2)浇注温度

浇注温度对液态金属的流动性影响显著。浇注温度越高,合金的黏度下降,且因过热度高,合金在铸型中保持流动的时间长,故充型能力强;反之,充型能力差。由于合金的充型能力随浇注温度的提高呈直线上升,因此,对薄壁铸件或流动性较差的合金可适当提高浇注温度,以防浇不足和冷隔缺陷。但浇注温度过高,铸件容易产生缩孔、缩松、粘砂、气孔等缺陷,所以在保证充型能力足够的前提下,浇注温度不宜过高。

液态合金所受的压力越大,充型能力越好。如压力铸造、低压铸造和离心铸造时,因充型压力较砂型铸造提高很多,所以,充型能力较强。

3)铸型填充条件

铸型中凡是增加液体金属在铸型中的流动阻力,降低流速和加快冷却速度的因素,都会降低液体金属的充型能力。

铸型材料的导热系数和比热容越大,对液态合金的激冷能力越强,合金的充型能力就越差。如金属型铸造较砂型铸造容易产生浇不足和冷隔缺陷。

金属型铸造、压力铸造和熔模铸造时,铸型被预热到数百度,由于减缓了金属液的冷却速度,故使充型能力得到提高。

在金属液的热作用下,铸型(尤其是砂型)将产生大量气体,如果铸型排气能力差,型腔中的气压将增大,以致阻碍液态合金的充型。为了减小气体的压力,除应设法减少气体的来源外,应使铸型具有良好的透气性,并在远离浇口的最高部位设出气口。

4)铸件结构

结构的复杂程度、铸件的壁厚都会影响液态金属的流动性。当铸件壁厚过小、厚薄部分过度面多、有大的水平面等结构时,都使金属液的流动困难。

5.1.2　铸件的凝固与收缩

5.1.2.1　铸造合金的收缩

合金从浇注、凝固直至冷却到室温,其体积和尺寸减小的现象称为收缩。收缩是合金的物理本性。收缩给铸造工艺带来许多困难,是多种铸造缺陷(如缩孔、缩松、裂纹、变形等)产生的根源,为使铸件的形状、尺寸符合技术要求,组织致密,必须研究收缩的规律性。

从浇注温度到室温的冷却过程是收缩全过程,可划分为三个阶段:

（1）液态收缩。从浇注温度到凝固开始温度（即液相线温度）间的收缩。

（2）凝固收缩。从凝固开始温度到凝固结束温度（即固相线温度）间的收缩。

（3）固态收缩。从凝固终了温度冷却到室温的收缩。

合金的液态收缩和凝固收缩表现为合金体积的收缩，常用单位体积收缩量（即体积收缩率）来表示。合金的固态收缩不仅引起合金体积上的缩减，同时，更明显的表现在铸件尺寸上的缩减，因此固态收缩常用单位长度上的收缩量（即线收缩率）来表示。

不同合金的收缩率不同。如表 5-1 所示为几种铁碳合金的体积收缩率。

表 5-1　几种铁碳合金的体积收缩率

合金种类	含碳量/%	浇注温度/℃	液态收缩/%	凝固收缩/%	固态收缩/%	总体积收缩/%
铸造碳钢	0.35	1 610	1.6	3	7.8	12.4
白口铸铁	3.00	1 400	2.4	4.2	5.4~6.3	12~12.9
灰铸铁	3.50	1 400	3.5	0.1	3.3~4.2	6.9~7.8

铸件的实际收缩率与其化学成分、浇注温度、铸件结构和铸型条件有关。

5.1.2.2　铸件中的缩孔和缩松

液态金属在铸型内的冷凝过程中，由于液态收缩和凝固收缩，产生体积缩减，若得不到液体金属的补充，则在铸件最后凝固的地方形成缩孔。一般缩孔是指体积较大的集中缩孔，而分散的小孔称为缩松。

1）缩孔的形成

缩孔是集中在铸件上部或最后凝固部位容积较大的空洞。缩孔多呈倒圆锥形，内表面粗糙，通常隐藏在铸件的内层，但在某些情况下，可暴露在铸件的上表面，呈明显的凹坑。

为便于分析缩孔的形成，现假设铸件呈逐层凝固，其形成过程如图 5-2 所示。液态金属充满铸型后，靠近型壁的外层冷却快，先凝固形成外壳，壳中液面开始下降。温度继续下降、外壳加厚，但内部液体因液态收缩和补充外壳的凝固收缩，体积继续缩减、液面下降，使铸件内部出现了空隙。直到内部完全凝固，在铸件上部形成了缩孔。缩孔大多隐藏在铸件内，靠上部分或最后凝固的部分，形状为倒锥状，有时缩孔的顶面也会形成内凹，称为"明缩孔"。

总之，合金的液态收缩和凝固收缩越大，浇注温度越高，铸件越厚，缩孔的容积越大。

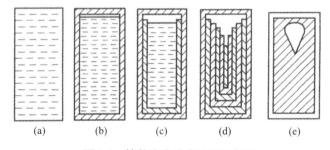

图 5-2　铸件缩孔形成过程示意图

2）缩松的形成

分散在铸件某区域内地细小缩孔，称为缩松。如图 5-3 所示。缩松的形成原因是由于铸件最后凝固区域的收缩未能得到补足，或者，因合金呈糊状凝固，被树枝状晶体分隔开的小液体区难以得到补缩所致。

不同铸造合金的缩孔和缩松的倾向不同。逐层凝固合金（纯金属、共晶合金或结晶温度范围窄的合金）的缩孔倾向大，缩松倾向小；反之，糊状凝固的合金缩孔倾向虽小，但极易产生缩松。

3）缩孔和缩松的防止

图 5-3　宏观缩松

缩孔和缩松是一种铸造常见的缺陷。可使铸件的力学性能下降，缩松还可使铸件因渗漏而报废。因此，必须依据技术要求，采取适当的工艺措施予以防止。实践证明，只要能使铸件实现"定向凝固"（即顺序凝固），尽管合金的收缩较大，也可获得没有缩孔的致密铸件。

所谓顺序凝固就是在铸件的厚壁处设置冒口，使铸件的凝固按薄壁—厚壁—冒口的顺序先后进行，使缩孔集中在冒口中，从而获得致密的铸件。图 5-4 为了保证冒口对铸件的补缩作用，冒口必须最后凝固，所以冒口要做的足够大。设在铸件上端的冒口一般通到砂型的顶部，称为"明冒口"，它除了补缩作用外，还有集渣、排气、观察金属液是否浇满铸型的作用。另一种冒口称为"暗冒口"，与外界不通，位于砂型之内，热量散发慢，补缩作用强。

图 5-4　定向凝固

图 5-5　冷铁的应用

为了使铸件实现定向凝固，在安放冒口的同时，还可在铸件上某些厚大部位增设冷铁。图 5-5 所示铸件的热节不止一个，若仅靠顶部冒口难以向底部凸台补缩，为此，在该凸台的型壁上安放了两个外冷铁。由于冷铁加快了该处的冷却速度，使厚度较大的凸台反而最先凝固，由于实现了自下而上的顺序凝固，从而防止了凸台处缩孔、缩松的产生。可以看出，冷铁仅是加快某些部位的冷却速度，以控制铸件的凝固顺序，但本身不起补缩作用。冷铁通常用钢或铸铁制成。

安放冒口和冷铁、实现顺序凝固，虽可有效地防止缩孔和缩松，但却耗费许多金属和工时，加大了铸件成本。同时，顺序凝固扩大了铸件各部分的温度差，促进了铸件的变形和裂纹倾向。因此，主要用于必须补缩的场合，如铝青铜、铝硅合金和铸钢件等。

5.1.2.3　铸造应力及铸件的变形

铸件在固态收缩阶段若收缩受阻，便在铸件内部产生内应力，称为铸造应力。它是铸件产生变形裂纹的主要原因。

1）热应力

热应力是由于铸件各部分冷却速度不同,以致在同一时间内铸件各部分收缩不一致,在铸件内部产生了相互制约的内应力。如图 5-6 所示。

图 5-6　热应力的形成

＋表示拉应力;－表示压应力

预防热应力的基本途径是尽量减少铸件各个部位间的温度差,使其均匀的冷却。为此,可将浇口开在薄壁处,使薄壁处铸型在浇注过程中的升温较厚壁处高,因而可补偿薄壁处的冷速快的现象。有时为增快厚壁处的冷速,还可在厚壁处安放冷铁。采用同时凝固原则可减少铸造内应力,防止铸件的变形和裂纹缺陷,又可免设冒口而省工省料。其缺点是铸件心部容易出现缩孔或缩松。

2）机械应力

铸件在凝固收缩时受到铸型或型芯的机械阻碍而形成的内应力称为机械应力。如图 5-7 所示。机械应力一般使铸件产生拉应力、剪应力。这种应力是暂时的,铸件经开箱和清理型芯后,应力可以消失。但机械应力在铸型中能与热应力相叠加,如与热应力同向,则会增加内应力值,产生裂纹。

3）铸件的变形与防止

由于铸造热应力的存在,铸件将以变形的方式自动缓解和消除这种内应力。显然,只有原来受拉伸部分产生压缩变形,受压缩部分产生拉伸变形,才能使残余内应力减小或消除。如图 5-8 所示。

为了防止铸件变形,尽量减少铸件内应力,尽量使铸件壁厚均匀或形状对称,采用同时凝固的原则,使铸件各部分没有温差,或温差较小。还可采用反变形法,预先将模样做成与铸件变形相反的形状,来补偿铸件的变形。还可在铸件上设置拉筋(也称防变形肋),来承受一部分应力,待铸件经热处理消除应力后,由将拉筋去掉。

实践证明,尽管变形后铸件的内应力有所减缓,但并未彻底去除,这样的铸件经机械加工之后,由于内应力的重新分布,还将缓慢的发生微量变形,使零件丧失了应有的精确度。为此,对于不允许发生变形的重要机件必须进行时效处理。

自然时效是将铸件置于露天场地半年以上,使其缓慢的发生变形,从而使内应力消除。人工时效是将铸件加热到 $550\sim650℃$ 进行去应力退火。时效处理宜在粗加工之后进行,以便将粗加工所产生的内应力一并消除。

图 5-7　机械应力　　　　　图 5-8　车床床身挠曲变形示意图

4) 铸件的裂纹与防止

当铸件中的内应力超过金属的强度极限时,便会产生裂纹。裂纹是铸件的严重缺陷,多使铸件报废。

(1) 热裂。热裂是在凝固末期高温下形成的裂纹。其形状特征是裂纹短,缝隙宽,形状曲折,缝内金属呈氧化色(黄紫色)。热裂是铸钢和铸铝合金件常见的缺陷。

为了防止热裂的产生,要严格控制硫含量,选取收缩率小的合金。铸体结构设计合理,可以减少内应力。提高型砂和芯砂的退让性。

(2) 冷裂。冷裂是在低温下形成的裂纹。其形状特征是裂纹细小,呈连续直线状,缝内干净,有时呈轻微氧化色。

冷裂常出现在形状复杂共建的受拉伸部位,特别是应力集中处(如尖角、孔洞类缺陷附近)。不同铸造合金的冷裂倾向不同。如塑性好的合金,可通过塑性变形使内应力自行缓解,故冷裂倾向小;反之,脆性大的合金较易产生冷裂,

为防止铸件的冷裂,除应设法降低内应力外,还应控制钢铁中的含磷量。如铸钢的含磷量大于 0.1%,铸铁的含磷量大于 0.5%,因冲击韧性急剧下降,冷裂倾向将明显增加。此外,浇注之后,勿过早打箱。

5.2　砂型铸造

砂型铸造是传统的铸造方法,是适用于各种形状、大小、批量及各种合金铸件的生产。掌握砂型铸造是合理选择铸造方法和正确设计铸件的基础。砂型铸造是将液态金属烧注到砂型型腔内,从而获得铸件的生产方法。铸件从砂型内取出时,砂型便被破坏。所以,砂型铸造又称一次性铸造,俗称翻砂。

5.2.1　造型方法的选择

制造铸型的工艺过程称为造型。造型是砂型铸造最基本的工序,造型方法的选择是否合理,对铸件质量和成本有着重要的影响。由于手工造型和机器造型对铸造工艺的要求有着明显的不同,在许多情况下,造型方法的选定是制订铸造工艺的前提,因此,先来研究造型方法的选择。

5.2.1.1　造型材料

用来制造砂型和砂芯的材料统称为造型材料。如图 5-9 所示。用于制造砂型的材料称为型砂；用于制造型芯的材料称为芯砂。型（芯）砂的质量直接影响着铸件的质量，其质量不好会使铸件产生气孔、砂眼、粘砂和夹砂等缺陷。由于型（芯）砂的质量问题而造成铸件废品约占铸件总废品的 50% 以上。

铸造时，根据合金种类、铸件大小、形状等不同，选择不同的型砂、芯砂配比。如铸钢件浇注温度高，要求高的耐火度，选用较粗的 SiO_2 含量较高的石英砂；而铸造铝合金、铜合金时，可以选用颗粒较细的普通原砂。对于芯砂，为了保证足够的强度和透气性，其黏土、新砂加入量要比型砂高。

图 5-9　套筒的砂型铸造过程

5.2.1.2　手工砂型造型

1）手工造型常用的砂箱及工具

（1）砂箱。砂箱是长方形、方形或圆形的坚实框子，有时根据铸件结构，做成特殊形状。砂箱的作用是牢固的固紧所捣实的型砂，以便于铸型的搬运及在浇注时承受液体金属的压力。砂箱可以用木料、铸铁、钢、铝合金制成。通常上箱和下箱组成一对砂箱，彼此之间有销子及销孔进行配合。如图 5-10 所示。

图 5-10　常用砂箱示意图
(a) 可拆砂箱；(b) 无档砂箱；(c) 有档砂箱

（2）造型工具。常用的工具及作用如图 5-11 所示。

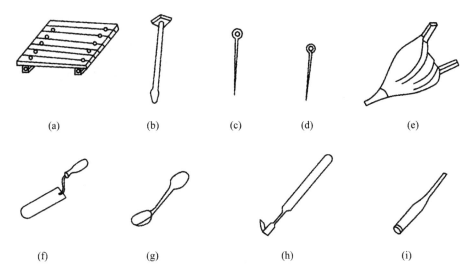

图 5-11　造型工具

（a）底板：放置模样用；（b）春砂锤：用尖头锤春砂，用平头锤打紧砂箱顶部的砂；（c）通气针：扎砂型通气孔用；（d）起模
针：比通气针粗，起模用；（e）皮老虎：用来吹去模样上的分型砂及散落在型腔中的散砂；（f）镘刀：修平面及挖槽用；
（g）秋叶：修的曲面用；（h）提钩：修的底部或侧面及钩出砂型中散砂用；（i）半圆：修圆柱形内壁和内圆角用

2）手工造型常用方法

砂型组成如图 5-12 所示。

图 5-12　砂型组成

按造型的手段，可以分为手工造型和机器造型两大类。手工造型，操作灵活，工艺装备简单，但生产效率低，劳动强度大，仅适用于单件小批量生产。手工造型的方法很多，可根据铸件的形状、大小和批量选择。常用的手工造型有整模造型、分模造型、挖砂造型、假箱造型、活块造型、三箱造型、刮板造型等几种方法。

（1）整模造型。把整体模型放在一个砂箱内，分型为平面，最大截面在一端，且为平面。下箱有型，上箱无型，所以铸件不会产生错型。操作造型简单，适用于形状简单的铸件，如盘类、盖类。其造型过程如图 5-13 所示。

（2）分模造型。模型沿最大截面处分为两半，选出的铸型型腔，一半位于上砂箱内，另一半位于下箱砂内。分模造型应用最广泛，其造型简单，便于下芯和安放浇注系统。如图 5-14 所示。

图 5-13　整模造型过程

(a) 造下型；填砂、舂砂；(b) 刮平、翻箱；(c) 造上型、扎气孔、做泥号；(d) 起模、开浇道；(e) 合型；(f) 落砂后带浇道的铸件

图 5-14　套筒的分模造型过程

(a) 造下型；(b) 造上型；(c) 起模；(d) 开浇道、下芯；(e) 合型；(f) 带浇道的铸件

（3）挖砂造型。如果铸件的外形轮廓为曲面或阶梯面，其最大截面亦是曲面，由于条件所限，模型不便分成两半时，常采用挖砂造型。如图 5-15 所示为手轮的挖砂造型过程。挖砂造型时，每造一型需挖砂一次，操作麻烦，生产率低，要求操作技术水平高。挖砂时应注意，必须要挖到模型的最大截面，位置要恰当，否则就会在分型面产生毛刺，影响铸件的外形和尺寸精度。此方法仅用于形状较复杂铸件的单件生产。

（4）假箱造型。挖砂造型生产的铸件有一定批量时，为了避免每型挖砂，可采用假箱造型。其过程如图 5-16 所示。先预制好一半型，其上承托模样，用其造下型，然后在此下型上再造上型。开始预制的半型不用来浇注，故称假箱。假箱一般是用强度较高的型砂制成，舂的比铸型硬。假箱造型可免去挖砂操作，提高造型效率。当数量较大时，可用木料制成成型底板代

图 5-15　手轮的挖砂造型过程

(a) 造下型；(b) 翻下型、挖修分型面；(c) 造上型、开型、起模；(d) 合型；(e) 带浇道的铸件

图 5-16　假箱造型

(a) 模样放在假箱上；(b) 造下型；(c) 翻下型待造上型

替假箱。

(5) 活块造型。模样上可拆卸或活动的部分叫活块。为了起模方便,将模样上有妨碍起模的部分,如图 5-17 所示的小凸台,做成活动的。活块与模样用销子或燕尾连接。起模时,先将模样主体取出,再将留在铸型内的活块单独取出,其过程如图 5-17 所示。活块造型,要求造型特别细心,操作技术水平高,生产率低,质量也难以保证。

(6) 三箱造型。用三个砂箱制造铸型的过程称为三箱造型。有些铸件,两端截面大于中间截面,这时其最大截面为两个,造型时,为了方便起模,必须有两个分型面,如图 5-18 所示。其特点是:中型的上、下两面都是分型面,且中箱高度与中型的模样高度相近。此方法较复杂,生产率较低,适用于两头大、中间小的、形状复杂且不能用两箱造型的铸件。

(7) 刮板造型。制造尺寸大于 500mm 的回转体或等截面形状的铸铁时(如弯管、带轮等),若生产数量很少,为节省制造实体模型所需大材料和工时,可用与铸件截面形状相应的刮板来造型,这种造型方法称为刮板造型。刮板分为绕轴线旋转及沿导轨往复移动两类。图 5-19 为带轮铸件刮板造型。

刮板造型的模型简单,节省木料,但造型生产率低,要求操作技术水平较高,所以只适用于单件,生产尺寸较大的旋转体或等截面铸件。

图 5-17 活块造型

(a) 造下型、拔出钉子;(b) 取出模样主体;(c) 取出活块

图 5-18 三箱造型

(a) 造下型;(b) 造中型;(c) 造上型;(d) 取模;(e) 合箱

图 5-19　带轮刮板造型
（a）带轮；（b）刮板；（c）造型；（d）合型

5.2.1.3　机器造型

在成批大量生产,应采用机器造型,将紧砂和起模过程机械化。与手工造型相比,机器造型生产效率高,铸件尺寸精度高,表面粗糙度低。但设备及工艺装备费用高,生产准备时间长。机器造型按紧实方式分震压式造型、高压造型、空气冲击造型等。图 5-20 为水管接头机器造型的示意图。

图 5-20　水管接头机器造型过程
（a）水管的下模板；（b）造好的下型；（c）置型；（d）填砂、震实；（e）压实；（f）起模

机器造型的特点是生产效率高,铸件质量稳定可靠,同时可以降低工人的劳动强度,便于实现机械化流水线生产,是目前铸造生产中的主要方法。但机器造型不能进行三箱造型或使

用活块造型。所以机器造型主要用于两箱造型,上、下型有各自的模板,在两台机器上分别造型,然后合型。

5.2.2　铸造工艺图

铸造生产的第一步是根据零件结构的特点,技术安装等,确定其铸造工艺,并绘制铸造工艺图。铸造工艺图是指导模样和铸型的制造,进行生产准备和铸造验收的依据,是铸造生产的基本工艺文件。图中主要表示出,铸件的浇注位置、分型面、型芯的数量、形状、尺寸及固定方法、机械加工余量、拔模斜度、收缩率、浇冒口、冷铁的尺寸及位置等。

5.2.2.1　浇注位置的选择

浇注位置是指浇注时铸件在铸型中所处的位置(不是浇冒口所处的位置)。浇注位置正确与否对铸件质量影响很大,注意以下原则。

(1) 铸件的重要表面应朝下或侧面。在浇注过程中,因为液态金属密度大,使铸型中散落的砂,液态金属中的渣、气体往上浮,所以铸件朝上的表面易产生砂眼、气孔、夹渣等缺陷。为保证铸件上重要表面的质量,应将其朝下安置,如有困难,也应位于侧面。若铸件上有多个加工表面时,应将其中较大的面朝下。

图 5-21　车床床身铸件
的浇注位置

如图 5-21 所示为车床床身铸件的浇注位置。由于床身导轨面是关键表面,不容许有明显的表面缺陷而且要求组织致密,因此通常都将导轨面朝下浇注。

(2) 铸件的大平面应朝下。浇注时,铸型下部除缺陷较少外,下部不易产生夹砂缺陷。夹砂的产生:浇注过程中,高温液态金属对型腔上表面有强烈的热辐射,有可能使型腔上表面的型砂因急剧的热膨胀而拱起或开裂,使铸件产生"夹砂"缺陷。平板、圆盘类铸件,使大平面朝下。

(3) 铸件上壁薄而大的平面应朝下或垂直、倾斜,有利于金属液充满型腔,以防止产生冷隔、浇不足缺陷。图 5-22 为油盘铸件的合理浇注位置。

图 5-22　油盘铸件的浇注位置

(4) 容易产生缩孔的铸件或铸件的厚大部分应放在上面,以保证铸件自下而上的顺序凝固,保证液态金属的补缩。图示 5-23 为铸钢卷扬筒,浇注时厚端放在上部是合理的;反之,若厚端放在下部,则难以补缩。

图 5-23　卷扬筒的
浇注位置

5.2.2.2　分型面的选择

分型面是指上、下铸型相互接触的表面(分界面),在确定铸件分型面的同时,实际上就确定了铸件在砂箱中的位置(即浇注位置)。所以,分型面的选择对铸件的质量和整个生产过程影响很大,是铸造工艺是否合理的关键问题之一。分型面的选择原则如下:

(1) 尽量使铸件全部或大部分放在同一砂箱中。这是为了防止错箱,为了便于下芯,检查型腔尺寸和合箱,最好放在下箱。

（2）应使铸件的加工基准面处于同一砂型中。图 5-24 所示为管子堵头分型面的选择,铸件加工是以上部四方头中心线为基准,加工外螺纹。若四方头与带螺纹的外圆不同心,就会给加工带来困难,甚至无法加工。

图 5-24 管子堵头分型面的选择　　　　图 5-25 用环状型芯减少分型面

（3）应尽量使分裂面平直,数量少,避免不必要的活块和型芯等,以便于起模,使造型工艺简化。图 5-25 为绳轮铸件,采用环状型芯可将两个分型面(小批量生产时用三箱造型)减为一个,进行机器造型。图 5-26 为支架分型方案,本方案是避免活块的例子。若按图中方案Ⅰ,则凸台需要四个活块,而下部两活块的部位较深,取出有困难。若改用方案Ⅱ,活块可省略,在 A 处挖砂即可。

图 5-26 支架的分型方案

（4）尽量使型腔及主要型芯位于下型,以便造型、下芯、合型、检验铸件壁厚。但下型型腔不宜过深,并应尽量避免使用吊芯和大的吊砂。图 5-27 为机床支柱的分型方案。方案Ⅰ和Ⅱ同样便于下芯时检查铸件的壁厚,防止产生偏芯缺陷,但方案Ⅱ的型腔及型芯大部分位于下型,这样便减少了上箱的高度,有利于起模及翻箱,故较为合理。

浇注位置和分型面的选择原则,对于某个具体铸件来说难以同时满足,有时甚至是相互矛盾的,因此必须抓住主要矛盾。对于质量要求很高的重要铸件,应以保证质量的浇注位置为

图 5-27 机床支柱的分型方案

主,在此前提下,再考虑简化造型工艺。对于质量要求一般的铸件,则应以简化铸造工艺,提高经济效益为主,不必过多考虑铸件的浇注位置,仅对朝上的加工表面留较大的加工余量即可。

5.2.2.3　工艺参数的确定

为了绘制铸造工艺图,在铸造工艺方案初步确定之后,还必须选定铸件的机械加工余量、起模斜度、收缩率、型芯头尺寸等工艺参数。

1) 铸造收缩率

由于铸体在冷却、凝固时都要产生收缩,铸件冷却后各部分尺寸要缩小,为了保证冷至室温的铸件尺寸符合要求,模样的尺寸应比铸件放大一个收缩量(即相应增大型腔尺寸),铸件收缩率的大小随合金种类和铸件结构、尺寸、形状而不同。

在铸件冷却过程中线收缩不仅受到铸件和型芯的机械阻碍,同时还受到铸件各部分之间的相互制约。因此,铸件的实际线收缩率除随合金的种类而异,还与铸件的形状、尺寸有关。一般灰铸铁收缩率 0.7%～1.0%,铸钢为 1.3%～2.0%,铝硅合金为 0.8%～1.2%。

2) 加工余量

铸件为进行机械加工而余留的尺寸称为机械加工余量。加工余量必须认真选择,余量过大,切削加工费工,浪费材料,增加加工成本。加工余量过小,制品会因残留黑皮而报废,或者,因铸件表层过硬而加速刀具磨损。

机械加工余量的具体数值取决于铸件生产批量、合金的种类、铸件的大小、加工面与基准面的距离及加工面在浇注时的位置等。机器造型铸件精度高,余量小;手工造型误差大,余量应加大。灰铸铁表面平整,加工余量小;铸钢件表面粗糙,加工余量应加大。铸件的尺寸越大或加工面与基准面的距离越大,加工余量也应随之加大。表 5-2 列出灰铸铁的机械加工余量。

表 5-2　灰铸铁的机械加工余量

铸件最大尺寸/mm	浇注时位置	加工面与基准面的距离/mm					
		<50	50～120	120～260	260～500	500～800	800～1 250
<120	顶面	3.5～4.5	4.0～4.5	—	—	—	—
	底面、侧面	2.5～3.5	3.0～3.5				
120～260	顶面	4.0～5.0	4.5～5.0	5.0～5.5	—	—	—
	底面、侧面	3.0～4.0	3.5～4.0	4.0～5.5			
260～500	顶面	4.5～6.0	5.0～6.0	6.0～7.0	6.5～7.0	—	—
	底面、侧面	3.5～4.5	4.0～4.5	4.5～5.0	5.0～6.0		
500～800	顶面	5.0～7.0	6.0～7.0	6.5～7.0	7.0～8.0	7.5～9.0	—
	底面、侧面	4.0～5.0	4.5～5.0	4.5～5.0	5.0～6.0	6.5～7.0	
800～1 250	顶面	6.0～7.0	6.5～7.5	7.0～8.0	7.5～8.0	8.0～9.0	8.5～10
	底面、侧面	4.0～5.5	5.0～5.5	5.0～6.0	5.5～6.0	5.5～7.0	6.5～7.5

注:加工余量数值中下限用于大批量生产,上限用于单件小批量生产。

3) 起模斜度

为了便于造型和造芯时的起模和取芯,在模样的起模方向上需留有一定的斜度,这个在铸造工艺设计时所规定的斜度称为起模斜度。

　　起模斜度的大小取决于立壁的高度、造型方法、模样材料等因素,通常为 $15'\sim3°$。立壁越高,斜度越小;机器造型应比手工造型小,而木模应比金属模斜度大。为使型砂便于从模样内腔中脱出,以形成自带型芯,内壁的起模斜度应比外壁大,通常为 $3°\sim10°$。如图 5-28 所示。

图 5-28　起模斜度　　　　　　　　　图 5-29　型芯头的构造

　　4) 型芯头

　　型芯头位于型芯的端部,其作用是便于型芯定位、固定。型芯头按照其在铸型中的位置分为垂直型芯头和水平型芯头两种,如图 5-29 所示。

　　型芯头的形状和尺寸,对型芯装配的工艺性和稳定性有很大影响。垂直型芯一般都有上、下芯头,但短而粗的型芯也可省去上芯头。芯头必须留有一定的斜度 α。下芯头的斜度应小些($5°\sim10°$),上芯头的斜度为便于合箱应大些($6°\sim15°$)。水平芯头的长度取决于型芯头直径及型芯的长度。悬臂型芯头必须加长,以防合箱时型芯下垂或被金属液抬起。

　　芯头与芯头座之间留有一定间隙 S(1～4mm),以便于铸型装配。

　　5) 最小铸出孔及槽

　　零件上的孔、槽、台阶等,究竟是铸出来好还是靠机器加工好? 应从质量及节约方面全面考虑。一般来说,较大的孔、槽等,应铸出来,以便节约金属和加工工时,同时还可避免铸件的局部过厚所造成的热节,提高铸件质量。较小孔、槽,或者铸件壁很厚,则不宜铸孔,直接依靠加工反而方便。有些特殊要求的孔,如弯曲孔,无法实行机械加工,则一定要铸出。可用钻头加工的受制孔(有中心线位置精度要求)最好不铸,铸出后很难保证铸孔中心位置准确,再用钻头扩孔无法纠正中心位置。表 5-3 为最小铸出孔的数值。

表 5-3　铸件的最小铸出孔

产生批量	最小铸出孔直径/mm	
	灰铸铁件	铸钢件
大量生产	12～15	
成批生产	15～30	30～50
单件、小批量生产	30～50	50

5.3 铸件结构设计

进行铸件结构设计时,不仅要考虑满足铸件的使用性能,还要考虑铸件工艺和合金铸件性能对铸件结构的要求。良好的铸件结构是指在满足使用要求的前提下,能高效率、低成本的方法制造。其中还应考虑到铸件生产的批量,铸造方法,铸件大小,加工及装配。铸件结构是否合理,即铸件结构工艺性是否良好。当产品是大批量生产时,则应使所设计的铸件结构便于采用机器造型;当产品是单件、小批生产时,则应使所设计的铸件尽可能在现有条件下生产出来。

5.3.1 砂型铸造工艺对结构设计的要求

在设计一个铸件的外形和内腔时,应尽量使制模、造型、造芯、合箱和清理等过程简化,节省工时,防止缺陷,应注意以下几个原则。

(1) 减少和简化分型面。尽可能采用一个分型面,两箱整模造形。减少分型面,不仅可以减少砂箱数量,降低造型工时消耗,而且可以减少错箱、偏芯等缺陷,提高铸件尺寸精度。分型面最好是一个简单的平面,使制模、造型工艺简化。图 5-30(a)为不合理结构,图 5-30(b)为取消上部法兰凸缘,使铸件仅有一个分型面,为合理结构,并可采用机器造型。

(a)　　　　　　　　(b)

图 5-30　端盖铸件

(2) 铸件外形应力求简单。铸造结构应尽量减少型芯数量,并尽可能避免使用活块,不仅使生产工艺过程简化,还可以避免多种铸造缺陷。如图 5-31～图 5-33 中,(a)均为不合理结构,(b)均为合理结构。图 5-34 中(a)、(c)为不合理结构,(b)、(d)为合理结构。

(a)

(b)

图 5-31　悬臂支架

CD剖面　　　　AB剖面

(a)　　　　　　(b)

图 5-32　铸件的两种结构比较

(3) 应有一定的结构斜度。一般铸件上垂直分型面的不加工表面,最好具有结构斜度,以便于起模。结构斜度的大小与铸件的垂直壁高有关。

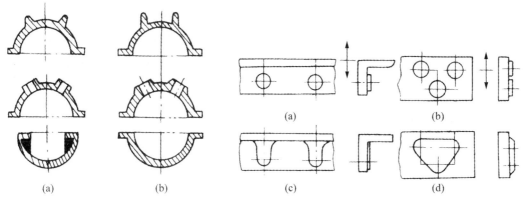

图 5-33 避免活块的设计   图 5-34 凸台的设计

（4）铸件结构必须考虑型芯装配的稳定性，排汽的可能性和铸件的清理、以避免偏芯、汽孔等缺陷。型芯通常靠芯头来固定，如果仅靠芯头支撑不能稳固时，需要采用辅助支撑。如图5-35所示为轴承支架铸件，为获得图中的空腔需要采用两个型芯［图(a)］，若按图(b)改进设计，是两个空腔连通，则只需一个型芯。它的固定可靠，型芯装配简便，易于排气，易于清砂。图 5-36(a)这种结构使型芯的固定、排气和以后型芯砂的清除都不便，在不影响零件工作要求的前提下，应将结构改成开式或增设适当数量的工艺孔(b)图，假如零件上不允许留有此孔，则在机加工时用螺钉堵塞，对于铸钢件也可用钢板焊死。

(a)   (b)

图 5-35 轴承支架

(a)   (b)

图 5-36 增设工艺孔的铸件结构

5.3.2 合金铸造性能对铸件结构设计的要求

合金的铸造性能所涉及的主要问题是铸件的质量。铸件结构设计时，必须充分考虑适应合金的铸造性能。否则，易产生缩孔、缩松、变形、裂纹、冷隔、浇不足、气孔等缺陷，造成铸件很高的废品率。设计时，应依据如下原则。

5.3.2.1 铸件壁厚要合理

铸件的壁厚首先要根据使用要求设计,但从合金的铸造性能来分析,则铸件的壁既不能太薄,也不能宜过厚。铸件壁太薄,金属液注入铸型时冷却过快,易产生冷隔、浇不足、变形、裂纹。铸件壁太厚,易产生缩孔、缩松缺陷,且浪费材料。表5-4为一般砂型铸造条件下铸件的最小壁厚;表5-5为铸铁件外壁、内壁和加强肋的厚度。

表5-4 砂型铸造条件下铸件的最小壁厚 单位:mm

铸件尺寸	铸钢	灰铸铁	球墨铸铁	可锻铸铁	铝合金	铜合金
<200×200	8	4~6	6	5	3	3~5
200×200~500×500	10~12	6~10	12	8	4	6~8
>500×500	15~20	15~20	—	—	6	—

表5-5 灰口铸铁件壁厚的参考值

铸件质量 /kg	铸件最大尺寸 /mm	外壁厚度 /mm	内壁厚度 /mm	筋的厚度 /mm	零件举例
<5	300	7	6	5	盖、拨叉、轴套、端盖
6~10	500	8	7	5	挡板、支架、箱体、门、盖
11~60	750	10	8	6	箱体、电机支架、溜板箱、托架
61~100	1 250	12	10	8	箱体、油缸体、溜板箱
101~500	1 700	14	12	8	油盘、皮带轮、镗模架
501~800	2 500	16	14	10	箱体、床身、盖、滑座
801~1 200	3 000	18	16	12	小立柱、床身、箱体、油盘

5.3.2.2 铸件壁厚应均匀

铸件各部分壁厚若相差太大,则在厚壁处易形成金属积聚的热节,凝固收缩时在热节处易形成缩孔、缩松等缺陷。此外,因冷却速度不同,各部分不能同时凝固,易形成热应力,并有可能使壁厚与薄壁处产生裂纹。如图5-37(a)所示为不合理结构,图(b)为合理结构。

图5-37 顶盖的设计

5.3.2.3　铸件壁的连接应合理

铸件壁的连接处和转角处是铸件的薄弱环节,在设计时要防止金属液的积聚和内应力的产生,应考虑如下问题:

(1)铸件壁的连接处或转角处应有结构圆角。如图 5-38 所示,(a)为不合理结构,(b)为合理结构。铸件圆角的大小必须与壁厚相适应。

(2)避免交叉和锐角连接。为减少热节,避免铸件产生缩孔、缩松现象。铸件壁或肋的连接尽量避免交叉,中小型铸件可考虑将交点错开,大件则以环形接头为宜,如图 5 39 所示。

不合理　　许可　　合理

图 5-38　铸件的转解结构

图 5-39　铸件接头结构
(a)交错接头;(b)环状接头;(c)两壁夹角小于 90°的连接

(3)厚壁与薄壁的连接要逐步过渡。为了减少应力集中,防止铸件产生裂纹,在设计时应使用不同壁厚间逐步过渡,避免壁厚的突变。

(4)避免收缩受阻。在铸件结构设计时,当铸件收缩较大而收缩又受阻时,会产生较大的内应力,甚至产生裂纹,因此在铸件结构设计时,可考虑让结构微量变形来减少收缩阻力,从而缓解内应力。图 5-40(a)为直条形偶数对称轮辐,结构简单,制造简便,但若合金收缩较大时,轮辐的收缩力互相抗衡,易裂;图(b)、(c)为合理结构,主要是借助轮轴或轮缘的微量变形来自行减小应力。

(a)　　　　　(b)　　　　　(c)

图 5-40　轮辐的设计

5.3.2.4　铸件应尽量避免过大的平面

铸件有大的水平面,不利于液体金属的填充,气体和非金属夹杂物上浮后容易滞留,使铸件表面质量差。图 5-41 若改为(b)图浇注时,金属液沿斜壁上升,能顺利地将气体和非金属夹杂物带出,同时,金属液的上升流动使铸件不易产生浇不足等缺陷。

图 5-41 防止大平面的设计

5.4 特种铸造

除砂型铸造外,其后所有的铸造方法统称特种铸造。砂型铸造具有很多优点:能生产各种形状和尺寸的铸件,适应不同类型的铸造合金,具有较大的灵活性。但也存在不少缺点:铸件表面粗糙度大,尺寸精度不高,加工余量大,工艺过程复杂,一个砂型只能用一次,生产率低,劳动强度大,质量不易控制。为了克服以上缺点,适应各种铸件的生产需要,特种铸造的方法已经发展到几十种,本节介绍常用特种铸造。

5.4.1 熔模铸造

熔模铸造是一种精密铸造方法。它是用易熔材料(蜡料及塑料等)先制成模型,然后用造型材料将其包住,经过硬化,成一个整体形壳,加热型壳将内部蜡模熔化,得到中空的型壳,从而获得无分型面的铸型,又称为失蜡铸造。

5.4.1.1 熔模铸造的工艺过程

熔模铸造的工艺过程如图 5-42 所示。

图 5-42 熔模铸造工艺过程

(a) 压型;(b) 注蜡;(c) 单个蜡模;(d) 蜡模组;(e) 结壳;(f) 脱蜡、焙烧;(g) 填砂、浇注

1) 母模

母模是制造蜡模的模具,外形即为铸件的形状。其尺寸精度、表面质量直接决定蜡模的质量,从而影响铸件的质量。

2) 压型

压型是用来制造蜡模的特殊铸型。其内腔形状与铸件相对应,压型的材料有非金属(石膏、水泥、塑料)和金属(锡、铝、钢)两类,前者制作简单,寿命短,用于小批量生产,后者成本高、周期长,使用寿命长,用于大批量生产。

3) 蜡模的压制

蜡模材料是由石蜡、松蜡、蜂蜡、硬脂酸等配制而成,最常用的是 50% 石蜡和 50% 硬脂酸配成的模料,熔点 50～60℃,将熔化成糊状的蜡料挤入压型中,待凝固后取出,修光毛边,获得单个蜡模。为了方便后续工序,及一次浇注多个铸件,常把若干个蜡模焊接到预先制成的蜡棒上,制成蜡模的组合体。

4) 制壳

制壳包括结壳和脱蜡。结壳就是在蜡模组上涂挂耐火材料层,制成具有一定厚度的耐火硬壳。首先用黏结剂(水玻璃)和石英粉配成涂料,将蜡模组浸挂涂料后在其表面撒上一层硅砂,然后放入硬化剂(多为氯化铵溶液)中,利用化学反应生成的硅酸溶胶将砂粒粘牢并硬化。将其浸泡到 90～95℃ 的热水中,蜡模熔化而流出,就可得到一个中空的型壳。

5) 造型和焙烧

为了防止型壳在浇注时变形或破裂,有时还需要造型,即将型壳置于铁箱内,周围用干砂紧固,这个过程称为造型。浇注前造型必须放入 900～950℃ 的加热炉中进行焙烧,目的是将型壳中的残余蜡料、水分挥发,提高质量。

6) 浇注

将焙烧后的型壳趁热浇注,这样可以减缓金属液体冷却速度,提高充型能力,并防止冷型壳因骤热而开裂。铸件冷凝后,可进行脱砂、脱壳、表面清理和热处理(去应力)。

5.4.1.2　熔模铸造的特点及适用范围

(1) 铸件尺寸比较精确,表面光洁度高(精度为 IT14～11,表面粗糙度 R_a12.5～1.6μm),减少了切削加工量,甚至直接制得零件,节省材料。

(2) 适用于各种铸造合金(最常用的是铸钢件),适于铸造形状复杂的铸件,尤其是薄壁铸件。

(3) 熔模铸造设备简单,生产批量不受限制,主要用于大批量生产。不足之处就是工艺过程复杂,生产周期长,成本高,铸件尺寸不宜过大(蜡模不易做得太大,型壳强度不高)。

熔模铸造一般应用范围于汽轮机,涡轮发动机的叶片或叶轮,切削刀具以及飞机、汽车、拖拉机、风动工具和机床上的小型零件(从几十克到几千克,一般不超过 25kg)。

5.4.2　金属型铸造

用金属材料制成的铸型获得铸件的方法称金属型铸造。它是最大优点在于"一型多铸",一个金属铸型可以反复使用,省去了重复的造型工序,提高了生产效率。

5.4.2.1 金属型构造

金属型的结构主要取决于铸件的形状、尺寸,合金的种类及生产批量等。

按照分型面的不同,金属型可分为整体式、垂直分型式,水平分型式和复合分型式。其中,垂直分型式便于开设浇口和取出铸件,也易于实现机械化生产,所以应用最广。金属型的排气依靠出气口及分布在分型面上的许多通气槽。为了能在开型过程中将灼热的铸件从型腔中推出,多数金属型设有推杆机构。

图 5-43 铸造铝活塞简图
1、2—左右半型;3—底型;
4、5、6—分块金属型芯;7、8—销孔金属型芯

金属型一般用铸铁制成,也可采用铸钢。铸件的内腔可用金属型芯或砂芯来形成,其中金属型芯用于非铁金属件。为使金属型芯能在铸件凝固后迅速从内腔中抽出,金属型还常设有抽芯机构。对于有侧凹的内腔,为使型芯得以取出,金属型芯可由几块组合而成。图 5-43 为铸造铝活塞金属型典型结构简图,由图可见,它是垂直分型和水平分型相结合的复合结构,其左、右两半型用铰链相连接,以开、合铸型。由于铝活塞内腔存有销孔内凸台,整体型芯无法抽出,故采用组合金属型芯。浇注之后,先抽出 5。然后再取出 4 和 6。

5.4.2.2 金属型铸造的工艺特点

由于金属型的物理性质与砂型不同,为了保证铸件质量,提高金属型的寿命,必须根据铸造工艺特点,拟定正确的工艺规范。

(1) 保持铸型合理的工作温度。在浇注前必须对金属型预热,预热温度对合金能不能充满型腔及其冷却速度有很大影响。温度过低,铸件冷却太快,冷却不均匀,造成气孔、裂纹、浇不足等缺陷,使金属型寿命缩短。温度太高,不但降低金属型寿命,还使铸件的晶粒粗大,机械性能下降,产生缩孔、缩松、气孔等缺陷。一般有色金属铸件预热 100～250℃,铸铁件 250～350℃。

(2) 开型时间。金属型没有退让性,铸件宜早些从型中取出。停留时间过久,铸件温度下降,收缩变大,易引起铸件开裂,且会卡住铸件。但停留时间过短,铸件强度较低,易变形。一般凭经验,根据停留时间来开型。如中小型铅铸件,浇注后 40～60s 即可开型。

(3) 喷刷涂料。金属型的型腔和金属型芯表面必须喷刷涂料。涂料可分衬料和表面涂料两种,前者以耐火材料为主,厚度为 0.2～1mm;后者为可燃物质(如灯烟、油类),每次浇注喷涂一次,以产生隔热气膜。

(4) 铸铁件壁厚不宜过薄。壁厚一般应大于 15mm,并控制铁液中的碳、硅总质量分数不高于 6%。采用孕育处理的铁液来浇注,对预防产生白口非常有效,对已产生的,应利用出型时的预热及时进行退火。

(5) 浇注温度。由于金属型冷却快,所以浇注温度比砂型高 20～30℃。

5.4.2.3　金属型铸造的特点及应用范围

金属型铸造实现"一型多铸",便于实现机械化和自动化生产,从而可大大提高生产率。同时,铸件的精度和表面质量比砂型铸造显著提高(尺寸精度 IT12～16,表面粗糙度值 R_a 为25～12.5μm)。由于结晶组织致密,铸件的力学性能得到显著提高,如铸铝件的屈服点平均提高20%。此外,金属型铸造还使铸造车间面貌大为改观,劳动条件得到显著改善。它的主要缺点是金属型的制造成本高、生产周期长。同时,铸造工艺要求严格,否则容易出现浇不足、冷隔、裂纹等铸造缺陷,而灰铸铁件又难以避免白口缺陷。此外,金属型铸件的形状和尺寸还有着一定的限制。

金属型铸造主要应用铜、铝合金、铸铁的大批量生产,如铝活塞、汽缸盖、油泵壳体、铜瓦、衬套、轻工业品等。

5.4.3　压力铸造

压力铸造是在高压的作用下,将液态或半液态金属,快速压入金属铸型中,并在压力下凝固而获得铸件的方法。压铸时所用压力一般为几至几十兆帕,充填速度 5～100m/s,充满型腔的时间极短 0.03～0.2s。高压、高温是压铸的两大特点,所以可降低浇注温度,甚至可用糊状金属进行压铸。

5.4.3.1　压力铸造的工艺过程

压铸是在压铸机上进行的,它所用的铸型称为压型。压型与垂直分型的金属型相似,其半个铸型是固定的,称为静型;另半个可水平移动,称为动型。压铸机上装有抽芯机构和顶出铸件机构。

压铸机主要由压射机构和合型机构所组成。压射机构的作用是将金属液压入型腔;合型机构用于开合压型,并在压射金属时顶住动型,以防金属液自分型面喷出。压铸机的规格通常以合型力的大小来表示。

图 5-44 为卧式压铸机的工作过程。

图 5-44　卧式压铸机的工作过程

(1) 注入金属。先闭合压型,将勺内金属液通过压室上的注液孔向压室内注入[图(a)]。
(2) 压铸。压射冲头向前推进,金属液被压入压型中[图(b)]。

（3）取出铸件。铸件凝固之后，抽芯机构将型腔两侧型芯同时抽出，动型左移开型，铸件则借冲头的前伸动作离开压室［图(c)］。此后，在动型继续打开过程中，由于顶杆停止了左移、铸件在顶杆的作用下被顶出动型［图(d)］。

为了制出高质量铸件，压型的型腔精度必须甚高、表面粗糙度要低。压型要采用专门的合金工具钢（如 3Cr2W8V）来制造，并需进行严格的热处理。压铸时，压型应保持 120～280℃ 的工作温度，并喷刷涂料。

在压铸件生产中有时采用镶嵌法。它是将预先制好的嵌件放入压型中，通过压铸使嵌件与压铸合金结合成整体。镶嵌法可制出通常难以制出的复杂件，还可采用其他金属或非金属材料制成的嵌件（图 5-44），以改善铸件某些部位的性能，如强度、耐磨性、绝缘性、导电性等，并使装配工艺大为简化。

5.4.3.2　压力铸造的特点和应用范围

压力铸造有如下优越性：

（1）尺寸精确，表面光洁，绝大多数压铸件不需进行机械加工即可进行装配，压力铸造是所有铸造成型方法中，精度最高的精密铸造。

（2）可压铸各种结构复杂、轮廓清晰的薄壁、深孔件，如螺纹、齿轮、小孔。这是由于压型精密，在高压下浇注，极大地提高了合金充型能力。

（3）铸件强度高，表面硬度高。因为铸件的冷却速度快，又是在压力下结晶，其表层结晶细密，强度比砂型铸造提高 20%～30%。

（4）压铸的生产效率较其他铸造方法均高。如我国生产的压铸机生产能力为 50～150 次/h，最高可达 500 次/h。

压铸虽是实现少、无屑加工非常有效的途径，但也存在有许多不足。

（1）设备投资大，压铸型制造费用高，周期长，适合定型产品，大批量生产。

（2）压铸速度高，型腔内气体极难排除，所以铸件内常有气孔影响内在质量，压铸件不宜进行热处理。

（3）压铸合金品种受限制，主要压低熔点合金。

（4）压铸件厚度受限制，不宜压铸厚壁铸件（气孔），一般应小于 6mm。

目前，压力铸造已在汽车、拖拉机、航空、兵器、仪表、电器、计算机、轻纺机械、日用品等制造业得到了广泛应用，如气缸体、箱体、化油器、喇叭外壳等铝、镁、锌合金铸件生产。

5.4.4　低压铸造

低压铸造是介于重力铸造（如砂型铸造、金属型铸造）和压力铸造之间的一种铸造方法。它是使液态合金在压力下，自下而上地充填型腔，并在压力下结晶，以形成铸件的工艺过程。由于所施加的压力较低（20～70kPa），所以称为低压铸造，如图 5-45 所示。

图 5-45　低压铸造

1—铸型；2—密封盖；3—坩埚；
4—金属液；5—升液管

5.4.4.1　低压铸造的工艺过程

低压铸造的基本原理如图 5-45 所示。铸型安置在密封的坩锅上,由浇口和密封盖上的升液管相连通,当坩锅内通入低压干燥的气体时,液体金属由升液管压入铸型,铸件凝固后,放掉坩锅内气体,多余的液态金属又回流入坩锅内的,最后开启铸型,取出铸件。

5.4.4.2　低压铸造的特点和应用范围

低压铸造有如下特点:

(1) 液体金属是自下而上平稳地充填铸型,型腔中液流的方向与气体排出的方向一致,因而避免了液体金属对型壁和型芯的冲刷作用,以及避免卷入气体和氧化夹杂物,从而防止了铸件产气孔和非金属夹杂物等铸造缺陷。

(2) 由于省去了补缩冒口,使金属的利用率提高到 90%～98%。

(3) 由于提高了充型能力,有利于形成轮廓清晰、表面光洁的铸件,这对于大薄壁件的铸造尤为有利。

(4) 减轻劳动强度,改善劳动条件,且设备简易,易实现机械化和自动化。

目前,低压铸造主要用于生产铝、镁合金铸件,如气缸体、缸盖及活塞等形状复杂、要求高的铸件。

5.4.5　离心铸造

将液态金属浇入高速旋轮的铸型中,使金属液态离心力作用下充满铸型并凝固成型,称为离心铸造。铸型在离心铸造机上作高速旋转,根据转轴位置,离心铸造机有立式和卧式两种。如图 5-46 和图 5-47 所示。

图 5-46　立式离心铸造示意图
1—浇包;2—铸型;3—液体金属;4—带轮和带;
5—旋转轴;6—铸件;7—电动机

图 5-47　卧式离心铸造示意图
1—浇包;2—浇注槽;3—铸型;
4—液体金属;5—端盖;6—铸件

离心铸造有以下几个优点:

(1) 铸件组织致密,无缩孔、缩松、气孔和夹渣等缺陷,机械性能好。这是因为在离心力作用下,金属中的气体、熔渣等夹杂物因密度小,均集中在内表面,铸件从外向内顺序凝固,补缩条件好。

(2) 铸造中空铸件时,可不用型芯和浇注系统,大大简化生产过程,节约了金属。

（3）在离心力作用下，金属液的充型能力得到提高，可以浇注流动性较差的合金铸件和薄壁铸件，如涡轮、叶轮等。

（4）便于铸造双金属铸件，如钢套镶铜轴承等，其结合面牢固、耐磨，可节约贵重合金。

离心铸造的缺点是铸件易产生偏析，内孔不准确，内表面较粗糙。

5.1 支座铸造工艺设计

5.1.1 任务目的

（1）掌握砂型铸造的工艺过程及工艺要点。

（2）培训选择典型铸造方法的能力。

（3）练习会画简单铸件的铸造工艺简图。

5.1.2 任务指导

如图 5-48 所示支座为一支撑件，没有特殊质量要求的表面，在制订工艺方案时，不必考虑浇注位置要求，主要着眼于工艺上的简化。支座虽属简单件，但底板上 4 个 Φ10mm 孔的凸台及两个轴孔的内凸台可能妨碍起模。同时，轴孔如若铸出，还必须考虑下芯的可能性。

该件可供选择的分型面主要是：

（1）方案Ⅰ。沿底板中心线分型，即采用分模造型。其优点是底面 110mm 凹槽容易铸

图 5-48 支座

出,轴孔下芯方便,轴孔内凸台不妨碍起模。缺点是底板上四个凸台必须采用活块,同时,铸件易产生错型缺陷,飞翅清理的工作量大。此外,若采用木模,加强筋处过薄,木模易损坏。

(2) 方案Ⅱ。沿底面分型,铸件全部位于下箱,为铸出 110mm 凹槽必须采用挖砂造型。方案Ⅱ克服了方案Ⅰ的缺点,但轴孔内凸台妨碍起模,必须采用两个活块或下型芯。当采用活块造型时,Φ30mm 轴孔难以下芯。

(3) 方案Ⅲ。沿 110mm 凹槽底面分型。其优缺点与方案Ⅱ类同,仅是将挖砂造型改用分模造型或假箱造型,以使用不同的生产条件。

可以看出,方案Ⅱ、Ⅲ的优点多于方案Ⅰ。但在不同生产批量下,具体方案可选择如下:

(1) 单件、小批量生产。由于轴孔直径较小、无需铸出,而手工造型便于进行挖砂和活块造型,此时依靠方案Ⅱ分型较为经济合理。

(2) 大批量生产。由于机器造型难以使用活块,故采用型芯制出轴孔内凸台。同时,应采用方案Ⅲ从 110mm 凹槽底面分型,以降低模板制造费用。

图 5-49 为其铸造工艺图,由图可见,方型芯的宽度大于底板,以便使上箱压住该型芯,防止浇注时上浮。若轴孔需要铸出,采用组合型芯即可实现。

收缩率: 1%
非加工表面起模斜度: 30′~1°

图 5-49　支座的铸造工艺图

5.2　插齿机刀轴蜗轮工艺分析

5.2.1　任务目的

(1) 掌握分型面、浇注位置、工艺参数等的正确选择。
(2) 熟悉铸件的结构工艺性,培训选择典型铸件铸造方法的能力。

5.2.2　任务指导

以插齿机刀轴蜗轮为例,进行工艺分析。

5.2.2.1　生产批量

大批生产。

图 5-50　插齿机刀轴蜗轮工艺图

5.2.2.2　技术要求

1）材质

材质采用耐磨铸铁。

2）结构特点

如图 5-50 所示为筒类铸件。最大直径 Φ215mm，长 260mm，主要壁厚 30mm，铸件质量 48kg。

3）使用要求

（1）蜗轮的齿部是与材质为 20Cr 的蜗杆啮合，要求精度保持性好，且耐磨。

（2）内径 Φ165mm 和外径 Φ205mm 的圆柱面为滑动摩擦面，要求表面粗糙度低（R_a 0.63～0.32mm），因此铸件必须组织致密，硬度均匀、耐磨，不允许有任何铸造缺陷。

5.2.2.3　铸造工艺方案的选择

1）分型面的选择

（1）分型面选在蜗轮的一侧上（图 5-50，I），采用此方案时，造型、下芯均比较方便，但存在两个缺点：首先，其内浇道必然开在蜗轮的轮缘上；此外，其组织不致密，硬度不均匀，耐磨性不好，也容易产生错型缺陷。

（2）沿中心线水平分型（图 5-50，II），此时造型、下芯更为方便。浇注系统可另行设计，以确保铸件内部质量。

2）浇注位置的选择

（1）水平浇注。用此方案时铸件上部的质量较差，易产生砂眼、气孔、夹渣等缺陷，且组织不致密，耐磨性差。

（2）垂直浇注。如图 5-50 所示，采用反雨淋式浇口，垂直浇注。由于浇注系统的撇渣效果好，气体易于排除，铁液上升平稳，因而铸件不易产生夹渣、气孔等铸造缺陷，铸件的组织致密、均匀、耐磨性良好。

因此，选用了平做立浇、一型两件的工艺。采用机器造型。

5.2.2.4　主要工艺参数

（1）线收缩率：1%。

（2）加工余量：因零件的表面质量要求很高，加工工序多，所以加工余量比较大。具体数据为：顶面为 20mm，其余为 5mm。

项目小结

1． 不同合金其流动性不同。可以通过调整其影响因素，调节合金的流动性。合金的流动性越高,其充型能力越强,越有利于充型。否则,容易引起浇不足、冷隔等铸造缺陷。

2. 收缩是合金的固有属性,不能消除,但可控制。收缩使铸件的体积和尺寸变小,如果控制不当,容易使铸件产生缩孔、缩松、应力、变形、裂纹等铸造缺陷合金具有吸气性,控制和排气不当,将在铸件上产生气孔缺陷。

3. 手工造型根据铸型寿命、模样形式、使用砂箱情况分类。

4. 有别于砂型铸造的铸造方法统称为特种铸造。各种特种铸造方法有其特定的铸造机械、造型方法和适用范围。

5. 从保证铸件质量,便于造型制芯,简化铸造工艺出发,确定浇注位置与分型面。

6. 根据造型方法、合金种类、铸件大小以及浇注位置和分型面查表或根据经验确定机械加工余量、拔模斜度、铸造收缩率和最小铸出孔、槽等铸造工艺参数。

7. 结合给定铸件确定铸造工艺方案,绘出铸造工艺图。

8. 从简化铸造工艺过程出发设计铸件结构以便于拔模、减少和简化型芯、便于型芯固定和排气。

9. 从避免铸造缺陷的角度出发,铸件结构要适合合金铸造性能的要求,铸件应有合适的壁厚、壁与壁的连接应有过渡且为圆角连接、肋的布置应对称、避免水平方向出现大的平面。

项目习题

1. 铸造生产的特点是什么?举出 1~2 个生产、生活用品的零件是铸造生产的,并进行分析。

2. 合金的铸造性能有哪些?其影响因素是什么?

3. 简述影响充型能力的因素有哪些?

4. 何谓铸造应力?产生的主要原因是什么?

5. 为什么铸铁的收缩比铸钢小?铸铁与铸钢的收缩都分三个阶段吗,为什么?

6. 型砂、芯砂应具有哪些性能?若铸件表面比较粗糙,且带有难于清除的砂粒,试分析与型、芯砂的哪些因素有关。

7. 常用的手工造型有哪些?手工造型和机器造型各自的应用范围是什么?

8. 简述砂型铸造的生产过程。

9. 简述分型面的确定原则。

10. 铸造工艺参数主要包括哪些内容?

11. 简述铸件质量对铸件结构的要求。

12. 简述铸件工艺对零件结构的要求。

项目 6　锻压加工

知识目标

1. 了解塑性变形的实质和锻压的基本方法，锻压生产的特点及其应用，模锻的特点及应用，锻模的主要构成。

2. 理解金属的塑性变形对金属组织和性能的影响以及冷加工、热加工的特点，金属的锻造性能及其影响因素，板料冲压的特点和应用。

3. 掌握锻造比和锻造流线对锻件的影响，自由锻的基本工序和自由锻工艺规程的制订过程，自由锻零件的结构工艺性，板料冲压的基本工序和冲压零件的结构工艺性。

技能目标

1. 能分析金属的锻造性能及影响因素。

2. 能根据生产实际选择锻压方法。

3. 能制订简单零件的自由锻工艺规程。

4. 能分析冲压件的结构工艺性。

本项目导语

由于铸件的力学性能较低，难以达到一些重要零件的强度、韧性要求，所以力学性能要求高的零件往往采用锻压成形。锻压是对金属材料施加外力，使其产生塑性变形或分离，以获得一定形状、尺寸、性能的工件和毛坯的成形加工方法。锻压是锻造和冲压的总称，都属于压力加工方法。相对于铸造成形来说，锻压成形在加工过程中可压合缺陷，细化晶粒，使零件的力学性能提高，是金属材料不可或缺的毛坯制造工艺之一。

> 知识链接

6.1　金属塑性变形

6.1.1　金属塑性变形的实质

金属在外力作用下所发生的变形分为弹性变形阶段和塑性变形阶段。弹性变形阶段所受的外力较小,当外力停止作用后,金属的内应力随即消失,变形也消失,不能使零件或毛坯成型。当外力增大,金属的内应力超过该金属的屈服极限后,进入塑性变形阶段,即使外力停止作用,金属的变形也不消失,成为永久变形,可以用于成型加工。

理论上,在切应力的作用下,晶体的一部分与另一部分沿着一定的晶面产生相对滑移,从而造成单晶体的塑性变形。实际上,晶体的内部存在大量的位错,当受到切应力时,晶体内部的位错更容易沿滑移面运动,如图6-1所示,运动的结果就实现了整个晶体的塑性变形。

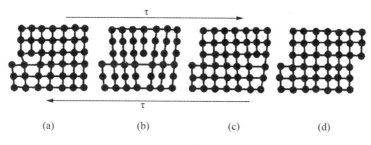

图6-1 晶体位错形态
(a) 未变形;(b,c) 位错运动;(d) 塑性变形

工业中实际使用的金属材料大多是多晶体。多晶体由形状大小不等的晶粒组成,相邻晶粒之间位向不同,多晶体内存在大量晶界。多晶体实际塑性变形可视为由各个晶粒内部滑移总和构成整体塑性变形。晶粒越细,晶界越多,位错运动阻力越大,强度越高;晶粒越细,塑性变形的分散越均匀,变形程度越高。各个晶粒间也有变形,是产生内应力和开裂的原因。因此低温时多晶体的晶间变形不可过大,以免引起金属的破坏。

综上所述,金属塑性变形的实质是晶体内部位错滑移的结果。

6.1.2 锻压方法

锻压加工是以塑性变形为基础的。大多数的金属材料在冷态或热态下都具有一定的塑性,如钢和大部分有色金属,因此可以对其进行锻压加工。脆性材料如铸铁、铸造铝合金、铸造铜合金等则不能进行锻压加工。

常见的锻压加工方法有:锻造(自由锻、模锻、胎模锻)、冲压、挤压、轧制、拉拔等,如图6-2所示。

锻造是将金属坯料置于上下砧或锻模内,用冲击力或压力使金属成型为各种型材和锻件等的加工方法。

冲压是利用冲模将金属板料切离或变形为各种冲压件的加工方法。

挤压是将金属坯料从挤压模孔挤出而成型为各种型材、管材、零件等的加工方法。

拉拔是将金属坯料从拉模的模孔中拉出而成型为各种线材、薄壁管材、特殊截面型材等的加工方法。

轧制是金属材料在旋转轧辊的压力作用下,产生连续的塑性变形,获得所要求的截面形状并改变其加工性能的加工方法。

图 6-2　锻压方法示意图

6.1.3　锻压特点

锻压的优点有以下几个方面：

（1）改善金属的内部组织，提高材料的力学性能。锻压加工可压合坯料中原有的气孔、疏松、微裂纹等铸态缺陷，提高金属的致密度，显著细化晶粒，并使内部杂质呈流线型分布。因此，锻件的力学性能优于铸件。

（2）材料的利用率和生产率高。金属材料经锻压加工后，力学性能提高，可减少材料的截面尺寸；同时其外形尺寸与零件相近，减少了加工余量，可节约金属材料。锻压成型特别是模锻比切削加工成型有很高的生产率。

锻压的缺点有以下几个方面：

（1）锻件形状不能太复杂。因为锻件是在固态下成形，金属的流动性较差，因而难以获得形状复杂的锻件。

（2）一般自由锻的精度不高，模锻的模具和设备费用较高

6.1.4　锻压加工的应用

锻压加工广泛用于汽车、拖拉机、宇航、军工、电器、桥梁、建筑等领域。凡是承受重载荷、对强度和韧性要求较高的重要零件，如机器的主轴、曲轴、齿轮、连杆、炮筒、起重吊钩等都采用锻件做毛坯。冲压件主要用于电器、仪表、汽车、日用品的生产。轧制、挤压和拉拔主要用于各种型材、线材、板材等的生产。

6.2 塑性变形对金属组织和性能的影响

6.2.1 冷变形强化

金属发生塑性变形时,滑移面上的碎晶块和晶格的扭曲使阻力增大,继续滑移难于进行,表现为强度硬度上升而塑性下降。这种随着变形程度增大,强度硬度上升而塑性下降的现象称为冷变形强化,又称为加工硬化。

冷变形强化可作为强化材料的手段之一,特别是对于一些不能用热处理进行强化的金属材料更为重要。另一方面,冷变形强化会给进一步变形带来困难,如冷拔钢丝冷变形过程中会越拉越硬。

6.2.2 回复及再结晶

冷变形的金属,因内部变形不均匀,会引起残余内应力,使其具有恢复到原来稳定状态的趋势,因此加工硬化是一种不稳定现象。常温下恢复过程难以进行。对冷变形后的金属进行加热,金属会产生三个阶段的变化,即回复、再结晶、晶粒长大,如图 6-3 所示。

图 6-3 冷变形金属加热时的性能及组织变化
(a) 塑性变形后的组织;(b) 回复后的组织;(c) 再结晶组织

6.2.2.1 回复

加热温度不太高时,原子活动能力有所增加,晶格畸变程度大为减轻,内应力明显下降,这个过程称为回复。这个阶段的原子活动能力还不是很强,因此金属的纤维组织无明显变化,力学性能也无明显改变。回复所需的温度称为回复温度,回复温度 $T_{回}$ 与熔化温度 $T_{熔}$ 关系如下:

$$T_{回} = (0.25 \sim 0.3)T_{熔}$$

式中,$T_{回}$——以绝对温度表示的金属回复温度;

$T_{熔}$——以绝度温度表示的金属熔点温度。

生产中常利用回复现象对工件进行低温退火,以降低内应力。例如,冷拔钢丝弹簧成型后,再加热到 250~300℃,青铜丝弹簧成型后加热到 120~150℃就是进行回复处理(也称定型处理),使弹簧保留强化效果,弹性增强,并消除加工时带来的内应力。

6.2.2.2 再结晶

当温度继续升高到较高温度时,原子活动能力增加,原子可离开原来的位置以某些碎晶粒或杂质为核心,组成新的晶粒。这个过程称为再结晶。再结晶后,新晶粒完全取代旧晶粒,因而金属的强度、硬度下降而塑性显著上升,消除了全部冷变形强化现象,金属的组织和性能基本上恢复到冷变形前的状态。

再结晶过程是在一定的温度范围内进行的。能进行再结晶的最低温度称为再结晶温度。纯金属的再结晶温度 $T_再$ 与熔化温度 $T_熔$ 关系如下：

$$T_再 \approx 0.4 T_熔$$

式中，$T_再$——以绝对温度表示的金属再结晶温度；

$T_熔$——以绝度温度表示的金属熔点温度。

经冷变形强化后的金属加热到再结晶温度以上，保持适当时间，使其发生再结晶转变的处理过程称为再结晶退火。实际生产中，为了消除冷变形强化带来的进一步加工困难，金属在进行冷轧、冷拉、冷冲压加工时，必须在各个工序之间安排再结晶退火，消除前一工序已形成的加工硬化，恢复材料的塑性，以便于下一工序继续变形。再结晶退火的温度一般要比该金属的再结晶温度高 100~200℃。

6.2.2.3 晶粒长大

再结晶后金属一般都得到细小而均匀的等轴晶粒。如果温度继续升高或保温时间过长，晶粒会以相互吞并的方式长大，称为粗大晶粒，使金属力学性能变坏，应注意避免。

6.2.3 冷加工和热加工

金属在不同温度下变形后的组织和性能不同，以金属的再结晶温度为界限，将金属的塑性变形加工分为冷加工和热加工两种。

6.2.3.1 冷加工

变形温度低于回复温度时，金属在变形过程中只有加工硬化而无回复与再结晶现象，变形后的金属只具有加工硬化组织，这种加工称为冷加工。例如，钨的再结晶温度为 1 200℃，在 1 000℃左右对钨进行加工是冷加工。冷加工能使金属获得较高的硬度、强度和低的粗糙度值，但变形程度不宜过大。冷加工的产品具有表面质量好，尺寸精度高，力学性能好的优点，一般不需再进行切削加工。生产中常用它提高产品的性能，如冷挤压、冷冲压、冷轧、冷镦、冷拔等。

6.2.3.2 热加工

变形温度在再结晶温度以上时，变形产生的加工硬化被随即发生的再结晶所抵消，变形后金属具有再结晶的等轴晶粒组织，而无任何加工硬化痕迹，这种加工称为热加工。例如，锡的再结晶温度为-7℃，室温下对锡进行加工就是热加工。热加工可以较小的功达到大的变形，同时获得较高的综合力学性能。由于热变形是在高温下进行的，因而金属在加热过程中，表面容易形成氧化皮，产品尺寸精度和表面质量较低。金属的压力加工大多采用热加工，如热锻、热轧、热挤压等。

6.2.4 锻造流线

6.2.4.1 锻造流线

铸锭在压力加工中发生塑性变形后，基体金属的晶粒和沿晶界分布的杂质都沿着最大变形方向被拉长成纤维状,再结晶后呈现出细线,这种结构叫做锻造流线,也成为纤维组织。锻造流线使金属在性能上呈现各向异性。锻造流线越明显,金属在平行纤维方向(纵向)韧、塑性和抗拉强度增加,垂直于纤维方向(横向)韧、塑性降低但抗剪切能力显著增强。

锻造流线稳定性很高,不能用热处理的方法消除。设计和制造机械零件时必须考虑锻造流线的合理分布:①零件最大拉应力方向应与锻造流线平行;②零件最大剪切应力方向应与锻造流线垂直;③零件外形轮廓应与锻造纤维的分布相符合,尽量不被切断。如图 6-4 示,当采用棒料直接经切削加工制造螺钉时,螺钉头部与杆部的纤维被切断,不能连贯起来,受力时产生的切应力顺着纤维方向,故螺钉的承载能力较弱。当采用同样

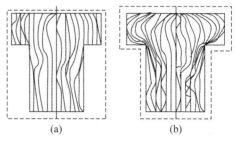

图 6-4　不同方式制造的螺钉
(a) 切削加工制造的螺钉;(b) 局部镦粗制造的螺钉

棒料经局部镦粗方法制造螺钉时,纤维不被切断且连贯性好,纤维方向也较为有利,故螺钉质量较好。

6.2.4.2 锻造比

锻造流线的明显程度与金属的变形程度有关。变形程度越大,锻造流线越明显。压力加工中,常以锻造比 Y 来表示变形程度。

镦粗时锻造比为

$$Y_{镦} = H_0 H$$

拔长时锻造比为

$$y_{拔} = S_0/S$$

式中,H_0、S_0——分别为坯料变形前的高度和横截面积;

H、S——分别为坯料变形后的高度和横截面积。

锻造比 $y < 2$ 时,铸态组织中的缩松、气孔和微裂纹被压合,组织细化,力学性能提高;$y = 2 \sim 5$ 时,锻件流线明显,沿流线方向力学性能提高,而垂直流线方向力学性能开始下降;$y > 5$ 时,沿流线方向力学性能不再提高,垂直流线方向力学性能急剧下降。在锻造零件毛坯或钢锭时锻造比的选择,如表 6-1 所示。

表 6-1　典型锻件的锻造比

锻件名称	计算部位	锻造比	锻件名称	计算部位	锻造比
碳素钢轴类锻件	最大截面	2.0~2.5	锤头	最大截面	≥2.5
合金钢轴类锻件	最大截面	2.5~3.0	水轮机主轴	轴身	≥2.5
热轧辊	辊身	2.5~3.0	水轮机立柱	最大截面	≥3.0
冷轧辊	辊身	3.5~5.0	模块	最大截面	≥3.0
齿轮轴	最大截面	2.5~3.0	航空用大型锻件	最大截面	6.0~8.0

6.3 金属的可锻性

金属的可锻性是用来衡量金属材料利用锻压加工方法成型的难易程度,是金属的工艺性能指标之一。常用金属的塑性和变形抗力两个因素来综合衡量。塑性越好,变形抗力越小,则锻造性能越好。影响金属锻造性能的因素主要有金属的内在因素和变形条件。

6.3.1 金属的内在因素

6.3.1.1 金属的化学成分

化学成分不同,塑性不同,锻造性能不同。钢含碳量越高,锻造性能越差。低碳钢具有比较好的可锻性。

6.3.1.2 金属的组织状态

组织结构不同,锻造性能不同;单一固溶体组成的合金,塑性好,锻造性能好;铸态柱状组织和粗晶结构不如细小均匀的晶粒结构;金属内部有缺陷也影响锻造性能。

6.3.2 金属的变形条件

6.3.2.1 变形温度

图 6-5 碳钢的始锻温度和终锻温度

一般而言,温度升高,金属的塑性上升,变形抗力降低,可锻性变好。

锻造温度范围指始锻温度与终锻温度间的温度范围,以合金状态图为依据。对于始锻温度的选择,原则是在不出现过热和过烧的前提下,尽量提高始锻温度。如图 6-5 所示,碳钢的始锻温度为 AE 线下 200℃,此时为单一奥氏体组织,可锻性良好。终锻温度即停止锻造的温度,对于锻件质量有很大影响,终锻温度太高,停锻后晶粒会重新长大,降低锻件力学性能;太低,再结晶困难,冷变形强化现象严重,变形抗力太大,甚至产生锻造裂纹,也易损坏设备和工具。常见材料的始锻温度和终锻温度如表 6-2 所示。含碳量越高的碳素钢,始锻温度越低。有色金属合金的锻造温度范围均比碳素钢的锻造温度范围窄。

表 6-2　常用金属材料的锻造温度范围

材料种类	始锻温度/℃	终锻温度/℃
低碳钢	1 200～1 250	700～800
中碳钢	1 150～1 200	800～850

（续表）

材料种类	始锻温度/℃	终锻温度/℃
合金结构钢	1 100～1 180	800～850
铝合金	450～500	350～380
铜合金	800～900	650～700

6.3.2.2　变形速度

变形速度是指金属在锻压加工过程中单位时间内的相对变形量。变形速度的影响较复杂：一方面变形速度增大，冷变形强化现象严重，变形抗力增大，锻造性能变坏；另一方面变形速度很大时产生的热能使金属温度升高，提高塑性，降低变形抗力，锻造性能变好。如图 6-6 所示，变形速度达到一定值后，变形速度越大，热效应越明显，金属的塑性提高、变形抗力降低，可锻性变好。

图 6-6　变形速度对塑性、变形抗力的影响

图 6-7　应力状态

（a）挤压时的应力状态；（b）拉拔时的应力状态

6.3.2.3　应力状态

不同压力加工方法，金属内部的应力状态是不同的。压应力使滑移面紧密结合，防止产生裂纹；拉应力则使缺陷扩大，易于断裂，降低塑性。在金属塑性变形时，压应力数目越多，其塑性变形越好。但压应力时变形抗力增大，故必须综合考虑塑性和变形抗力。如图 6-7 所示，挤压是三向压应力状态；拉拔是两向受压，一向受拉。

6.4　锻造方法

锻造方法包括自由锻、模锻、胎膜锻。

6.4.1　自由锻

自由锻指将金属坯料放在锻造设备的上下砧铁之间，施加冲击力或压力，使之产生自由变形而获得所需形状和内部质量的锻件的成型方法。

自由锻的优点有以下几个方面：

（1）自由锻灵活性大，工具简单且通用性强，生产周期短，成本低。

（2）可锻造各种重量的锻件，对大型锻件，它是唯一方法。

（3）由于自由锻的每次锻击坯料只产生局部变形，除与上下抵铁或其他辅助工具接触的部分表面外，都是自由表面，变形不受限制，变形金属的流动阻力小，故同质量的锻件，自由锻比模锻所需的设备吨位小。

自由锻的缺点有以下几个方面：

（1）锻件的形状和尺寸完全靠锻工的操作技术来保证，尺寸精度低，加工余量大，材料消耗多。

（2）锻件形状比较简单，生产率低，劳动强度大，只适用于单件或小批量生产。

6.4.1.1　自由锻设备

常用的自由锻设备有锻锤和压力机。

自由锻锤一般包括空气锤（锻件质量范围是 $50\sim1\,000$ kg）和蒸汽-空气自由锻锤（锻件重量范围是 $20\sim1\,500$ kg），是靠冲击力使工件变形。空气锤由电动机直接驱动，打击速度快，锤击能量小，适用于小型锻件。蒸汽-空气锤利用蒸汽或压缩空气作为动力，适用于中小型锻件。

水压机以静压力代替锤锻的冲击力，适用于锻造大型锻件。其工作过程包括空程、工作行程、回程、悬空。

6.4.1.2　自由锻工序

根据作用与变形要求的不同，可分为基本工序、辅助工序和精整工序。

辅助工序是为了方便基本工序的操作，而使坯料预先产生某些局部变形的工序。如压钳口、倒棱和切肩。

精整工序是修整锻件的最后尺寸和形状，消除表面的不平和歪扭，使锻件达到图纸要求的工序。如修整鼓形、平整端面、校直弯曲。

基本工序是改变坯料的形状和尺寸使锻件基本成形的工序，包括镦粗、拔长、冲孔、弯曲、切割、扭转、错移等，最常用的是镦粗、拔长、冲孔。

1）镦粗

镦粗是使毛坯高度减少，截面增大的锻造工序。镦粗工序主要用于锻制齿轮、法兰等饼类锻件，或作为拔长工序增大锻造比以及环、套筒等空心锻件冲孔前的预备工序。

镦粗时，为防止坯料产生轴向弯曲，坯料镦粗部分的高度不大于坯料直径的2.5倍。

镦粗有完全镦粗和局部镦粗两种形式。如图6-8所示。

2）拔长

拔长是使毛坯横断面积减小、长度增加的锻造工序。拔长用于制造轴杆类零件毛坯，如光轴、台阶轴、连杆等较长的零件。

拔长时需用夹钳将坯料钳牢，锤击时将坯料绕其轴线不断翻转。如图6-9所示，翻转方法有反复90°翻转和沿螺旋线翻转两种。前者操作方便但变

图6-8　镦粗的形式

(a) 完全镦粗；(b) 局部镦粗

形不均匀,后者操作不方便但变形均匀。

拔长的方法主要有平砧拔长和芯棒拔长,如图 6-10 所示。

图 6-9　拔长翻转方法

图 6-10　拔长方法

(a) 平砧拔长;(b) 芯棒拔长

平砧拔长是将坯料直接放置在锻锤上下砧之间进行拔长。圆形坯料先锻打成方形后再拔长,也可在 V 型砧铁上拔长。

芯棒拔长是将芯棒插入空心毛坯中心,在当做实心坯料进行拔长的锻造工序。芯棒拔长时,坯料的长度增加,外径(壁厚)减少,用于锻造套筒等空心长锻件。芯棒为便于取出,一般有 1:100 的斜度。

3) 冲孔

冲孔是利用冲头在坯料上冲出透孔或盲孔的锻造工序。常用于锻造齿轮、套筒和圆环等空心锻件。直径小于 25mm 的孔一般不在锻件上冲出,而是在机加工时用钻削的方法加工。冲孔的方法分为单面冲孔和双面冲孔。

单面冲孔是将坯料置于垫环上,冲子大端向下直接将孔冲穿,如图 6-11 所示。单面冲孔主要用于较薄的坯料。

图 6-11　单面冲孔

图 6-12　双面冲孔

双面冲孔是用冲头先在坯料上冲至坯料厚度的 2/3~3/4,取出冲头,再翻转坯料将孔冲穿,如图 6-12 所示。

4) 弯曲

弯曲是采用一定的工模具将毛坯弯成所规定外形的锻造工序。弯曲变形时,金属的纤维组织未被切断,并沿外形连续分布,可有效保证零件的力学性能。质量要求较高的具有弯曲轴线的锻件都用弯曲工序锻造,如吊钩、角尺等。弯曲有自由弯曲和成形弯曲两种方法。

自由弯曲是将坯料的一端用上下砧铁压紧,另一端用大锤打弯成形或吊车拉弯成形,如图 6-13(a)所示。

成形弯曲是在垫模中弯曲成形,能得到形状和尺寸较准确的锻件,角尺、直尺均采用成形弯曲,如图 6-13(b)所示。

图 6-13　弯曲的方法
1—成型压铁;2—坯料;3—成型垫铁
(a) 自由弯曲;(b) 成型弯曲

图 6-14　切割方法
(a) 单面切割;(b) 圆料切割

5) 切割

切割是把板材或型材等切成所需形状和尺寸的坯料或工件的锻造工序。切割的方法有单面切割、双面切割和四面切割、圆料切割,如图 6-14 所示。

6) 扭转

扭转是将坯料的一部分相对于另一部分绕其轴线旋转一定角度的锻造工序,多用于锻造多拐曲轴和校正某些锻件。

7) 错移

错移是指将坯料的一部分平行错开一段距离,但仍保持这两部分轴线平行的锻造工序,常用于锻造曲轴类零件。如图 6-15 所示,错移时,先对坯料进行局部切割,然后再切口两侧分别施加大小相等、方向反且垂直于轴线的冲击力或压力,使坯料实现错移。

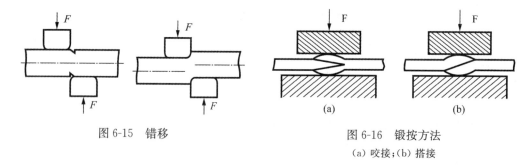

图 6-15　错移

图 6-16　锻按方法
(a) 咬接;(b) 搭接

8) 锻接

锻接是将两坯料在高温加热后用锤快击,实现在固态下结合的锻造工序。锻接的方法有咬接、搭接、对接等,如图 6-16 所示。

6.4.2　模锻

模锻是利用模具使坯料变形,获得锻件的锻造方法。

模锻实质是金属在锻模模膛内受到压力产生塑性变形,由于模膛对金属坯料流动的限制而在锻造终了时获得与模膛形状相符的模锻件。

6.4.2.1　模锻的特点及分类

1）模锻的特点

模锻与自由锻比较有如下特点：

优点：生产率较高；表面粗糙度小，精度高；锻造流线分布符合外形结构，力学性能高；模锻件尺寸精确，加工余量小，降低了成本；可以锻造形状比较复杂的锻件；操作简单。

缺点：受模锻设备吨位的限制，模锻不能生产大中型锻件；模锻的设备投资大，锻模成本高，生产周期长。

2）模锻应用

模锻适用于大批量生产形状复杂、精度要求较高的中小型锻件（一般低于 150kg），不适于单件小批量和大型锻件。

3）模锻分类

模锻按其锻造设备的不同，又分为锤上模锻、压力机模锻和平锻机模锻等。

6.4.2.2　锻模结构与模膛

锻模一般由上模和下模两部分组成，上下合拢形成内部模膛。锻件从坯料需要经几次变形才能得到最终形状，锻模就有几个模膛。模膛按其功用不同分为制坯模膛、预锻模膛和终锻模膛三类。图 6-17 为连杆弯形的模锻过程与锻模。

图 6-17　连杆弯形模锻与锻模

1—弯形模膛；2—预锻模膛；3—滚挤模膛；4—拔长模膛；5—终锻模膛；6—滚挤模膛断面

（1）制坯模膛：用来拔长、镦粗、滚圆、弯曲以及切断等。

（2）预锻模膛：使坯料接近锻件的形状和尺寸，有利于坯料最终成形，并减少终端模膛磨损。

（3）终端模膛：用来完成锻件的最终成型。

6.4.3 胎模锻

胎模锻是指在自由锻设备上,使用可移动的胎模具生产锻件的锻造方法。

锻造时,胎模放在砧座上,将加热后的坯料放入胎模,锻制成形;也可先将坯料经过自由锻,预锻成近似锻件的形状,然后用胎模终锻成形。

6.4.3.1 胎模锻的特点

优点:与自由锻相比,胎模锻锻件的形状较为复杂,尺寸精确,生产效率高,扩大了生产的范围。相比于模锻,胎模锻不需昂贵的模锻设备,可利用自由锻设备组织生产;胎模结构较简单,制造成本低于模锻。

缺点:胎模易损坏,较其他模锻方法生产的锻件精度低,劳动强度大。

6.4.3.2 胎模锻的应用

胎模锻介于自由锻与模锻之间,胎模随用随放,不固定在设备上,广泛应用于没有模锻设备的中小型工厂,进行中小批量锻件的生产。

6.4.3.3 胎模种类

胎模种类:摔模、扣模、开式套模、闭式套模、合模等。图 6-18 为扣模和套模。

(a)   (b)

图 6-18 部分胎模种类

(a) 扣模;(b) 套模

6.4.4 锻件的结构工艺性

设计锻件结构性时应充分考虑金属的可锻性和锻造工艺,尽量使锻造过程简单。

6.4.4.1 自由锻件的结构工艺性要求

(1) 尽量避免圆锥面、斜面过渡,而改用圆柱面、平面过渡。

(2) 避免两曲面截交,至少保证有一平面,如图 6-19 所示。

(3) 尽量避免内侧出现凸凹面,应改为整体实心,如图 6-20 所示。

(a)   (b)   (a)   (b)

图 6-19 避免曲面相交图   图 6-20 避免内侧凹台

(a) 不合理;(b) 合理   (a) 不合理;(b) 合理

（4）避免出现加强筋,采用其他加固方法。

6.4.4.2 模锻件的结构工艺性

（1）模锻件的形状应力求简单对称,尽量使锻件容易地充满模膛并从模膛中顺利取出。

（2）模锻零件必须具有一个合理的分模面,以保证锻件易于锻造,并且辅料最少,如图 6-21 所示。

（3）尽量避免有高的突起、薄壁以及深的凹陷。这些结构不易充型,难以锻造。

图 6-21 合理的分模面

6.5 冲压

冲压是利用冲模使板料产生变形或分离,从而获得具有一定形状和尺寸的零件的工艺方法。冲压通常在常温下进行,又称为冷冲压。

板料冲压的原材料要求有足够的塑性,常用材料有低碳钢、铜合金、铝合金、镁合金及塑性高的合金钢等。形状一般为厚度小于 4mm 的板料、条料、带料。当板料厚度超过 8～10mm 时,采用热冲压。

冲压所用设备为冲床和剪床。剪床,也称剪板机,用来把板料剪切成一定宽度的条料,以供下一步的冲压工序用,也可用于剪切。冲床用来实现两大类基本冲压工序,即分离工序和变形工序,是冲压的基本设备。

6.5.1 冲压的特点

（1）可生产形状复杂的零件,材料的利用率高,一般可达 70%～80%。

（2）零件精度高、表面粗糙度低、互换性好。

（3）零件的强度高、刚度好。

（4）适应性强,金属及非金属均可用冲压方法加工,零件可大可小。

（5）操作简单,生产率高,便于机械化和自动化。

（6）模具结构复杂、制造成本高,不适于单件小批量生产,只有大批量生产才能充分体现其优越性。

冲压广泛地应用于汽车、拖拉机、航空、电器仪表、家电及国防制造业中,特别在大批量生产中占有极其重要的地位。

6.5.2 分离工序

分离工序是使坯料的一部分与另一部分相互分离的工序。如冲裁（落料和冲孔）、剪切和修整等工序。

6.5.2.1 冲裁

冲裁是利用冲模使板料沿封闭轮廓分离的工序,分为落料与冲孔。

1) 落料和冲孔

落料时被分离部分为成品,周边是废料,如图 6-22 所示;冲孔时,被分离的部分为废料,周边是成品,如图 6-23 所示。

图 6-22 落料   图 6-23 冲孔

2) 冲裁变形

冲裁变形过程包括三个阶段,即弹性变形阶段、塑性变形阶段、断裂分离阶段,如图 6-24 所示。落料时凸模压住板料作向下运动时,首先使凸模处的板料弯曲,凹模上的板料略往上翘;然后在凸凹模刃口作用下,板料与刃口接触处产生裂纹;凸模继续向下运动,使板料上下两处裂纹连接起来而被切断,冲裁工序完成。

图 6-24 金属板料的冲裁过程
(a) 弹性变形;(b) 塑性变形;(c) 断裂分离

图 6-25 落样排样法
(a) 有搭边排样法;(b) 无搭边排样法

为了顺利完成此工序,要求凸凹模刃口必须锋利。凸凹模间隙等于板料厚度的 5%～10%,否则裂纹不重合,切口处产生毛刺,影响冲裁件的质量。

3) 落料排样

排样是指落料件在条料、带料或板料上进行合理布置的方法,落料的排样是重要的工艺问题。采用有搭边排样法,可以获得较光洁的冲压件切口以及减少毛刺,如图 6-25(a)所示;当冲压件切口精度要求不高时,可采用无搭边排样法,以最大限度地节约材料,如图 6-25(b)所示。

6.5.2.2　剪切

剪切是使板料沿直线或不封闭轮廓相互分离的工序,通常作为备料工序。所用设备主要为剪床。

两部分板料沿不封闭曲线完全分离的称为切断。两部分板料沿不封闭曲线部分地分离,且分离部分发生弯曲的称为切口,如图 6-26 所示。

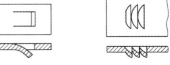

图 6-26　切口

6.5.2.3　修整

修整是利用修整模沿冲裁件外缘或内孔刮削一薄层金属,以切掉普通冲裁时在冲裁件断面上存留的剪裂带和毛刺,从而提高冲裁件的尺寸精度和降低表面粗糙度。修整后冲裁件公差等级达 IT6~IT7,表面粗糙度 R_a 为 0.8~1.6μm。

6.5.3　变形工序

变形工序是坯料的一部分相对于另一部分产生位移而不破裂的工序。变形工序主要有拉深、弯曲、胀形、翻边等。

6.5.3.1　拉深

拉深也称拉延,是利用模具使冲裁后得到的平面毛坯变成为开口空心零件的冲压工艺,如图 6-27 所示,即利用凸模把比凹模直径(或面积)大的坯料压入凹模,使坯料直径缩小,得到中空成品。

图 6-27　拉深

1—板料;2—凸模;3—压板;4—工件;5—凹模;6—拉深制件

拉深件的底部一般不变形,厚度基本不变,直壁厚度有所减小。拉深时,为了防止坯料被拉裂,凸模和凹模边缘需加工成圆角,其间隙一般稍大于板料厚度。拉深前,应在板料上或凹模的工作部分刷涂润滑剂。在拉深过程中,由于坯料边缘在切线方向受到压缩,因而可能产生波浪形,最后形成折皱。拉深坯料厚度越小,拉深深度越深,越易产生折皱。为了防止皱折产生,必须用压板把坯料压紧后再拉深。如果是深杯状,不能一次拉成,可进行多次拉深。多次拉深时,需要进行中间退火(再结晶退火),以消除前几次拉深变形所产生的加工硬化,便于后续拉深的顺利进行。

图 6-28 弯曲

6.5.3.2 弯曲

弯曲是将坯料在弯矩作用下弯成具有一定的曲率和角度的零件的工序,如图 6-28 所示。

由于弹性变形的恢复,弯曲结束后坯料略微回弹一点,使被弯曲的角度比模具的角度增大,一般回弹角为 $0\sim10°$。为抵消回弹对零件的影响,弯曲模的角度比零件要求的角度要小一个回弹角。

弯曲时坯料内侧受压缩,外侧受拉伸。当外侧拉应力超过坯料的抗拉强度极限时,即会造成金属破裂。为防止破裂,凸模的端部和凹模的边缘必须做成圆角,以防止工件弯裂。

设计弯曲零件时,弯曲的最小半径应为板厚的 $0.25\sim1$ 倍。材料塑性好,则弯曲半径可取小些。弯曲时应尽可能使弯曲轴线与坯料纤维方向一致。若垂直于纤维方向弯曲,则容易发生破裂,可用加大弯曲半径来避免。

6.5.3.3 胀形

胀形是将拉伸件轴线方向上局部厚度变薄、直径扩大形成零件的成型工序。胀形是冲压成型的一种基本形式,也常和其他成型方式结合出现于复杂形状零件的冲压过程中。胀形有软模胀形和硬模胀形两种。图 6-29 为软模胀形。凸模下行,使圆柱形的橡胶软模变成鼓形,从而将工件的局部直径胀大。

图 6-29 软模胀形
1—凸模;2—凹模;3—工件;
4—橡胶;5—外套图

6.5.3.4 翻边

是在带孔的平板坯料上用扩孔的方法获得凸缘的工序。进行翻边时,翻边孔的直径不能超过容许值时,否则会使孔的边缘发生破裂。

6.5.4 冲压模具

6.5.4.1 简单冲模

简单冲模是指冲床一次行程中,只完成一道工序的模具。此种模具结构简单,容易制造,适用于小批量生产。

6.5.4.2 连续冲模

连续冲模是指冲床的一次行程中,在模具的不同部位上同时完成数道冲压工序的模具。这种模具的生产效率高,易于实现自动化生产。但连续模定位精度要求高,造模难度较大,成本较高。适用于一般精度工件的大批量生产。

6.5.4.3 复合冲模

复合冲模是指利用冲床的一次行程,在模具的同一位置完成两道以上工序的模具。这种模具能够保证零件较高的精度和平正性,生产效率高。但制造复杂,成本高。适用于较高精度工件的大量生产。

6.5.5 冲压件的结构工艺性

良好的冲压件结构应与冲压工艺相适应,以减少材料的消耗、延长模具寿命、提高生产率、降低成本和保证冲压件质量。

6.5.5.1 对冲裁件的要求

(1)冲裁件的形状应力求简单、对称,以便于排样和减少废料。应避免长槽与细长悬臂结构,否则制造模具困难。

(2)冲裁件的内、外转角处,应以圆弧连接,以避免尖角处应力集中被冲模冲裂。

(3)冲裁件的尺寸要考虑板厚。冲孔时,孔径不得小于板厚,孔与孔、孔与边界间的距离和凸臂、凹槽、轮廓圆角的尺寸都不得小于查阅冲压手册获得的最小值。

6.5.5.2 对拉深件的要求

(1)拉深件外形应简单、对称、容易成型;不宜直径小而深度大,以便尽量减少拉深次数,减少所需模具数量。

(2)拉深件的底部与侧壁,凸缘与侧壁应有足够的圆角,否则易拉裂。

(3)拉深件的壁厚变薄量一般要求不应超出拉伸工艺壁厚变化的规律(最大变薄率约在 $10\% \sim 18\%$ 左右)。

6.5.5.3 对弯曲件的要求

(1)弯曲件形状应尽量对称,弯曲半径不能小于材料允许的最小弯曲半径,并应考虑材料纤维方向,以免成型过程中弯裂。

(2)弯曲边过短不易弯成型,故应使弯曲边高度 H 大于 2 倍板厚。若 H 小于此值,则必须压槽,或增加弯曲边高度,弯好后去掉多余部分。

(3)弯曲带孔件时,为避免孔的变形,孔的边缘距弯曲中心应有的距离 L 应大于 $1.5 \sim 2$ 倍的板厚。当 L 过小时,可在弯曲线上冲工艺孔,如对零件孔的精度要求较高,则应弯曲后再冲孔。

6.1 自由锻

6.1.1 任务目的

制订简单零件的自由锻工艺规程。

6.1.2 任务指导

制订自由锻工艺规程和填写工艺卡片是进行自由锻生产必不可少的技术准备工作,是组织生产、规范操作、控制和检查产品质量的依据。自由锻工艺规程一般包括以下几个步骤。

6.1.2.1 绘制锻件图

应考虑的因素:余块(敷料)、机械加工余量、锻造公差。

锻件图是指在零件图的基础上,考虑余块、加工余量、锻造公差等因素后绘制的工艺图。

余块(也称敷料)是指为便于锻造而增加的那一部分金属。如较小的孔、槽不锻出,采用实心平面。

加工余量是指锻件表面留有供机械加工的金属层,一般为 5~20mm。

锻造公差是指锻件尺寸相对于公称尺寸所允许的变动量。

6.1.2.2 确定变形工艺方案

根据锻件形状制订所需的基本工序、辅助工序、修整工序。

6.1.2.3 计算坯料质量及尺寸

1) 坯料质量的确定

坯料的质量计算:

$$m_坯 = m_锻 + m_烧 + m_切$$

式中,$m_坯$——坯料质量;

$m_锻$——锻件质量,可按锻件图的尺寸计算;

$m_烧$——加热时坯料因为表面氧化而烧损的质量,火焰炉加热第一次烧损量取锻件质量的 2%~3%,以后每次取锻件质量的 1.5%~2%;

$m_切$——在锻造过程中冲掉或被切掉的那部分金属的质量,如冲孔时坯料中部的料芯、修切端部产生的料头等。钢材坯料的切料损失一般取锻件质量的 2%~4%,大型锻件采用钢锭作坯料时,还要考虑钢锭头部和尾部被切掉的质量。

2) 坯料尺寸的确定

(1) 先计算体积:

$$V_坯 = m_坯/\rho$$

(2) 再计算坯料的直径 $D_坯$ 或方截面坯料边长 $A_坯$:

a. 若镦粗,则:

$$1.25 \leqslant H_坯/D_坯(A_坯) \leqslant 2.5$$

圆坯料:$D_坯 = (0.8 \sim 1.0)\sqrt[3]{V_坯}$;

方坯料:$A_坯 = (0.7 \sim 0.9)\sqrt[3]{V_坯}$。

b. 若拔长,则坯料截面积 $S_坯$ 应根据坯料质量和锻造比确定:

$$S_坯 = Y_拔 S_锻$$

式中,$Y_拔$——拔长锻造比;

$S_{锻}$——锻件的最大横截面积。

圆坯料：$D_{坯} = \sqrt{1.27 S_{坯}}$；

方坯料：$A_{坯} = \sqrt{S_{坯}}$。

计算出坯料的直径或边长后，应按照有关钢材的标准尺寸加以修正，再计算出坯料的横截面积，最后确定坯料的高度。

6.1.2.4 选定锻造设备

一般情况下，空气锤适用于锻造 100kg 以下的小型锻件，蒸汽-空气锤可用来锻造 1 500kg 以下的锻件，锻件质量大于 1 500kg 的锻件应选择水压机。

6.1.2.5 确定锻造温度范围、冷却方式和热处理方法

锻件的锻造温度范围如表 6-2 所示，也可参照锻工工艺手册。

冷却方式一般有三种，即空冷、坑冷、炉冷。空冷用于含碳量小于 0.5% 的碳钢和含碳量较低的低合金钢的小型锻件；坑冷常用于碳素工具钢和合金钢锻件的冷却；炉冷用于大型锻件或重要锻件。钢的含碳量、合金含量越高，形状越复杂，截面越大，冷却速度就应越慢。

锻件热处理一般采用退火和正火。

6.1.2.6 填写工艺卡片

压盖的自由锻工艺卡片如表 6-3 所示。

表 6-3 压盖的自由锻工艺卡

锻件名称		压盖		工艺类别	自由锻
材料	35 钢	重量	32kg	设备	空气锤
加热火次	1	冷却	空冷	锻造温度范围	1 200～800℃

坯料尺寸
Φ1600mm×205mm

1	印槽	
2	一端拔小	

（续表）

锻件图		坯料图
3	端部镦粗	
4	滚圆	
5	冲孔	
6	锻出凸台	
7	两垫环中修正	
8	外圆修正	

项目小结

1. 锻压是依靠金属塑性变形实现坯料成形的，塑性变形的实质是晶体内部位错滑移的结果。

2. 锻压方法有锻造、冲压、挤压、轧制、拉拔等。

3. 冷塑性变形会使金属发生冷变形强化，可通过再结晶退火消除。

4. 变形温度低于再结晶温度的加工称为冷加工，变形温度高于再结晶温度的加工称为热加工。冷加工件有高的强度、硬度、尺寸精度以及低的表面粗糙度，但是变形程度小；热加工有良好的综合力学性能，变形程度大，但是尺寸精度和表面质量差。

5. 锻造流线能引起金属性能的各向异性，力学性能要求高的零件必须考虑锻造流线的合理分布。

6. 金属的可锻性取决于金属的化学成分、组织状态、变形温度、变形速度和应力状态。

7. 锻造方法有自由锻、模锻、胎模锻。常用的自由锻工序有镦粗、拔长、冲孔、弯曲等；模锻能锻造形状复杂的锻件；胎模锻介于前两者之间。

8. 冲压有分离和变形两大类工序。落料和冲孔统称冲裁，属于分离工序。变形工序主要有拉深和弯曲等。

9. 冲压件必须注意结构工艺性，才能保证冲压件的质量。

项目习题

1. 什么是锻压？锻压包括哪些加工方法？

2. 金属塑性变形的本质是什么？塑性变形会对金属的性能产生什么影响？

3. 金属材料的冷加工和热加工是怎么划分的？它们各有什么特点？

4. 何谓锻造流线？锻造流线的产生对锻件有什么影响？长度为 100mm 的原始坯料拔长到 300mm 时，锻造比是多少？

5. 写出影响金属可锻性的因素。

6. 什么是金属的锻造温度范围？确定金属的锻造温度范围有什么实际意义？

7. 一些普通锻造成形效果不好的金属，改用挤压成形后可达到加工目的，解释其中的原因。

8. 什么是锻造？锻造有哪些方法？锻件与铸件相比有哪些特点？

9. 什么是自由锻？自由锻的工序有哪些？

10. 镦粗和拔长各用于哪些锻件的锻造？

11. 分析自由锻、模锻、胎模锻各自的特点。

12. 模锻的模膛有哪几类？各起什么作用？

13. 冲压是什么？冲压有哪几类工序？

14. 落料和冲孔有什么不同？

15. 有搭边排样和无搭边排样各有什么优缺点？

16. 如何防止坯料在拉伸时被拉裂？

17. 为下列制品选择锻造方法。

家用炉钩（单件），自行车大梁（大批量），活动扳手（大批量），万吨轮船传动轴（单件），起重机吊钩（成批）。

项目 7　焊接成形

知识目标

1. 了解焊接的基本概念,手弧焊机的种类、构造、性能、特点和使用方法。

2. 了解焊接常用材料的基础知识。了解焊接的安全技术知识,做到安全训练。

3. 理论上了解手工电弧焊的一些基础知识,电流的调节,引弧与灭弧,运条及平堆焊焊接方法,了解焊接电弧的组成及熔池的组成。

4. 理解有关焊接的工程术语。

5. 熟悉焊条的组成和作用,常用的结构焊条的种类、牌号、含义及应用。掌握焊接生产过程的基本概念。

6. 掌握常见的焊接接头形式,坡口及焊接的空间位置。

7. 掌握常见焊接缺陷及产生的原因。

技能目标

1. 通过训练,初步获得焊接的基本工艺知识。

2. 通过对简单工件进行焊接,培养学生的焊接工艺分析能力,动手操作能力,为今后从事生产技术工作打下坚实的基础。

3. 掌握手工电弧焊的特点,设备和工具,焊条的组成和分类,电焊机的接线方法,电弧的引燃、运条以及运条方法。

4. 掌握焊条直径、焊接电流、电弧电压、焊条角度、焊接速度这些常见焊接规范是如何选择的。

本项目导语

焊接就是通过适当的物理化学过程(加热或者加压,或者两者同时进行,用或不用填充材料)使两个分离的固态物体产生原子(分子)间结合力而连接成一体的连接方法。

焊接在现代工业生产中具有十分重要的作用,如航船的船体、高炉炉壳、建筑构架、锅炉与压力容器、车厢及家用电器、汽车车身等工业产品的制造,都离不开焊接。焊接方法在制造大型结构件或复杂机器部件时,更显得优越。它可以用化大为小、化复杂为简单的办法来准备坯料,然后用逐次装配焊接的方法拼小成大、拼简单成复杂,这是其他工艺方法难以做到的。在制造大型机器设备时,还可以采用铸-焊或锻-焊复合工艺。这样,仅有小型锻设备的工厂也可以生产出大型零部件。用焊接方法还可以制成双金属构件,如制造复合层容器。此外,还可以对不同材料进行焊接。总之,焊接方法的这些优越性,使其在现代工业中的应用日趋广泛。

知识链接

7.1　电弧焊

7.1.1　电弧焊概念

电弧焊属于不加压的熔化焊焊接方法之一,它是利用电弧加热和熔化金属进行焊接的方法。

目前在工业中应用的电弧焊方法很多,按电极不同,可分为熔化电极和不熔化电极两种。

不熔化电极电弧焊时,电源的一个极接到焊件上,另一个极接到碳质的或钨质的电极上。当使有电压的两个极在短时接触并随即分开后,在电极与焊件间便产生电弧,填充焊丝和焊件同时被熔化,成为焊缝金属的组成部分[图 7-1(a)]。

不熔化电极手工电弧焊,主要是指碳弧焊,目前已很少应用。

熔化电极电弧焊是应用较广泛的焊接方法,它与上述方法不同的地方是,不熔化电极被同时起电极和填充金属作用的金属电极所代替[图 7-1(b)]。

(a)　　　　　　　　　　　(b)

图 7-1　电弧焊简图

1—电极;2—焊钳;3—导线;4—电源;5—焊件;6—填充焊丝

焊接电源可以采用直流电或交流电。使用直流电时,电源的负极接电极,正极接焊件,称为正接;反之,电源的正极接电极,负极接焊件,称为反接。

电弧焊接按焊接工艺方法本身的机械化和自动化程度,可分为手工焊、半自动焊和自动焊。

手工电弧焊目前均采用带有涂药的金属电极(即电焊条);自动焊和半自动焊的电极是连续送进的裸焊丝。

电弧焊的应用极广,它可以焊接结构钢、铸铁、铜和铝及其合金、镍、铅等。

7.1.2 焊接电弧

由图 7-2 可见,若将焊条装在焊钳上,擦划或垂直接触工件,再很快将焊条提起,使之拉开后保持 2～4mm 的距离,由于焊条端与焊件瞬时接触而造成短路,使其间充满了高热气体与金属蒸气,在极间电场力的作用下,高温金属从阴极放出电子并冲击气体介质,使气体介质电离成正离子和负离子。正离子奔向阴极,负离子和电子奔向阳极,冲击能量变为热能,使两极表面放出大量的热和光,于是在焊条端部和焊件之间就会有明亮的电弧产生。但是,焊接所用的电弧必须是稳定的。工业上使用的焊接电弧,就是在焊条与工件间的气体介质中,发生持久的、强烈的放电现象。电弧焊就是利用焊接电弧放出的热量来熔化焊条和焊件的。

图 7-2 电弧焊简图

图 7-3 电弧焊基本构造图

实际焊接时,可使用直流电源或交流电源来进行焊接。由直流电源所产生的电弧称为直流电弧。在直流电弧焊中,焊接电弧的基本构造如图 7-3 所示。它包括阴极区、弧柱和阳极区三个部分。焊接电弧产生于焊条(阴极)与工件(阳极)之间,阴极区位于焊条末端,而阳极区则位于工件表面,弧柱位于两极之间呈锥形,四周被弧焰包围。同时,电弧放出的热量分布是不同的。就阴极部分而言,其温度约在 2 400～3 200℃ 的范围内,它放出整个电弧中 36％～38％ 的热量;弧柱部分的最高温度可达 6 000～8 000℃ 左右,它放出整个电弧中约 20％～21％ 的热量;阳极部分的温度比阴极部分高,可达 4 000℃ 左右,它放出整个电弧中约 42％～43％ 的热量。不过,手工电弧焊只有 65％～80％ 的热量才用于加热和熔化金属,其余的热量则散失在电弧周围或飞溅的金属滴中。

这种把阳极接在焊件上,阴极连在焊条上,而使电弧中的热量大部分集中在焊件上的连接形式称为正接法。它可加快焊件的熔化速度,大多用于焊接厚的焊件。相反,如果焊件接阴极,焊条接阳极,则称为反接法。反接法常用于焊接较薄的焊件或焊接不需要高热的焊件,如焊接合金钢等。

使用交流电源焊接时,电弧中阳极与阴极时刻在变化,所以焊件与焊条的热量是相等的,这时就没有正反接法的差别。

还需指出,电弧热量的多少是与焊接电流和电压的乘积成正比的。电流愈大,电弧产生的总热量就愈大。同时,当电弧稳定燃烧时,焊件与焊条之间所保持的一定电压(电弧电压)主要与电弧长度(焊条和工件间的距离)有关。电弧长度愈大,电弧电压也愈高(电弧愈长,需要的稳定燃烧的电压愈高)。一般情况下,电弧电压在 16～35V 范围内。

7.1.3　焊接接头的组织与性能

7.1.3.1　焊接接头的组织

在熔化焊中,焊件接头都经历着加热、然后又迅速冷却的过程。因而焊缝及临近焊缝的区域,金属材料都受到一次不同温度的热处理,其组织和性能都发生相应的变化。图7-4给出了焊接时焊件横截面上不同点的温度变化情况。各点离焊缝中心距离不同,所以各点的最高温度也不同。

图7-4　焊件横截面上不同点的温度变化

图7-5　焊接过程金属组织和性能变化

以低碳钢为例,说明焊接过程造成金属组织和性能的变化,如图7-5所示。受焊接热循环的影响,焊缝附近的母材组织或性能发生变化的区域叫焊接热影响区;熔焊焊缝和母材的交界线叫熔合线,熔合线两侧有一个很窄的焊缝与热影响区的过渡区叫熔合区;因此焊接接头由焊缝区、熔合区和热影响区组成。

1) 焊缝区

焊缝是指焊件经焊接后所形成的结合部分。加热时,焊缝区的温度在液相线以上,这部分的金属温度最高,冷却时结晶从熔池壁底部开始并垂直于池壁方向生长,最后形成柱状晶粒(图7-6),结晶过程中将在最后结晶部位产生成分偏析。焊缝组织是从液体金属结晶的铸态组织,晶粒粗大,成分偏析,组织不致密。但由于熔池小,冷却快,通过化学成分的严格控制可使碳、硫、磷含量都

图7-6　焊缝的柱状树枝晶

较低并含有一定合金元素,故可使焊缝金属的力学性能不低于母材。

但在熔池中心最后冷却的部分中有可能聚集了各种杂质,显然有损焊缝强度的就是熔池中心聚集了各种杂质的最后冷却部分,这对于窄焊缝强度的影响尤为显著。

2) 熔合区

熔合区是焊接接头中焊缝向热影响区过渡的区域。焊接时,熔合区的温度范围在液相线与固相线之间。虽然熔合区很窄,但化学成分不均匀,组织粗大,往往是由粗大的过热组织或

粗大的淬硬组织组成,使强度下降,塑性、韧性极差,产生裂纹和脆性破坏,其性能往往是焊接接头中最差的,使焊接接头的强度、塑性和韧性都下降。

大量实践证明,熔合区是整个焊接接头中的一个薄弱地带。此地带存在着严重的化学不均匀性和物理不均匀性。熔合区在组织上和性能上也是不均匀的,接近母材一侧的金属组织是过热组织,塑性差,晶粒十分粗大,许多情况下,熔合区是产生裂纹,局部脆性破坏的发源地。

3)热影响区

因焊接热作用的不同,热影响区各处的组织性能变化是不相同的,如图 7-5 所示。热影响区可分为过热区、正火区、部分相变和再结晶区。

(1)过热区。具有过热组织特征,最高加热温度在 1 100℃ 以上的区域接近固相线,冷却后晶粒粗大,甚至产生过热组织。塑性和冲击韧性明显下降,是热影响区中力学性能最差的部位。

(2)正火区。热影响区中具有正火组织的区域,温度在 Ac_3 至 1 100℃ 的区域,加热时金属发生重结晶,转变为细小的奥氏体晶粒。冷却后晶粒细化得到均匀而细小的铁素体和珠光体组织,力学性能得到改善,其性能优于母材。

(3)部分相变区。最高加热温度在 Ac_1 至 Ac_3 的区域,只有部分组织发生相变。珠光体和部分铁素体发生重结晶,转变成细小的奥氏体晶粒。部分铁素体不发生相变,但其晶粒有长大趋势。冷却后晶粒大小不均,因而力学性能比正火区稍差。

(4)再结晶区。此区域加热温度在 450~750℃。如果母材焊前经过压力加工,即经过塑性变形,晶粒发生破碎现象,那么在此温度区间,会再次变成完整的晶粒,形成一个具有较细晶粒的再结晶区。在此区中,由于经过塑性变形的母材组织发生了再结晶,原先塑性变形过程中的加工硬化效应完全消失,因此强度降低,塑性稍有改善。如果母材焊前未经过塑性变形,则焊后热影响区中无再结晶区。

7.1.3.2 焊接接头的性能

由于焊接条件的特点:加热温度高,加热速度快,高温停留时间短,自然条件下冷却及局部加热,从而就决定了焊接接头的组织与性能的不均匀性。它不仅与结构特征、母材的钢种、接头形式、焊接方法、焊接材料、焊接工艺参数、热处理等有关外,还存在应力集中,残余应力及焊接缺陷,这些无不对焊接接头性能有着重要的影响。

对性能影响较大的是最靠近焊缝的基本金属,其加热温度处于液相线和固相线之间的温度范围内,在焊接过程中,这里只有部分金属被熔化,并会发生液体金属与基本金属之间的化学成分的互相扩散,因而此处金属的成分既不同于基本金属,也不同于焊缝金属,具有晶粒粗大,塑性差的特点;次为受高温影响较大的过热处,这里金属的加热温度高,晶粒剧烈长大,冷却后形成了晶粒粗大的过热组织,因而其冲击韧性比基本金属低,也是容易产生裂纹的区域。为提高焊件的焊接质量,应尽量减小焊接接头的热影响区。

焊接热影响区在电弧焊焊接接头中是不可避免的。用焊条电弧焊或埋弧焊方法焊接一般低碳钢结构时,因热影响区较窄,危害性较小,焊后不进行处理即可使用。但对重要的碳钢结构件、低合金钢结构件,则必须注意热影响区带来的不利影响。为消除其影响,一般采用焊后正火处理,使焊缝和焊接热影响区的组织转变成为均匀的细晶结构,以改善焊接接头的性能。

对焊后不能进行热处理的金属材料或构件,则只能通过正确的选择焊接材料、焊接方法与焊接工艺上来减少焊接热影响区的范围。

7.1.4　焊接应力与变形

焊接应力与变形是直接影响焊接结构性能、安全可靠性和制造工艺性的重要因素。它会导致在焊接接头中产生冷、热裂纹等缺陷,在一定的条件下还会对结构的断裂特性、疲劳强度和形状尺寸精度有不利的影响。在构件制造过程中,焊接变形往往引起正常工艺流程中断。因此掌握焊接应力与变形的规律,了解其作用与影响,采取措施控制或消除,对于焊接结构的完整性设计和制造工艺方法的选择以及运行中的安全评定都有重要意义。

7.1.4.1　焊接应力与变形的概念

在焊接生产中,焊接应力与焊接变形的产生是不可避免的。焊接过程结束,焊件冷却后残留在焊接中的内应力称为焊接应力,也称为焊接残余应力。焊接过程中,焊件产生了不同程度的变形,焊接过程结束,焊件冷却后残留在焊件上的变形称为焊接变形,也称为焊接残余变形。焊接残余应力往往是造成裂纹的直接原因,同时也降低了结构的承载能力和使用寿命。焊接残余变形造成了焊件尺寸、形状的变化,这给正常的焊接生产带来了一定的困难。因此在焊接生产中的一项重要任务就是如何控制焊接残余应力和焊接残余变形。

7.1.4.2　焊接应力与变形产生的原因

焊接时的局部不均匀热输入是产生焊接应力与变形的决定因素。热输入是通过材料因素、制造因素和结构因素所构成的内拘束度和外拘束度而影响热源周围的金属运动,最终形成了焊接应力和变形。材料因素主要包括有材料特性、热物理常数及力学性能(热膨胀系数 $\alpha = f(T)$,弹性模量 $E = f(T)$,屈服强度 $\sigma_s = f(T)$,$\sigma_s(T) \approx 0$ 时的温度 T_K 或称"力学熔化温度"以及相变等);在焊接温度场中,这些特性呈现出决定热源周围金属运动的内拘束度。制造因素(工艺措施、夹持状态)和结构因素(构件形状、厚度及刚性)则更多地影响着热源周围金属运动的外拘束度。

焊接应力和变形是由多种因素交互作用而导致的结果。通常,若仅就其内拘束度的效应而言,焊接应力与变形产生机理可表述如下:焊接热输入引起材料不均匀局部加热,使焊缝区熔化;而与熔池比邻的高温区材料的热膨胀则受到周围材料的限制,产生不均匀的压缩塑性变形;在冷却过程中,已发生压缩塑性变形的这部分材料(如长焊缝的两侧)又受到周围条件的制约,而不能自由收缩,在不同程度上又被拉伸而卸载;与此同时,熔池凝固,金属冷却收缩时也产生相应的收缩拉应力与变形。这样,在焊接接头区产生了缩短的不协调应变(即残余塑性应变,或称初始应变、固有应变)。

与焊接接头区产生的缩短不协调应变相对应,在构件中会形成自身相平衡的内应力,通称为焊接应力。焊接接头区金属在冷却到较低温度时,材料回复到弹性状态;此时,若有金相组织转变(如奥氏体转变为马氏体),则伴随体积变化,出现相变应力。

随焊接过程而变化的内应力场和构件变形,称为焊接瞬态应力与变形。而焊后,在室温条件下,残留于构件中的内应力场和宏观变形,称为焊接残余应力与焊接残余变形。

焊接结构多用熔焊方法制造。而熔焊时的焊接应力与变形问题最为突出,电阻焊次之。

钎焊的不均匀加热或不均匀冷却也会引起构件中的残余应力和变形。在钎焊和扩散焊接头中,由于采用不同材质的钎料和中间过渡层,热膨胀系数的差异也是导致残余应力场的一个重要因素。

由于焊接应力与变形问题的复杂性,在工程实践中,往往采用实验测试与理论分析和数值计算相结合的方法,掌握其规律,以期能达到预测、控制和调整焊接应力与变形的目的。

7.1.4.3 焊接残余应力与残余变形

1) 焊接残余应力的分类

(1) 热应力。热应力也称为温度应力,是由于构件受热不均匀而引起的应力,因为并不是任何物体有温度就有应力的,只有物体上的温度分布不均匀,有温度梯度时才有应力。

(2) 组织应力。金属冷却时,在刚性恢复温度之下产生相变导致体积变化而引起的应力称为组织应力。我们知道金属加热冷却时,材料内部组织要发生相变,而相变时体积也将发生变化,冷却时的相变往往是体积增大,如果这个增大是发生在金属的刚性恢复温度之下,那么周围恢复了刚性的部分金属将阻碍这个体积增大,这就将产生新的应力:组织应力,也称为相变应力。

(3) 拘束应力。焊接结构往往在拘束条件下焊接的,造成拘束状态的因素有结构的刚度、自重、焊缝的位置以及夹持卡具的松紧程度等。这种在拘束条件下的焊接,由于受到外界或自身刚度的限制,不能自由变形就产生了拘束应力。

(4) 氢致应力。焊接过程中,焊缝局部产生显微缺陷,如气孔、夹渣等,扩散氢向显微缺陷处聚集,局部氢的压力增大,产生氢致应力。氢致应力是导致焊接冷裂纹的重要因素之一。

2) 焊接残余变形的分类

(1) 收缩变形。即焊件沿焊缝的纵向和横向尺寸减小,是由于焊缝区的纵向和横向收缩引起的,如图 7-7(a)所示。

(2) 角变形。即相连接的构件间的角度发生改变,一般是由于焊缝区的横向收缩在焊件厚度上分布不均匀引起的,如图 7-7(b)所示。

(3) 弯曲变形。即焊件产生弯曲。通常是由焊缝区的纵向或横向收缩引起的,如图 7-7(c)所示。

(4) 扭曲变形。即焊件沿轴线方向发生扭转,与角焊缝引起的角度变形沿焊接方向逐渐增大有关,如图 7-7(d)所示。

(5) 失稳变形(波浪变形)。一般是由沿板面方向的压应力作用引起的,如图 7-7(e)所示。

| (a) | (b) | (c) | (d) | (e) |

图 7-7 焊接变形的基本形式

(a)纵向和横向收缩变形;(b)角变形;(c)弯曲变形;(d)扭曲变形;(e)波浪变形

7.1.4.4　减少焊接应力和焊接变形的措施

1) 合理的装配顺序和焊接顺序

同样的焊接结构如果采用不同的装配和焊接顺序,焊后产生的变形则不相同。正确地选择装配顺序和焊接顺序,一般应依照下述原则:①收缩量大的焊缝先焊,因为先焊的焊缝收缩时受阻较小,故应力较小;②采取对称焊,这样大大减少了焊后出现的再变形,对于对称焊缝,可以同时对称施焊,少则 2 人,大的结构可以多人同时施焊,使所焊的焊缝相互制约,使结构不产生整体变形;③长焊缝焊接时,应采取对称焊、逐步退焊、分中逐步退焊、跳焊等焊接顺序,因为对接焊缝的收缩量较大。对于大型机件,先制作好大框,这样大大提高了结构的刚性,从而更减小了焊接应力及形变。采用小坡口角度,控制装配间隙,大电流熔焊的方法利用反变形来减小焊接变形。

2) 合理的焊接方向

对一般对接焊缝来说,不管焊缝有多长,其横向受力的分布总是在末端产生较大的拉应力,中段受到大的压应力,而且焊缝越长,采用直通焊的方法,这种应力就越大,由此产生焊件的变形也就越大,这不仅是因为在焊接过程中沿焊缝方向上的热量分布不均匀,主要是由于冷却有先后,在膨胀收缩过程中受到的约束程度不同而引起的。焊接时,要保证焊缝的纵向和横向收缩都比较自由。例如对接焊缝时,从中间依次向两自由端进行焊接,使焊缝能较好地自由收缩。收缩量最大的焊缝应先焊一个结构上。在对接平面上带有交叉焊缝的接头时,必须采用保证交叉点部位不易产生缺陷的焊接顺序。应尽量避免 2 条或 3 条焊缝垂直交叉。

3) 尽可能地减少焊缝的尺寸和数量

应在满足结构承载能力和保证焊接质量的前提下,随着板的厚度来选取工艺上可能选用的最小的焊缝尺寸。

适当选择板的厚度,减少肋板数量,从而可减少焊缝和焊接后变形的校正量,如薄板结构件,可用压型结构代替肋板结构,以减少焊缝数量,防止或减少焊后变形。

4) 避免焊缝过分集中

焊缝与焊缝之间应保持足够的距离,尽量避免三轴交叉的焊缝,不应把焊缝布置在工作应力最大的区域。焊缝数量宜少,且不宜过分集中。

5) 其他降低应力和解决焊接变形方法

(1) 锤击焊缝。即可用头部带小圆弧的工具锤击焊缝,使焊缝得到延展,降低内应力,锤击应保持均匀适度,避免锤击过分,以防止产生裂纹。一般不锤击第 1 层和表面层。

(2) 加热减应力法。在焊接结构的适当部位加热使之伸长,加热区的伸长带动焊接部位,使它产生一个与焊缝方向相反的变形。在加热区冷却收缩时,焊缝就可能比较自由地收缩,从而减小内应力。

(3) 反变形法。反变形法是生产中经常使用的方法,它是按照事先估计好的焊接变形的大小和方向,在装配时预加一个相反的变形,使其与焊接产生的变形相抵消,也可以在构件上预制出一定量的反变形,使之与焊接变形相抵消来防止焊接变形。

(4) 刚性固定法。该法是在没有反变形的情况下,将构件加以固定来限制焊接变形。此种方法对角变形和波浪变形比较有效。

7.1.5　焊条电弧焊

7.1.5.1　焊条电弧焊概念

焊条电弧焊是利用焊条与被焊金属工件间产生的电弧热量加热并熔化金属,随后凝固成焊缝,获得牢固接头的手工操作的焊接方法。

焊条电弧焊的特点是利用电弧热熔化焊条及工件,焊条药皮在电弧热作用下燃烧、分解、熔化形成保护气氛,保护熔池和电弧不受空气中的氧和氮的影响。缺点是生产率低、劳动强度大、焊接质量对焊工的依赖性强等。相对其缺点,焊条电弧焊具有可在室内、室外、高空和各种方位进行等优点。其设备简单、维护容易、焊钳小、使用灵便,适于焊接高强度钢、铸钢、铸铁和非铁金属,其焊接接头与工件(母材)的强度相近,是焊接生产中应用最广泛的方法。

图7-8　焊条电弧焊过程

7.1.5.2　焊条电弧焊的焊接过程

如图7-8所示,焊接过程中随着电弧沿焊接方向前移,药皮不断地分解、熔化而生成气体及溶渣,保护焊条端部、电弧、熔池及其附近区域,防止大气对熔化金属的有害污染。工件和焊芯不断熔化而形成新的熔池,原有熔池则因电弧远离而冷却,凝固后形成焊缝,从而将两个分开的焊件连接成体。覆盖在焊缝表面的熔渣也逐渐凝固成为固态渣壳。这层熔渣和渣壳对焊缝成形的好坏和减缓金属的冷却速度有着重要的作用。

焊条电弧焊的焊接过程可分为4个步骤:电弧引燃、焊条运动、焊缝的连接以及收尾。

1)电弧引燃

电弧焊时,引燃焊接电弧的过程称为引弧。焊接电弧焊通常使用的引弧方法是接触引弧法,根据操作手法的不同,又可分为直击引弧法和划擦引弧法。

2)焊条运动

焊接过程中,焊条相对焊缝所坐的各种动作的总称称为运条。运条的方法很多,常用的运条方法有:直线形运条法;直线往返形运条法、锯齿形运条法、月牙形运条法、三角形运条法、圆圈形运条法等。

3)焊缝的连接

(1)中间接头。后焊的焊缝从先焊的焊缝尾部开始焊接。

(2)相背接头。两焊缝起头处相接。

(3)相向接头。是两条焊缝的收尾相接。

(4)分段退焊接头。先焊焊缝的起头和后焊焊缝的收尾相接。

4)收尾(熄弧)

焊缝的收尾是指一条焊缝焊完后如何收弧。如果将电弧突然熄灭,则焊缝表面留有凹陷较深的弧坑。为了克服弧坑缺陷,可以采用的收尾方法有以下几种:

(1)反复收尾法。在弧坑处反复熄弧、引弧数次,直到填满弧坑。

(2)划圈收尾法。在弧坑处做圆圈运动,直到填满弧坑。

(3)转移收尾法。在弧坑处稍作停留,将电弧慢慢拉长,引到焊缝边缘的母材坡口内。

7.1.5.3 电焊条

手工电弧焊焊条由焊条芯和药皮两部分组成。焊条芯起导电和填充焊缝金属的作用,药皮则用于保证焊接顺利进行,并使焊缝得到一定的化学成分和机械性能,它对焊接质量有很大的影响。

1) 焊条芯

焊条芯是组成焊缝金属的主要材料。为了保证焊缝质量,对焊条芯的要求是很高的。对焊芯金属的各合金元素的含量分别有一定的限制,以保证焊缝的性能不低于焊件金属。因此,焊条芯的钢材都是经过特殊冶炼的,并应达到国家标准。

焊条种类很多,作焊条芯的金属有低碳钢、不锈钢和各种有色金属等。焊条的直径是用焊条芯的直径来表示的,最小的为 1.6mm,最大的为 8mm,但以直径为 3~5mm,长度为 350~450mm 的应用最广。

2) 焊条药皮

光焊条在焊接时飞溅很大,电弧稳定性差,焊缝成形很不好,焊接缺陷严重,以致焊缝质量很低。为此必须采用带药皮的焊条。焊条药皮的主要作用是:提高焊接电弧的稳定性,防止空气对熔化金属的有害作用,保证焊缝金属的脱氧和加入合金元素,以便提高焊缝金属的机械性能。

焊条药皮的种类多,药皮组成成分也比较复杂,焊条药皮原料的种类名称、作用及药皮配方等请查有关资料。

3) 焊条的种类及型号

焊条按化学成分划分为七大类:碳钢焊条、低合金钢焊条、不锈钢焊条、堆焊焊条、铸铁焊条及焊丝、铜及铜合金焊条、铝及铝合金焊条。其中应用最多的是碳钢焊条和低合金钢焊条。

根据国标 GB/T 5117—1995《碳钢焊条》和 GB/T 5118—1995《低合金钢焊条》的规定,两种焊条型号用大写字母"E"和数字表示,如 E4303、E5015 等。"E"表示焊条,型号中 4 位数字的前两位表示熔敷金属抗拉强度的最小值,第三位数字表示焊条适用的焊接位置("0"及"1"表示适用于各种焊接位置,"2"表示适用于平焊及平角焊,"4"表示适合于向下立焊),第三位与第四位数字组合表示药皮类型和电流种类。低合金钢焊条型号中在 4 位数字之后,还标出附加合金元素的化学成分,如 E5515-B2-V 属低氢钠型,适用直流反接进行各种焊接位置的焊条。

焊条牌号是焊条行业统一的焊条代号。焊条牌号一般用一个大写拼音字母和三个数字表示,如 J422、J507 等。拼音字母表示焊条的大类,如"J"表示结构钢焊条(碳钢焊条和普通低合金钢焊条),"A"表示奥氏体不锈钢焊条,"Z"表示铸铁焊条等;前两位数字表示各大类中若干小类,如结构钢焊条前两位数字表示焊缝金属抗拉强度等级,其等级有 42、50、55、60、70、75、85 等,分别表示其焊缝金属的抗拉强度大于或等于 420、500、550、600、700、750、850(单位为MPa);最后一个数字表示药皮类型和电流种类,如表 7-1 所示,其中 1 至 5 为酸性焊条,6 和 7为碱性焊条。其他焊条牌号表示方法,见国家机械工业委员会编《焊接材料产品样本》(1987年)。J422 符合国家标准 E4303,J1507 符合国家标准 E5015,J506 符合国家标准 E5016。

表 7-1 焊条药皮类型和电源种类编号

编　号	1	2	3	4	5	6	7	8
药皮类型	钛型	钛钙型	钛铁矿型	氧化铁型	纤维素型	低氢钾型	低氢钠型	石墨型
电源种类	交直流	交直流	交直流	交直流	交直流	交直流	直流	交直流

若根据焊条药皮熔化后的熔渣特性,焊条又可分成酸性焊条和碱性焊条两类。药皮熔渣中酸性氧化物比碱性氧化物多的焊条为酸性焊条。酸性焊条因药皮成分主要是氧化铁、氧化硅、氧化钛等,具有较强的氧化性,焊接时药皮中合金元素烧损较大,焊缝金属的机械性能,特别是冲击韧性与塑性较低。但酸性焊条由于碳的氧化造成熔池沸腾,有利于已溶入熔池中的气体逸出,所以对铁锈、油脂、水分的敏感性不大,适用于一般低碳钢和强度较低的普通低合金钢的焊接。碱性焊条因药皮中含有较多的大理石和萤石,并含有较多的铁合金作为脱氧剂和合金剂,焊接时大理石分解成氧化钙和大量的二氧化碳作为保护气体。与酸性焊条相比较时,保护气体中氢很少,因此又称为低氢焊条,能使焊缝金属具有良好的机械性能,特别是冲击韧性较高,抗裂缝性能较强。碱性焊条主要用于重要结构(如锅炉、压力容器和合金结构钢等)的焊接。但稳弧性差,焊缝成形不美观,脱渣困难,要求直流反接,并应注意排除有毒气体(氟化氢)。

4) 焊条选用原则

选用焊条通常是根据焊件化学成分、力学性能、抗裂性、耐腐蚀性以及耐高温性能等要求选用相应的焊条种类。

(1) 低碳钢、普通低合金钢构件。焊缝与母材等强度。注意:钢材按屈服强度定等级,结构钢焊条的等级是指焊缝金属抗拉强度最低保证值。

(2) 同一强度等级酸碱性焊条的选用。碱性焊条:要求塑性好、冲击韧性高、抗裂性好、低温性好。酸性焊条:受力不复杂,母材质量较好,尽量选用较便宜的酸性焊条。

(3) 低碳钢与低合金钢焊接,按接头中强度较低者选焊条。

(4) 铸钢易裂一般应选碱性,且采用适当工艺,如预热。

(5) 特殊性能钢要求选相应焊条,以保证焊缝主要化学成分、性能与母材相同。

7.1.6 埋弧焊

埋弧焊是电弧在焊剂下燃烧以进行焊接的熔焊方法。

按照机械化程度,可以分为自动焊和半自动焊两种。两者的区别是:前者焊丝送进和电弧相对移动都是自动的,而后者仅焊丝送进是自动的,电弧移动是手动的。由于自动焊的应用远比半自动焊广泛,因此,通常所说的埋弧焊一般指的是自动埋弧焊。

埋弧焊是焊接生产中应用最广泛的工艺方法之一。由于焊接熔深大、生产效率高、机械化程度高,因而特别适用于中厚板长焊缝的焊接。造船、锅炉与压力容器、化工、桥梁、起重机械、工程机械、冶金机械以及海洋结构、核电设备等制造中都是主要的焊接生产手段。

随着焊接冶金技术和焊接材料生产的发展到低合金结构钢、不锈钢、耐热钢以及一些有色金属材料,如镍基合金、铜合金的焊接等,此外,埋弧焊用于抗磨损耐腐蚀材料的堆焊,也是十分理想的工艺方法。

7.1.6.1　埋弧焊的焊接过程

埋弧焊过程如图 7-9 所示,焊接电源的两极分别接至导电嘴和焊件。焊接时,颗粒状焊剂由焊剂漏斗经软管均匀地堆敷到焊件的待焊处,焊丝由焊丝盘经送丝机构和导电嘴送入焊接区,电弧在焊剂下面的焊丝与母材之间燃烧。

图 7-9　埋弧焊过程示意图

图 7-10　埋弧焊电弧和焊缝的形成
1—焊剂;2—焊丝;3—电弧;4—熔池;
5—熔渣;6—焊缝;7—焊件;8—渣壳

埋弧焊电弧和焊缝的形成如图 7-10 所示,电弧热使焊丝、焊剂及母材局部熔化和部分蒸发。金属蒸气、焊剂蒸气和冶金过程中析出的气体在电弧的周围形成一个空腔,熔化的焊剂在空腔上部形成一层熔渣膜。这层熔渣膜如同一个屏障,使电弧、液体金属与空气隔离,而且能将弧光遮蔽在空腔中。在空腔的下部,母材局部熔化形成熔池;空腔的上部,焊丝熔化形成熔滴,并以渣壁过渡的形式向熔池中过渡,只有少数熔滴采取自由过渡。

7.1.6.2　埋弧焊的特点

1) 埋弧焊的优点

(1) 生产效率高。埋弧焊所用的焊接电流可大到 1 000A 以上,因而电弧的熔深能力和焊丝熔敷效率都比较大。

(2) 焊接质量好。一方面由于埋弧焊的焊接参数通过电弧自动调节系统的调节能够保持稳定,对焊工操作技术要求不高,因而焊缝成形好、成分稳定;另一方面也与采用熔渣进行保护,隔离空气的效果好有关。

(3) 劳动条件好。埋弧自动焊时,没有刺眼的弧光,也不需要焊工手工操作。这既能改善作业环境,也能减轻劳动强度。

(4) 节约金属及电能。对于 20~25mm 厚以下的焊件可以不开坡口焊接,这既可节省由于加工坡口而损失的金属,也可使焊缝中焊丝的填充量大大减少。同时,由于焊剂的保护,金属的烧损和飞溅也大大减少。由于埋弧焊的电弧热量能得到充分的利用,单位长度焊缝上所消耗的电能也大大降低。

2）埋弧焊的缺点

（1）焊接适用的位置受到限制。由于采用颗粒状的焊剂进行焊接，因此一般只适用于平焊位置（俯位）的焊接，如平焊位置的对接接头、平焊位置和横焊位置的角接接头以及平焊位置的堆焊等。对于其他位置，则需要采用特殊的装置以保证焊剂对焊缝区的覆盖。

（2）焊接厚度受到限制。由于埋弧焊时，当焊接电流小于 100A 时电弧的稳定性通常变差，因此不适于焊接厚度小于 1mm 以下的薄板。

（3）对焊件坡口加工与装配要求较严。因为埋弧焊不能直接观察电弧与坡口的相对位置，故必须保证坡口的加工和装配精度，或者采用焊缝自动跟踪装置，才能保证不焊偏。

7.1.6.3　埋弧焊工艺

1）焊接准备

（1）坡口设计及加工。同其他焊接方法相比，埋弧焊接母材稀释率较大，母材成分对焊缝性能影响较大，埋弧焊坡口设计必须考虑到这一点。坡口选择如表 7-2 所示，坡口可用刨边机、气割机等设备加工。

表 7-2　坡口尺寸选择

板厚	小于 14mm	12～22mm	大于 22mm
坡口	不开坡口	V 或 U 形坡口	双 V 或双 U 形坡口

（2）焊前清理。坡口内水锈、夹杂铁末，点焊后放置时间较长而受潮氧化等焊接时容易产生气孔，焊前需要提高工件温度或用喷砂等方法进行处理。

（3）装配点固。埋弧焊要求有接头间隙均匀无错边，装配时需根据不同板厚进行定间距、定位焊。另外直缝接头两端尚需加引弧板和熄弧板，以减少引弧和熄弧时产生缺陷。

2）选择焊接工艺方法

（1）对接接头单面焊。对接接头埋弧焊时，工件可以开坡口或不开坡口。开坡口不仅为了保证熔深，而且有时还为了达到其他的工艺目的。如焊接合金钢时，可以控制熔合比。在不开坡口的情况下，埋弧焊可以一次焊透 20mm 以下的板料，但要求预留 5～6mm 的间隙，否则厚度超过 14～16mm 的板料必须开坡口才能用单面焊一次焊透。

（2）对接接头双面焊。一般工件厚度从 10～40mm 的对接接头，通常采用双面焊。接头形式根据钢种、接头性能要求的不同，可采用 I 形、Y 形、X 形坡口。这种方法对焊接工艺参数的波动和工件装配质量都不敏感，其焊接技术关键是保证第一面焊的熔深和熔池的不流溢和不烧穿。

（3）角焊缝焊接。焊接 T 形接头或搭接接头的角焊缝时，采用船形焊和平角焊两种方法。

① 船形焊。将工件角焊缝的两边置于与垂直线各成 45℃ 的位置，可为焊缝成形提供最有利的条件。这种焊接接头的装配间隙不超过 1～1.5mm，否则，必须采取措施，以防止液态金属流失。

② 平角焊。当工件不便于采用船形焊时，可采用平角焊来焊接角焊缝。这种焊接方法对接头装配间隙较不敏感，即使间隙达到 2～3mm，也不必采取防止液态金属流失的措施。焊丝与焊缝的相对位置，对平角焊的质量有重大影响。

3）选择焊接材料

（1）焊剂。焊剂可以隔离空气、保护焊接金属不受空气侵害，可以对熔化金属进行冶金处理。埋弧焊焊剂的作用与焊条药皮相似，埋弧焊过程中，熔化焊剂产生的渣和气，有效地保护了电弧和熔池，同时还可起到脱氧和掺合金的作用，与焊丝配合保证焊缝金属的化学成分和力学性能，防止焊缝中产生裂纹和气孔等缺陷，焊后未熔化的焊剂另行清理回收。

（2）焊丝。焊接时焊丝熔化进入熔池，起到填充和合金化的作用，尚未熔化的焊丝还起着导电的作用。焊丝主要是按照被焊材料的种类进行分类，可以分为碳素结构钢焊丝、合金结构钢焊丝、不锈钢焊丝、有色金属焊丝和堆焊用的特殊合金焊丝等。

4）选择焊接参数

（1）焊接电流。当其他条件不变时，无论是 Y 形坡口还是 I 形坡口，正常焊接条件下，熔深与焊接电流变化成正比，即电流增加，熔深增加。焊接电流可影响焊缝断面的形状，电流小，熔深浅，余高和熔宽不足；电流过大，熔深大，余高过大，易产生高温裂纹。

（2）电弧电压。电弧电压和电弧长度成正比，在电弧电压和焊接电流相同时，如果选用的焊剂不同，电弧空间电场强度不同，则电弧长度不同。如果其他条件不变，改变电弧电压可影响焊缝形状的。电弧电压低，熔深大，焊缝宽度窄，易产生热裂纹；电弧电压高时，焊缝宽度增加，余高不够。

（3）焊接速度。焊接速度可影响熔深和熔宽，通常焊接速度小，焊接熔池大，焊缝熔深和熔宽均较大，随着焊接速度增加，焊缝熔深和熔宽都将减小，即熔深和熔宽与焊接速度成反比。焊接速度可影响焊缝断面的形状，焊接速度过小熔化金属量多，焊缝成形差；焊接速度较大时，熔化金属不足，容易产生咬边。

（4）焊丝直径。焊接电流、电弧电压、焊接速度一定时，焊丝直径不同，焊缝形状会发生变化。其他条件不变时，熔深与焊丝直径成反比关系，但这种关系随电流密度的增加而减弱，这是由于随着电流密度的增加，熔池熔化金属量不断增加，熔融金属后排困难，熔深增加较慢，并随着熔化金属量的增加，余高增加焊缝成形变差，所以埋弧焊时增加焊接电流的同时要增加电弧电压，以保证焊缝成形质量。

（5）明确操作要求。包括确定所需的工艺装备、焊缝层间清理的方法等。

7.1.7 气体保护焊

7.1.7.1 CO_2 气体保护焊

CO_2 气体保护电弧焊（简称 CO_2 焊）是一种先进的焊接方法，它具有焊接质量好、效率高、成本低，易于实现过程自动化等一系列优点。近些年来，它在国内外焊接领域中发展很快，实际生产中的应用日趋广泛，已成为一种重要的弧焊方法。

1）CO_2 气体保护焊的焊接过程

CO_2 气体保护电弧焊以二氧化碳为保护气体的电弧焊。图 7-11 中用焊丝作电极，靠焊丝和焊件之间产生的电弧熔化工件金属与焊丝，形成熔池，凝固后成为焊缝。焊丝的送进靠送丝机构实现。焊丝由送丝机构送入软导管，再经导电嘴送出。二氧化碳气体从喷嘴中以一定流量喷出，电弧引燃后，焊丝端部及熔池被二氧化碳气体包围，可防止空气对高温金属的侵害。但二氧化碳是氧化性气体，在电弧作用下能分解为 CO 和 O_2，使钢中的碳、锰、硅及其他合金元素烧损。为保证焊缝的合金成分,需采用含锰、硅较高的焊接钢丝或含有相应合金元素的合金钢焊丝。

图 7-11 CO_2 气体保护焊

2)二氧化碳气体保护焊的特点

(1)成本低。焊接成本仅是埋弧焊和手工电弧焊的 40％。

(2)生产率高。焊丝送进是机械化或自动化,电流密度大,电弧热量集中,焊接速度快。焊后没有渣壳,节省了清渣时间,生产率比手工电弧焊通过 1～3 倍。

(3)操作性能好。明弧焊可清楚看到焊接过程,容易发现问题,及时调整处理。

(4)质量较好。电弧在气流压缩下燃烧,热量集中,因而焊接热影响区较小,变形和产生裂纹的倾向小。氧化性气体保护,焊缝含 H 量低。

缺点:二氧化碳的氧化作用使熔滴飞溅较为严重,因此焊接成形不够光滑。另外,如果控制或操作不当,容易产生气孔。

3)CO_2 气体保护焊工艺参数

CO_2 气体保护焊时,由于熔滴过渡的不同形式,需采用不同的焊接工艺参数。

(1)焊丝直径。焊丝直径根据焊件厚度、焊缝空间位置及生产率等条件来选择薄板或中板的立、横、仰焊时,多采用直径 1.6mm 以下的细焊丝。当平焊位置焊接中厚板时,可采用直径大于 1.6mm 的粗丝。适用范围如表 7-3 所示。

表 7-3   不同直径焊丝的适用范围

丝径/mm	熔滴过渡形式	施焊位置	焊件厚度/mm
0.5～0.8	短路过渡	全位置	1.0～2.5
	颗粒过渡	平位	2.5～4.0
1.0～1.4	短路过渡	全位置	2.0～8.0
	颗粒过渡	平 位	2.0～12.0
1.6	短路过渡	全位置	3.0～12
≥1.6	颗粒过渡	平位	＞6

(2)焊接电流。CO_2 保护焊时,焊接电流是最重要的参数。因为焊接电流的大小,决定了焊接过程的熔滴过渡形式,从而对飞溅程度、电弧稳定性有很大的影响,同时,焊接电流对于熔

深及生产率,也有着决定性的影响。电流增大,熔深增加,熔宽略增加,焊丝熔化速度增加,生产率提高,但电流太大时,会使飞溅增加,并容易产生烧穿及气孔等缺陷。反之,若电流太小,电弧不稳定,而产生未焊透,焊缝成形差。不同丝径焊接电流选用范围如表 7-4 所示。

表 7-4　不同丝径焊接电流选用范围

丝径/mm	焊接电流(A)	
	颗粒过渡/(30～45V)	短路过渡/(16～22V)
0.8	150～250	50～100
1.0	150～300	70～120
1.2	160～350	90～150
1.6	200～500	140～200
2.0	350～600	160～250
2.4	500～750	180～280

(3) 电弧电压。电弧电压也是重要的焊接工艺参数,选择时必须与焊接电流配合恰当。电弧电压的大小对焊缝成形、熔深、飞溅、气孔以及焊接过程的稳定性等都有很大影响通常细丝焊接时电弧电压为 16～24V,粗丝(ø1.6 以上)焊接时电弧电压为 25～36V。采取短路过渡形式时,其电弧电压与焊接电流的最佳配合范围如表 7-5 所示。

表 7-5　CO_2 短路过渡时电弧电压最佳范围

焊接电流/A	电弧电压/V	
	平焊	立焊和仰焊
75～120	18～21.5	18～19
130～170	19.5～23.0	18～21
180～210	20～24	18.5～22
220～260	21～25	19～23.5

(4) 焊接速度。焊接速度会影响焊缝成形、气体保护效果、焊接质量及效率。在一定的焊丝直径、焊接电流和电弧电压的工艺条件下,速度增快,焊缝熔深及熔宽都有所减小。如果焊速太快,则可能产生咬边或未熔合缺陷,同时,气体保护效果变坏,出现气孔。反之若焊速太慢,效率低,焊接变形大。通常,CO_2 半自动焊速在 15～30m/h 范围内;自动焊时,速度稍快些,但一般不超过 40m/h。

(5) 焊丝伸出长度。指从导电嘴到焊丝端头的距离。一般按下式选定:$L = 10d$mm,L 为焊丝伸出长度;d 为丝径。如果焊接电流取上限值,则伸出长度也可稍大一些。

(6) CO_2 气体流量。其大小应根据接头形式、焊接电流、焊接速度、喷嘴直径等参数决定。通常细丝(<1.6mm)焊接时,流量为 5～15L/min;粗丝(≥1.6mm)焊时,流量 15～25L/min。

(7) 电源极性。CO_2 气体保护焊时,主要采用直流反极性连接,这种焊接过程电弧稳定,飞溅少、熔深大。而正极接时,因为焊丝为阴极,焊件为阳极,焊丝熔化速度快,而熔深较浅,余高增大,飞溅也较多,一般只用于阀门堆焊或铸钢件的补焊。

（8）回路电感。焊接回路中串联的电感量应根据焊丝直径、焊接电流和电弧电压来选择。合适的电感,可以调节短路电流的增长速度,使飞溅减少,还可以调节短路频率,调节燃弧时间,控制电弧热量;电感值太大时,短路过渡慢,短路次数少,引起大颗粒的金属飞溅或焊丝成段炸断,造成熄弧或引弧困难;电压值太小时,短路电流增长速度快,造成很细的颗粒飞溅,使焊缝边缘不齐。焊接回路电感量的选择如表 7-6 所示。

表 7-6   焊接回路电感量的选择

焊丝直径/mm	焊接电流/A	电弧电压/V	电感量/mH
0.8	100	18	0.01～0.08
1.2	130	19	0.01～0.16
1.6	160	20	0.3～0.7

通常,可采取试焊法来调整电感量,当达到焊接过程电弧稳定、短路频率较高,飞溅最小时,则此电感量值是合适的。上述 8 种参数中,主要是焊丝直径、焊接电流和电弧电压、焊接速度等几项,其他参数基本上变化不大。在选择焊接工艺参数时,应根据板厚、接头形式和焊缝空间位置以及确定的熔滴过渡形式等来综合考虑,从而满足焊接质量和生产要求。

7.1.7.2   氩弧焊

氩弧焊又称氩气体保护焊。就是在电弧焊的周围通上氩弧保护性气体,将空气隔离在焊区之外,防止焊区的氧化。

氩弧焊技术是在普通电弧焊的原理的基础上,利用氩气对金属焊材的保护,通过高电流使焊材在被焊基材上融化成液态形成溶池,使被焊金属和焊材达到冶金结合的一种焊接技术,由于在高温熔融焊接中不断送上氩气,使焊材不能和空气中的氧气接触,从而防止了焊材的氧化,因此可以焊接铜、铝、合金钢等有色金属。

氩弧焊按照电极的不同分为熔化极氩弧焊和非熔化极氩弧焊两种。非熔化极氩弧焊的非熔化极通常是钨极,所以也称为钨极氩弧焊。

1）熔化极氩弧焊的工作原理及特点

熔化极氩弧焊的焊丝通过丝轮送进,导电嘴导电,在母材与焊丝之间产生电弧,使焊丝和母材熔化,并用惰性气体氩气保护电弧和熔融金属来进行焊接的[图 7-12(a)]。它和钨极氩弧焊的区别:一个是焊丝作电极,并被不断熔化填入熔池,冷凝后形成焊缝;另一个是采用钨极作电极。随着熔化极氩弧焊的技术应用,保护气体已由单一的氩气发展出多种混合气体的广泛应用,如 Ar80%＋$CO_2$20%的富氩保护气。通常前者称为 MIG,后者称为 MAG。从其操作方式看,目前应用最广的是半自动熔化极氩弧焊和富氩混合气保护焊,其次是自动熔化极氩弧焊。

2）非熔化极氩弧焊的工作原理及特点

非熔化极氩弧焊是电弧在非熔化极和工件之间燃烧,在焊接电弧周围流过一种不和金属起化学反应的惰性气体(常用氩气),形成一个保护气罩,使钨极端头,电弧和熔池及已处于高温的金属不与空气接触,能防止氧化和吸收有害气体[图 7-12(b)],从而形成致密的焊接接头,其力学性能非常好。

图 7-12　氩弧焊示意图
(a) 熔化极氩弧焊;(b) 非熔化极氩弧焊

熔化极氩弧焊与钨极氩弧焊相比,有如下特点:

(1) 效率高。因为它电流密度大,热量集中,熔敷率高,焊接速度快。另外,容易引弧。

(2) 需加强防护。因弧光强烈,烟气大,所以要加强防护。

3) 氩弧焊优点

(1) 焊缝质量较高。由于氩气是惰性气体,可在空气与焊件间形成稳定的隔绝层,保证高温下被焊金属中合金元素不会氧化烧损,同时氩气不溶解于液态金属,故能有效地保护熔池金属,获得较高的焊接质量。

(2) 焊接变形与应力小。由于氩弧焊热量集中,电弧受氩气流的冷却和压缩作用,使热影响区变窄,焊接变形和应力小,特别适宜于薄板的焊接。

(3) 可焊的范围广。几乎所有的金属材料都可进行氩弧焊。通常,多用于焊接不锈钢、铝、铜等有色金属及其合金,有时还用于焊接构件的打底焊。

(4) 操作技术易于掌握。采用氩气保护无熔渣,且为明弧焊接,电弧、熔池可见性好,适合各种位置焊接,容易实现机械化和自动化。

4) 氩弧焊的缺点

(1) 氩弧焊因为热影响区域大,工件在修补后常常会造成变形、硬度降低、砂眼、局部退火、开裂、针孔、磨损、划伤、咬边或者是结合力不够及内应力损伤等缺点。尤其在精密铸造件细小缺陷的修补过程中表现突出。在精密铸件缺陷的修补领域可以使用冷焊机来替代氩弧焊,由于冷焊机放热量小,较好的克服了氩弧焊的缺点,弥补了精密铸件的修复难题。

(2) 氩弧焊与焊条电弧焊相比对人身体的伤害程度要高一些。氩弧焊的电流密度大,发出的光比较强烈,它的电弧产生的紫外线辐射,约为普通焊条电弧焊的 5～30 倍,红外线约为焊条电弧焊的 1～1.5 倍,在焊接时产生的臭氧含量较高,因此,尽量选择空气流通较好的地方施工,不然对身体有很大的伤害。

7.1.8　等离子弧焊接与切割

7.1.8.1　等离子弧焊接

借助水冷喷嘴等对电弧的拘束与压缩作用,获得较高能量密度的等离子弧进行焊接的方法,称为等离子弧焊接。

一般电弧焊所产生的电弧也是一种等离子体,只是电弧区内的气体电离还不很充分,能量也不够集中,电弧的温度只能达到 6 000～8 000K 左右。在等离子弧焊接时,焊矩把电弧充分压缩,使等离子效应加剧,形成一个稳定的单向强射流热源,电弧的温度可达到 16 000～33 000K,最高温度可达 24 000～50 000K。

图 7-13 等离子弧形成

1—钨极;2—离子气;3—保护气;
4—保护罩;5—冷却型喷嘴;6—工件;
7—等离子弧;8—对中环

等离子弧的形成如图 7-13 所示,在钨极和工件之间接上一个较高的直流电压,再用一个高频发生器引燃电极与喷嘴之间的"维持电弧"。维持电弧是电离了的气体,它使喷嘴到工件间的间隙成为导体。当此间隙小于一定的临界距离时,焊接主电弧就立刻引燃。电弧通过焊矩中的小孔时,受到"机械压缩",使电弧截面积缩小,再从进气管送入有一定压力和流量的气体,如氢气、氮气,使弧柱的外层受到强烈冷却,电离度减少,迫使电流从弧柱的中心通过,这样,弧柱的截面缩得更小了。这样的压缩称"热收缩效应",与此同时,由于电弧内电流密度很高,电磁力也使电弧进一步收缩,这称为"电磁收缩"。在这三种效应的作用下,电弧被压缩得很细,电弧区内的气体充分电离,成为等离子弧。等离子弧焊接实质上是一种具有压缩效应的钨极气体保护焊。

等离子弧可分为"转移型电弧"和"非转移型电弧",若电弧产生在焊矩中的电极和工件之间,就称为转移型电弧(图 7-14),而电弧产生在电极和喷嘴之间,就称为非转移型电弧(图 7-15)。转移型电弧的优点是工件得到的热量较大,但工件必须导电。大部分等离子弧焊机都用转移型电弧。非转移型电弧通常作为转移型电弧的起弧方法而在工作电流很小的"微束等离子弧焊接"时,这一非转移型电弧在主电弧起弧以后还继续工作,使主电弧燃烧得非常稳定。

图 7-14 转移型电弧

图 7-15 非转移型电弧

7.1.8.2 等离子弧切割

等离子弧用于切割时,称为等离子弧切割。等离子弧切割是由于弧柱温度远远超过目前绝大部分金属及其氧化物的熔点,从原理上来说,能切割所有材料。

等离子弧切割的原理与氧气的切割原理有着本质的不同。氧气切割主要是靠氧与部分金属的化合燃烧和氧气流的吹力,使燃烧的金属氧化物熔渣脱离基体而形成切口的。因此氧气切割不能切割熔点高、导热性好、氧化物熔点高和黏滞性大的材料。等离子弧切割过程不是依靠氧化反应,而是依靠高温、高速的等离子弧及其焰流,把切割区的材料熔化及蒸发,并吹离母材,随着割矩的移动而形成割缝。等离子弧的温度高(可达 50 000℃),目前所有金属材料及非金属材料都能被等离子弧熔化,因而等离子弧切割不仅切割效率比氧气切割高 1~3 倍,而且还可以切割不锈钢、铜、铝及其合金以及难熔的金属和非金属材料。

等离子弧切割特点如下:

(1) 切割速度快,生产率高。它是目前常用的切割方法中切割速度最快的。

(2) 切口质量好。等离子弧切割切口窄而平整,产生的热影响区和变形都比较小,特别是切割不锈钢时能很快通过敏化温度区间,故不会降低切口处金属的耐蚀性能;切割淬火倾向较大的钢材时,虽然切口处金属的硬度也会升高,甚至会出现裂纹,但由于淬硬层的深度非常小,通过焊接过程可以消除,所以切割边可直接用于装配焊接。

(3) 应用面广。由于等离子弧的温度高、能量集中,所以能切割几乎各种金属材料,如不锈钢、铸铁、铝、镁、铜等,在使用非转移性等离子弧时,还能切割非金属材料,如石块、耐火砖、水泥块等。

7.1.9　微型计算机在电弧焊中的应用

弧焊设备微机控制系统,可对焊接电流、焊接速度、弧长等多项参数进行分析和控制,对焊接操作程序和参数变化等做出显示和数据保留,从而给出焊接质量的确切信息。目前以计算机为核心建立的各种控制系统包括焊接顺序控制系统、PID 调节系统、最佳控制及自适应控制系统等。这些系统均在电弧焊、压焊和钎焊等不同的焊接方法中得到应用。计算机软件技术在焊接中的应用越来越得到人们的重视。目前,计算机模拟技术已用于焊接热过程、焊接冶金过程、焊接应力和变形等的模拟;数据库技术被用于建立焊工档案管理数据库、焊接符号检索数据库、焊接工艺评定数据库、焊接材料检索数据库等。在焊接领域中,CAD/CAM 的应用正处于不断开发阶段,焊接的柔性制造系统也已出现。

7.2　其他常用焊接方法

7.2.1　电阻焊

电阻焊是将被焊工件压紧于两电极之间,并通以电流,利用电流流经工件接触面及邻近区域产生的电阻热将其加热到熔化或塑性状态,使之形成金属结合的一种方法。

7.2.1.1　电阻焊的种类

电阻焊方法共有点焊、缝焊、凸焊、对焊 4 种。

1) 点焊

点焊是将焊件装配成搭接接头,并压紧在两柱状电极之间,利用电阻热熔化母材金属,形成焊点的电阻焊方法,如图 7-16 所示。点焊主要用于薄板焊接。

点焊的工艺过程:

(1) 预压,保证工件接触良好。

(2) 通电,使焊接处形成熔核及塑性环。

(3) 断电锻压,使熔核在压力继续作用下冷却结晶,形成组织致密、无缩孔、裂纹的焊点。

图 7-16 点焊示意图

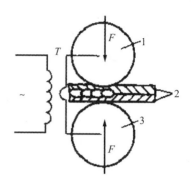

图 7-17 缝焊示意图

2) 缝焊

缝焊与点焊的区别：缝焊是以圆盘状铜合金电极（滚轮电极）代替点焊的棒状电极，如图 7-17。

焊接时，滚轮电极压紧工件的同时，并作波动。使工件产生移动。电极在滚动过程中通电，每通一次电就在工件间形成一个焊点。连续通电，在工件间便出现相互重叠的焊点，从而形成连续的焊缝。亦可断续通电或滚轮电极以步进式滚动时通电获得重叠的焊点。缝焊接头也须是搭接，由于焊缝是焊点的连续，所以用于焊接要求气密或液密的薄壁容器，如油箱、水箱、暖气包、火焰筒等。

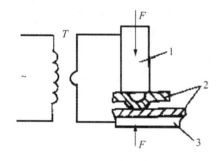

图 7-18 凸焊示意图

3) 凸焊

凸焊是点焊的一种变型。焊接前首先在一个工件上预制凸点（或凸环等），焊接时在电极压力下电流集中从凸点通过，电流密度很大，凸点很快被加热、变形和熔化而形成焊点，如图 7-18 所示。凸焊在接头上一次可焊成一个或多个焊点。

4) 对焊

（1）电阻对焊。电阻对焊是将焊件装配成对接接头，使其端面紧密接触，利用电阻热加热至塑性状态，然后断电并迅速施加顶锻力完成焊接的方法，如图 7-19（a）所示。

电阻对焊主要用于截面简单、直径或边长小于 20mm 和强度要求不太高的焊件。

（2）闪光对焊。闪光对焊是将焊件装配成对接接头，接通电源，使其端面逐渐移近达到局部接触，利用电阻热加热这些接触点，在大电流作用下，产生闪光，使端面金属熔化，直至端部在一定深度范围内达到预定温度时，断电并迅速施加顶锻力完成焊接的方法，如图 7-19（b）所示。

闪光焊的接头质量比电阻焊好，焊缝力学性能与母材相当，而且焊前不需要清理接头的预焊表面。闪光对焊常用于重要焊件的焊接。可焊同种金属，也可焊异种金属；可焊 0.01mm 的金属丝，也可焊 20 000mm 的金属棒和型材。

电阻焊接的品质是由电流、通电时间、加压力、电阻顶端直径 4 个要素决定的。

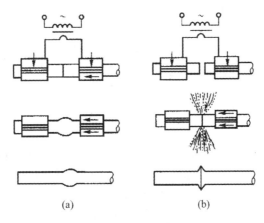

图 7-19　对焊示意图

(a) 电阻对焊;(b) 闪光对焊

7.2.1.2　电阻焊的优点

(1) 熔核形成时,始终被塑性环包围,熔化金属与空气隔绝,冶金过程简单。

(2) 加热时间短,热量集中,故热影响区小,变形与应力也小,通常在焊后不必安排校正和热处理工序。

(3) 不需要焊丝、焊条等填充金属,以及氧、乙炔、氢等焊接材料,焊接成本低。

(4) 操作简单,易于实现机械化和自动化,改善了劳动条件。

(5) 生产率高,且无噪声及有害气体,在大批量生产中,可以和其他制造工序一起编到组装线上。但闪光对焊因有火花喷溅,需要隔离。

7.2.1.3　电阻焊的缺点

(1) 目前还缺乏可靠的无损检测方法,焊接质量只能靠工艺试样和工件的破坏性试验来检查,以及靠各种监控技术来保证。

(2) 点、缝焊的搭接接头不仅增加了构件的重量,且因在两板焊接熔核周围形成夹角,致使接头的抗拉强度和疲劳强度均较低。

(3) 设备功率大,机械化、自动化程度较高,使设备成本较高、维修较困难,并且常用的大功率单相交流焊机不利于电网的平衡运行。

7.2.2　摩擦焊

摩擦焊是利用焊件接触端面相对运动中相互摩擦所产生的热,使端部达到热塑性状态,然后迅速顶锻,完成焊接的一种压焊方法。图 7-20 为摩擦焊接示意图,其焊接过程如下:焊件 1

图 7-20　摩擦焊

做旋转运动,焊件 2 作轴向运动,并以一定的顶压力 F_1 使焊件 2 和焊件 1 的端面接触而作相对摩擦。在摩擦过程中,两焊件接触面上的氧化膜或其他杂质遭到破坏和清除,形成纯净金属间的接触和摩擦运动。由于摩擦生热,两个焊件的接头部分被加热到焊接温度。这时急速停止焊件 1 的旋转运动,并在焊件 2 的端面加大顶压力至 F_2。在压力和热量的作用下,便形成了牢固的焊接接头。

从焊接过程看出,摩擦焊接头是在被焊金属熔点以下形成的,故摩擦焊属于固态焊接的方法。

摩擦焊接工艺操作简单,生产率高(一般钢、铝、铜等金属的对接摩擦焊时间只有 2～15s),质量好而且稳定,设备简单,电能消耗少(只有闪光焊接的 $1/15～1/10$),不仅可焊接同种金属,而且可用于异种金属或非金属的焊接,焊接过程中不产生强烈的光和有害气体,这些优点是电弧焊、气焊、接触焊等焊接方法所不能兼有的。

摩擦焊的特点如下:

(1) 接合表面的清洁度,不像电阻对焊时那么重要,因为摩擦过程能破坏和消除表面层。

(2) 受热更集中于接合面处,因为全部能量的转换仅发生在该处,故焊接接头热影响区很窄。

(3) 局部受热与不发生熔化使得比其他焊接方法更适于焊接异种金属。

(4) 大多数情况下,接头强度与母材一样高,而且质量稳定。

(5) 大批量生产易实现机械化和自动化。具有自动上、下料装置的摩擦焊机,其生产率非常高,高达 1 200 件/h。

(6) 电功率和总能量消耗比其他焊接方法小,比闪光焊可节能 $80\%～90\%$;焊件焊接余量小,焊前不必特殊加工清理;有时焊接飞边不必消除;不需填充材料、不需焊剂和保护气体,不必清边,其加工成本与电弧焊比较可降低 30% 左右。主轴电动机功率因数高,三相供电、电网负荷平衡。

(7) 工作场地卫生,没火花、弧光、飞溅及有害气体或烟尘。

(8) 摩擦焊主要是一种工件高速旋转的焊接方法,其中一个工件必须有对称轴,且它能绕此轴旋转。因此工件的形状和尺寸受到限制,对于非圆形截面工件的焊接很困难,盘状工件或薄壁管件,由于不易夹固也很难施焊。

(9) 由于受摩擦焊机主轴电动机功率和压力不足限制,目前最大焊接的截面仅为 200cm²。

(10) 摩擦焊机的一次性投资较大,只有大批量集中生产时,才能降低焊接生产成本。

7.2.3 钎焊

将钎料加热到熔化温度而将两块或几块熔点高于钎料的金属部件连接起来的过程称为钎焊。钎焊过程是在钎料的熔化温度中进行的。钎焊时,由于钎料在连接表面上的渗透(扩散)和钎料与连接金属间的相互溶解作用而把金属连接起来。

钎焊时大多应使用熔剂,它的作用在于清除焊接表面的氧化物及其他脏物,增加钎料的流动性,使熔化的钎料与基本金属密切而均匀地接触。熔剂的熔点应低于钎料金属的熔点,蒸发点高于钎料金属的熔点。

与一般熔化焊相比,钎焊的主要特点是焊接过程中只需使填充金属熔化,因此焊件加热温度低,其组织和机械性能变化很小,变形也很小,接头光滑平整,工件尺寸精确。钎焊可以焊接相同金属,也可以焊接性能差异很大的异种金属。钎焊还可以焊接很复杂的接头,并且生产率高。但接头强度较低,故多用搭接接头,接头的工作温度也不高。在钎焊前,对工件的清洗和装配工作要求较严。

钎焊可用于各种碳素钢、合金钢、有色金属及其合金的焊接。目前,钎焊在机械、仪表、航空、空间技术中都得到了广泛的应用。

根据熔点不同,钎料分为软钎料和硬钎料。

7.2.3.1 软钎料

软钎料是指熔点低于 450℃ 的钎料,有锡铅基、铅基($T<150℃$,一般用于钎焊铜及铜合金,耐热性好,但耐蚀性较差)、镉基(是软钎料中耐热性最好的一种,$T=250℃$)等合金。

软钎料主要用于焊接受力不大和工作温度较低的工件,如各种电器导线的连接及仪器、仪表元件的钎焊(主要用于电子线路的焊接)。

常用的软钎料有:锡铅钎料(应用最广、具有良好的工艺性和导电性,$T<100℃$)、镉银钎料、铅银钎料和锌银钎料等。

软钎焊指使用软钎料进行的钎焊。钎焊接头强度低(小于 70MPa)。

7.2.3.2 硬钎料

硬钎料是指熔点高于 450℃ 的钎料,有铝基、铜基、银基、镍基等合金。

硬钎料主要用于焊接受力较大、工作温度较高的工件,如:自行车架、硬质合金刀具、钻探钻头等(主要用于机械零、部件的焊接)。

常用的硬钎料有:铜基钎料、银基钎料(应用最广的一类硬钎料,具有良好的力学性能、导电导热性、耐蚀性。广泛用于钎焊低碳钢、结构钢、不锈钢、铜以及铜合金等)、铝基钎料(主要用于钎焊铝及铝合金)和镍基钎料(主要用于航空航天领域)等。

硬钎焊指使用硬钎料进行的钎焊。钎焊接头强度较高(大于 200MPa)。

7.2.4 电子束焊接

随着原子能和火箭技术的发展,一些稀有的和难熔的金属如锆、钛、钼及其合金等,已被大量应用。这些材料的焊接,如果采用气体保护电弧焊的话,是不能得到满意结果的。为此,1956 年研制出了电子束焊接的方法。如图 7-21 所示为真空电子束焊接示意图。

电子枪、工件及夹具全部装在真空室内。电子枪系由加热灯丝、阴极、阳极及聚焦装置等组成。当阴极被灯丝加热到 2 600K 时,将发射出大量电子。这些电子在阴极与阳极(焊件)间高电压的作用下,获得极大的速度(可达 161 000km/s 以上),经电磁透镜使电子流聚焦成束,并以极高的速度射向工件局部待焊的表

图 7-21 真空电子束焊接

面。这时冲击金属焊件的电子的大部分动能转变成热能(这种热能的能量密度比普通电弧的能量密度约大5 000倍),使该处金属达到熔化温度。根据被焊件边缘的熔化程度,逐渐移动焊件,即能得到焊接接头。电磁透镜由单独的直流电源供电。为调节电子束的相对位置,设有偏转装置。真空室一般为钢制容器,有门可以开关,以取放焊件,并装有观察窗,以观察焊接过程。焊接时,真空室内的真空度不得低于10^{-3}mmHg,一般设计为$10^{-5}\sim10^{-4}$mmHg。否则,真空室内因产生电弧而无法施焊。

电子束焊接特点如下:

(1) 由于电子束功率密度大、加热集中、热效率高、形成相同焊缝接头需要的热输入量小,所以适宜于难熔金属及热敏感性强的金属材料的焊接。而且焊后变形小,可对精加工后的零件进行焊接。

(2) 焊缝熔深熔宽比(即深宽比)大。普通电弧焊的熔深熔宽比很难超过2。而电子束焊接的比值可高达20以上,所以电子束焊可以利用大功率电子束对大厚度钢板进行不开坡口的单面焊。从而大大提高了厚板焊接的技术经济指标。目前电子束单面焊接的最大钢板厚度超过了100mm,而对铝合金的电子束焊,最大厚度已超过300mm。

(3) 熔池周围气氛纯度高。因电子束焊接是在真空度为$10^{-4}\sim10^{-2}$Pa的真空环境中进行的。残余气体中所存在的氧和氮量要比纯度为99.99%的氩气还要少几百倍左右,因此电子束焊不存在焊缝金属的氧化污染问题。所以特别适宜焊接化学活泼性强、纯度高和在熔化温度下极易被大气污染(发生氧化)的金属。如铝、钛、锆、钼、高强度钢、高合金钢以及不锈钢等。这种焊接方法还适用于高熔点金属,可进行钨-钨焊接。

(4) 焊接速度快,焊缝组织性能好。能量集中,熔化和凝固过程快。例如焊接厚度125mm的铝板,焊接速度达40cm/min,是氩弧焊的40倍。高温作用时间短,合金元素烧损少,能避免晶粒长大,使接头性能改善,焊缝抗蚀性好。

电子束可能焊接的范围,从全焊的微型电子线路组件到采用高速单道焊焊接大型结构断面。还能焊制用一般方法制造有困难或往往是不可能的形状复杂的工件。各种活泼金属、难熔金属,一些特殊的合金以及组合材料(金属和非金属的)都可进行焊制。原子能工业中,如燃料元件的密封、离子推进系统的制造、火箭中的高压容器、超音速飞机中的钛合金锻件和深水潜艇的高强度钢等,都广泛地应用电子束焊接方法。

7.2.5　高频焊

高频焊接是利用高频电流的集肤效应和邻近效应进行的。所谓集肤效应,是指高频时电流仅集中于导体的表面;所谓邻近效应,是指流动方向相反的两电流有互相接近的趋势。高频焊时,由于电流集中,有效地加热焊接部位,故较中频时的效率提高50%,并提高了焊接速度。高频焊接的接头表面较光滑,对黑色金属及有色金属都可适用。高频焊接方法广泛地被用在各种形状钢管的制造中。高频焊接有感应法和接触法两种。

7.2.5.1　高频感应焊

高频感应焊的示意如图7-22所示。图(a)为棒料或管料的对接。在焊件的周围套有感应线圈。当感应线圈中流过高频电流时,即在工件内感应出强大的电流,以此加热工件进行焊接。图(b)为长管纵缝的焊接。焊接时,感应线圈套在管子的外面,接触端面受高频电流加热后,在两侧压轮的作用下即完成焊接。这种方法和接触焊方法相似,在钢管的制造中应用极广。由于不需要接触导电装置,特别适宜于焊接壁厚 0.25mm 左右的钢管。但其焊接速度略低。

图 7-22 高频感应焊

7.2.5.2 高频接触焊

高频接触焊时,工件周围没有感应线圈,高频电流直接通到工件上去。如图 7-23 所示。电源频率一般采用 200～450kHz,电流由于邻近效应而集中于 V 形开口部,因此能以比较小的电流而得到较大的加热效果。焊缝的热影响区较小,焊缝质量几乎与母材相同。这种方法可以焊接各种低碳钢、不锈钢、铝及铜等管材,还可用于制造翅形的低碳钢及不锈钢钢管。

图 7-23 高频接触焊

高频焊主要有以下特点:

(1) 由于电流高度集中于焊接区,加热速度极快,因而焊接速度可高达 150～200m/min。

(2) 因焊接速度快,焊件自冷作用强,故不仅热影响区小,而且还不易发生氧化,因此焊缝的组织和性能十分优良。

(3) 焊前可不清除工件待焊处表面氧化膜及污物,因而提高了效率。

(4) 能焊的金属种类广。碳钢、合金钢、不锈钢、铝及铝合金、铜及铜合金、镍、钛、锆等金属均可采用高频接触焊。

7.2.6 超声波焊接

超声波焊接是通过频率为 15～20kHz 左右的机械振动,使工件之间在相对摩擦而产生的强烈塑性变形及较高的温度作用下,加速原子之间的扩散过程,达到在固态下牢固结合的一种特殊的焊接方法。由于焊接过程中所选用的振动频率,超过了人类听觉频率范围的上限(16kHz),因此把这种焊接方法命名为超声波焊。

图 7-24 为超声波焊接原理图。当磁致伸缩换能器的绕组中通过高频电流后(由超声波发生器供给),它即将高频电振荡变为机械振动,再由变幅杆将其振幅放大后传至末端的声极上。工件夹在声极和反声极之间。当超声波电流接通后,由于超声波机械振动的作用,工件间进行着肉眼觉察不到的快速往复运动,就像把一块金属放在另一块金属上研磨一样,于是金属表面的氧化膜就被破坏,同时表面的不平处也被碾平。由于在焊接处施加压力的结果,使得变成可塑性状态的两块金属表面紧紧贴合,并发生原子间的扩散过程,从而形成牢固的焊接接头。

超声波焊与一般的焊接方法比较,具有一系列优点:

(1) 不加热到高温,没有熔化和过热现象,所以金属的组织性能变化极小。因此它特别适宜焊接高导热性和导电性的轻金属及高温或超高温的合金材料,也可用来焊接活泼金属及可焊性极差的金属。

图 7-24 超声波焊接

(2) 可以进行异种金属之间、金属与半导体、金属与非金属之间的焊接。

(3) 对工件焊前的表面及焊接操作熟练程度的要求不高。

(4) 可以应用在特殊形式的接头及结构条件对接触焊不利的场合。如蜂窝结构。电能的消耗仅为接触焊时的 5%,而接头强度一般比接触焊时高 15%~20%。

(5) 可以焊接箔、丝、网等微小零件,也可以焊接厚度相差很大的焊件。如 0.002mm 的金箔,除超声波焊之外,其他焊接方法是难以实现的。

超声波焊的缺点是设备价格昂贵,使用与保养麻烦,焊接质量很难检验。在焊接厚大工件时,功率需要大大提高,使设备制造产生困难。另外,由于受聚能器长度的限制,焊件尺寸不能太大。

超声波焊在电子、半导体、原子能、航空,电机制造、仪表及包装业等应用极广。

在电子工业微型元件的组装中,须将各种规格的细丝与薄膜连起来。如在晶体管的制造中,须将直径 0.01~0.5mm 的铝或金丝与硅或锗的金属镀膜连接起来。采用超声波焊不仅可以保证质量,并能以铝丝代替金丝与硅的金属镀膜相连接。这种焊接方法在集成电路的制造中,将各种金属如铝、铜、金和镍等引线焊至陶瓷或玻璃的金属镀膜上,应用亦非常广泛。此外,如半导体元件的密封,多用超声波环焊。

在原子能工业中,很多不同材料的薄膜的焊接,如铝与不锈钢、钛与不锈钢等,都必须采用超声波焊。其他如薄壁蜂窝结构、铝箔变压器线圈与铜引出薄片间的连接、各种热电偶的焊接等,也都广泛采用超声波焊。

此外,超声波焊也可以用来焊接塑料制品。

7.3　常用金属材料的焊接

7.3.1　金属材料的可焊性

所谓可焊性,是指金属材料经过焊接加工后,能否获得优良焊接接头的可能性。它是用来相对衡量金属材料,在一定焊接工艺条件下,获得优良接头难易程度的尺度。可焊性好的金属材料,一般可采用普通的焊接方法和简单的工艺措施进行焊接,就能获得优良的焊接接头。但对可焊性差的金属材料,则必须选用特定的焊接方法和复杂的工艺措施才能进行焊接,有时还需进行适当的热处理,才能获得符合要求的焊接接头。

由实践可知,影响可焊性的因素很多。如采用手工电弧焊时,低碳钢好焊,易保证质量,而铝合金就难焊;若改用氩弧焊时铝合金就好焊了。总的说来,金属材料的成分、焊接方法、具体工艺及参数等均影响可焊性。下面我们就金属材料中所含的碳、锰、硅、磷、硫等元素对钢的可焊性的影响简述如下:

(1) 碳。钢中碳的含量愈多,钢的强度和硬度愈高,但韧性(表现在延伸率、收缩率、冲击韧性等方面)愈低。含碳量愈多,钢的可焊性越差,焊接时容易产生裂纹,也增加焊缝气孔产生的可能性。

(2) 锰。锰能提高钢的强度、硬度和韧性。锰的含量较高时,能大大增加钢的耐磨性,但韧性要降低。锰是一种脱氧剂,能除去钢中的氧而减少气孔。锰还能与硫形成化合物,减少硫的危害性。我国锰的资源比较丰富,因此我国的普通低合金钢中都以锰为主要合金元素。

(3) 硅。硅是一种强烈的脱氧元素。但由于容易造成焊缝非金属夹杂物,使焊接困难。

(4) 钛。钛是一种很好的脱氧剂和除气剂,也是一种比较贵重的元素。在低合金钢中,钛能提高钢的强度和塑性。

(5) 钒。钒也是一种强脱氧剂和除气剂,是较贵重的元素。在低合金钢中,钒能提高钢的强度和塑性。

(6) 铌。铌是一种贵重元素,它能提高钢的屈服点、塑性和韧性,并能改善焊缝的抗裂性。

(7) 硫。硫在钢中主要是一种杂质,它的含量增多时,会使钢在高温状态下发脆,即所谓热脆性,在焊接时容易产生热裂缝。通常在用于焊接的钢中,限制硫的含量在 0.05% 以下。

(8) 磷。磷通常也是钢中的杂质,它的含量增多,会使钢变脆,韧性显著降低。当温度低于 200℃ 时,容易使钢材和焊缝中出现冷裂缝。所以一般碳素钢中的含磷量不超过 0.045%。但有几种普通低合金钢中含磷量较高(0.05%~0.12%)。磷作为一种合金元素,用以改善钢的耐腐蚀性。

当采用新材料制造焊接结构时,了解及评价新材料的可焊性,是产品设计、施工准备及正确制定焊接工艺的重要依据。因此,如何评定金属材料的可焊性是十分重要的。通常,工业生产上评定金属材料可焊性的方法有直接试验法和碳当量法等。

7.3.2　碳钢的焊接

碳钢按其熔炼的方式不同,可分为沸腾钢、镇静钢和半镇静钢三类。从前面所述可知,碳钢的机械性能和可焊性随钢中含碳量而异,故按习惯将碳钢又可分为三类,即低碳钢(含碳量小于 0.25%)、中碳钢(含碳量 0.25%~0.60%)和高碳钢(含碳量大于 0.60%)。

7.3.2.1 低碳钢的焊接

低碳钢塑性好很容易进行焊接,一般无淬硬倾向,可焊性好,故不必采取特殊措施。许多焊接方法,如手弧焊、自动焊、半自动焊、气焊、CO_2 保护焊及接触焊等,都能保证低碳钢的焊接质量。由于工艺简单,在常温条件下,一般的结构焊前均不必预热,焊后也不必进行热处理,因此可分别在不同场合下采用。低碳钢已广泛用于多种结构的制造中。

7.3.2.2 中、高碳钢的焊接

中碳钢的强度比低碳钢高,它经过适当的热处理后,可以改善机械性能,故多用于制造各种机器零件,如轴、连杆、齿轮、螺钉等。但也常用于大型铸造机件,如传动轴、轧辊等。后一类产品是焊接中常遇到的。

高碳钢比中碳钢具有更高的硬度与耐磨性,故多用于制造刀具、量具、冲模等工具。也有在钢中加入某些合金元素而用来制造锻模、铸钢车轮等。这类工件的堆焊和焊补是常见的。

中碳钢和高碳钢由于含碳量高,淬火倾向大。焊接时的困难在于设法避免焊缝与近缝区产生裂缝。

为了避免焊缝中产生热裂缝,应尽量减少熔池中的含碳量。为此,应该采用开坡口的接头,选用小电流、细焊丝,以减小熔深。此外,还应尽量用多层焊。

为避免近缝区产生裂缝,必须减慢冷却速度,减小过热区的宽度。为此,必须在焊前进行预热和焊后缓冷,尽量采用多层焊。必要时还要进行焊后热处理。

7.3.3 合金结构钢的焊接

凡是用做机械、机构零件及建筑工程金属结构的钢,都称为结构钢。所谓合金结构钢,就是在钢中加入少量合金元素,以大大提高强度,并保证必要的塑性及韧性的高强度钢。

按钢中合金元素含量的多少,合金结构钢可分为两种,即低合金钢(合金元素总量不超过5%)和中合金钢(合金元素总量在 5%~10%)。一般,结构钢中常用的合金元素,有锰、硅、铬、钼、钨、钒、钛、铜、铝、硼及镍。焊接金属结构采用最多的是可焊接低合金结构钢(或称可焊接低合金高强钢)。

合金结构钢在焊接时的热影响区存在淬硬倾向,所以合金结构钢的焊接容易出现裂纹。热裂纹是焊缝金属在高温状态下产生的裂纹。影响热裂纹产生的因素很多。从合金元素方面来看,碳、硫是增大热裂纹倾向的主要因素,其次是铜,而锰是提高抗裂性的主要元素。由于我国普低钢及焊接材料的特点之一是含碳量较低,且大部分含有一定量的锰,所以,抗热裂纹的性能比较好。

根据目前低合金结构钢所常用的焊接工艺方法,这里所说的焊接材料,是指手工焊焊条、埋弧焊以及二氧化碳保护焊焊丝。选择焊接材料,首先要满足焊缝金属与母材等强度以及其他机械性能指标符合有关规定的要求。焊缝强度等于或稍高于母材即可,如果过高,则会出现裂缝。随着钢材强度等级的提高,产生冷裂纹的倾向也加剧。在钢种一定的条件下,产生冷裂纹的主要因素有三:第一,焊缝及热影响区的含氢量;第二,热影响区的淬硬程度;第三,接头的刚度所决定的焊接残余应力。为了避免冷裂纹,必须把各种影响因素综合起来考虑,尤其在刚

度极大的焊接接头中,焊后如果不及时进行热处理,很容易产生冷裂纹和属于冷裂纹性质的"延迟裂纹"。"延迟裂纹"是在焊后没有及时进行热处理的情况下,在焊件停放一段较长时间后产生的冷裂纹。必要时需采用预热措施,对于强度级别高的低合金钢件,焊前一般均需预热,焊后不能立即热处理的,可先进行消氢处理,即焊后立即将工件加热到 200～300℃,保温 2～6h,以加速氢扩散逸出,防止产生因氢引起的冷裂纹。

7.3.4　铸铁的补焊

铸铁是机械制造业中应用得最广泛的一种材料。铸件在铸造及使用过程中经常会出现各种缺陷,以致在使用过程中有时会发生局部损坏或断裂,此时用焊接手段将其修复,其经济效益是很大的。所以,铸铁的焊接主要是焊补工作。

铸铁焊接时的主要困难有两个方面:一是铸铁的强度低,塑性也很低,很容易在焊接时由于加热和冷却不均匀而产生裂缝;二是当焊接部位迅速冷却时,铸铁很容易出现白口组织。它具有很大的脆性和硬度,不易加工,而且容易引起脆裂。

铸铁的焊接方法可根据不同的铸件要求而选定。按照焊接前对铸件有无预热可分为热焊和冷焊两种。热焊是预先将铸件全部或局部加热到 600～650℃,在此温度下完成焊接过程。冷焊是铸件不经过预热就进行焊接。

工业中常用的铸铁含碳量为 2%～4%。按铸铁中碳存在的状态及形式的不同,可将铸铁分为白口铸铁、灰口铸铁、可锻铸铁及球墨铸铁等。由于白口铁的焊接非常困难,而且白口铁的使用也很少,所以铸铁焊接的主要对象是应用得最多的灰口铸铁。

灰口铸铁具有强度低、塑性差、对冷却速度很敏感等特性,而一般焊接过程又具有使工件加热、冷却快及受热不均匀等特点,这样就使灰口铸铁的焊接产生了其本身所特有的几个矛盾。

(1) 焊接接头上易产生白口铸铁组织。白口组织是一种脆硬的组织,它的存在,增加了焊接接头发生裂纹的可能性,严重破坏了铸件焊后的机械加工性能,并降低铸件焊补后的使用性能,故白口问题就成了铸铁焊接时的一个主要矛盾。

最易形成白口的地方是半熔化区。防止白口的形成,主要应从两方面着手:一方面设法减慢半熔化区的冷却速度;另一方面为调整焊缝成分。在焊缝中加入适当数量促使石墨化(使碳从化合物中游离出来)的元素,这些元素在焊接高温作用下会向半熔化区扩散,从而消除或减弱半熔化区白口的形成。

(2) 焊接接头上易产生裂纹。按着铸铁焊接时出现裂纹的位置,可分为母材裂纹和焊缝裂纹两种。母材裂纹出现在母材上。这种裂纹的产生,主要是因为母材——灰口铸铁几乎没有塑性而且强度很低的缘故。当它承受不了焊接时因受热膨胀及冷却收缩而产生的焊接应力的作用,便容易出现裂纹。在半熔化区存在白口层,也因白口组织的收缩量大而容易产生小裂纹。

防止这类裂纹产生的主要途径是:可通过预热、缓冷及其他工艺措施减小热应力,也可采用分段断续焊及分散焊方法,以避免母材局部过热,有助于减小热应力。

焊缝裂纹发生在焊缝上,由于焊缝金属可以是铸铁、钢或有色金属(铜及其合金),故发生裂纹的情况也不相同。

(3) 被焊工件本身变化多样性,要求多样性。由于被焊工件本身大小、厚薄、缺陷情况以及对焊补要求的不同,往往采用一样方法或一种工艺是不能适应铸铁焊补的所有情况及要求的。目前常用的铸铁补焊的熔化焊方法有电弧冷焊法(其中又可分为铸铁焊条、钢焊条、铜基焊条、镍基焊条冷焊法)、预热电弧焊法、气焊法及电渣焊法等。

7.3.5　非铁金属及其合金的焊接

7.3.5.1　铜及铜合金的焊接

铜是导电及导热最为良好的电气材料,对大气、海水及许多化学药品具有很好的抗腐蚀性,但在含氧的无机酸、氨、氯化铵和含硫的介质中并不耐腐蚀。

铜合金可分为黄铜和青铜两大类。铜合金比纯铜的导电性低,但强度高,常用做结构材料。

铜和铜合金的焊接,比低碳钢的焊接要困难得多,这和它们本身的物理化学性质是分不开的。铜及其合金的导热性和热容量很大,焊接时必须采用较大的热源,并常需预热,因此加热区域比钢要大得多,因而热影响区较大,而且在热影响区容易产生缺陷。高的热膨胀系数与大的焊接热源,对于刚度较小的工件来说,容易产生变形,而对于刚度较大的工件来说,由于内应力增大,接头会产生裂缝。铜及其合金在液态时的流动性很大,也增加了焊接操作上的困难。

铜的焊接主要困难是:焊接过程中熔化金属很易氧化,形成的氧化物妨碍焊缝金属中晶粒的联结,降低焊缝的强度和塑性,在热影响区中,由于金属过热而得到粗晶粒的组织,降低了强度;熔化的铜具有很大的吸气性(特别是吸收氢)而易生气孔和裂纹;铜有很大的导热性,增大热影响区。为克服上述困难,焊接铜时必须采用一些特殊的办法。铜合金比纯铜更容易氧化,例如黄铜(铜锌合金)中的锌沸点很低,极易烧蚀蒸发并生成氧化锌。锌的烧损不但改变了接头的化学成分,降低接头性能,而且所形成的氧化锌烟雾易引起焊工中毒。铝青铜中的铝,在焊接中易生成难熔的氧化铝,增大熔渣黏度,生成气孔和夹渣。

铜及铜合金可用氩弧焊、气焊、碳弧焊、钎焊等进行焊接,其中氩弧焊主要用于焊接紫铜和青铜件。气焊主要用于焊接黄铜件。

7.3.5.2　铝及铝合金的焊接

铝及铝合金有很多优良的性能。比强度大(比强度＝强度极限/密度)、抗腐蚀性好、导热性及导电性高,因此在工业中的应用越来越广泛。

铝及铝合金的焊接也比较困难,其焊接特点有以下几个方面:

(1)铝的熔点低(858℃)而导热性高和热熔量大,线膨胀系数大,这就要求焊接时采用能量集中的高功率热源,否则将增大热影响区,产生严重变形及未焊透现象。高温时,由于铝的强度小,常常支持不住液体熔融金属的重量而破坏焊缝的形成,为此,焊接时要采用垫板和夹具。

(2)铝和氧有很强的结合能力,形成难熔的三氧化二铝(熔点2050℃),而这种氧化物性质柔软,密度大(3.85),这不但妨碍焊接过程的顺利进行,而且有可能造成夹杂物。因此,焊接时必须设法去除、防止或减少这种氧化物的生成。

(3)铝在液态时可吸收大量氢,而在固态时却几乎不溶解氢。因此,铝的焊接易生成气孔。

（4）铝及其合金由固态转变为液态时，并无颜色的变化，因此很难确定接缝坡口在什么时候已经熔化，这就造成了焊接操作上的困难。

随着铝合金的应用与发展，铝及铝合金的焊接技术也得到了迅速发展。目前已有一系列焊接铝的方法，其中主要的有气焊、钨极氩弧焊、熔化极氩弧焊及钎焊等。其中氩弧焊是焊接铝及铝合金较好的方法，焊接时可不用焊剂。但要求氩气纯度大于 99.9%。气焊常用于要求不高的铝及铝合金工件的焊接。

7.4 焊接结构设计

7.4.1 合理选择和利用材料

选材是结构设计中重要的一环。根据所采用的焊接方法和加工方式的不同，焊接结构材料在选择时必须同时能满足使用性能和加工性能要求。使用性能包括强度、塑性、韧性、耐磨、抗腐蚀、抗蠕变等。加工性能主要是保证材料的焊接性，其次是考虑其他冷、热加工的性能，如热切割、热弯、冷弯、金属切削和热处理等性能。

在满足使用性能和加工性能的前提下，应优先选用焊接性较好的材料：

（1）选用低合金钢。含碳量小于 0.25% 的低碳钢和碳当量小于 0.4% 的低合金钢，都具有良好的焊接性。

（2）选用镇静钢。因脱氧完全、组织致密、质量较好，重要的焊接结构应选用这种钢材。

（3）不宜选用沸腾钢。因含氧量较高，组织成分不均匀，有较显著的区域偏析、疏松和夹杂，焊接时易产生裂纹。

采用异种材料焊接时，要特别注意材料的焊接性。化学成分和物理性能相近的材料，焊接一般困难不大；成分和性能差别很大的材料，一般焊接困难较大，通常应以焊接性差的材料确定焊接工艺。

各种常用金属材料的焊接性如表 7-7 所示。

表 7-7 常用金属材料的焊接性

焊接方法 合金材料	气焊	手工电弧焊	埋弧焊	CO_2保护焊	氩弧焊	电渣焊	点焊、缝焊	对焊	钎焊
低碳钢	A	A	A	A	A	A	A	A	A
中碳钢	A	A	B	B	A	A	B	A	A
低合金钢	B	A	A	A	A	A	A	A	A
不锈钢	A	A	B	B	A	B	A	A	A
铸铁	B	B	C	C	B	B	（—）	D	B
铝合金	B	C	C	D	A	D	A	A	C

注：A—焊接性良好；B—焊接性较好；C—焊接性较差；D—焊接性不好；（—）很少采用。

7.4.2 焊接结构设计

7.4.2.1 焊接方法的选择

选择焊接方法时必须根据被焊材料的焊接性、接头形式、焊接厚度、焊缝空间位置、焊接结构特点以及工作等多方面因素综合考虑后予以选择确定。在保证产品质量条件下,优先选择常用的焊接方法,若生产批量大,还必须考虑尽量提高生产效率和降低成本。

低碳钢和低合金结构钢焊接性能好,各种焊接方法均适用,但一般不应选用氩弧焊等高成本的焊接方法。当焊接合金钢、不锈钢等重要工件时,则应采用氩弧焊等保护条件较好的焊接方法。若焊件板厚为中等厚度(10～20mm),可选用手工电弧焊、埋弧焊和气体保护焊,氩弧焊成本较高,一般不宜选用。长直焊缝或大直径环形焊缝、生产批量较大,可选用埋弧焊。单件生产,或焊缝短且处于不同空间位置,选用手工电弧焊。薄板轻型结构,且无密封要求,则采用点焊可提高生产效率,如果有密封要求,则可选用缝焊。

对于稀有金属或高熔点合金的特殊构件,焊接时可考虑采用等离子弧焊接、真空电子束焊接、脉冲氩弧焊焊接,以确保焊接件的质量。对于微型箔件,则应选用微束等离子弧焊或脉冲激光点焊。

7.4.2.2 焊缝的布置

焊接结构中焊缝布置是否合理,对焊接接头质量和生产率都有很大的影响。在焊接时焊缝应尽量放在平焊位置,应尽可能避免仰焊焊缝,减少横焊焊缝等。焊缝布置一般原则如下:

(1) 焊缝布置应尽可能分散,避免密集交叉,如图 7-25(a)所示。

(2) 焊缝的位置尽可能对称,如图 7-25(b)所示。

(3) 焊缝应尽量避开最大应力断面和应力集中位置,如图 7-25(c)所示。

(4) 焊缝应尽量避开机械加工表面,如图 7-25(d)所示。

(5) 焊缝位置应便于焊接操作,如图 7-25(e)所示。

图 7-25 焊缝布置

(a) 分散布置;(b) 对称布置;(c) 应力布置;(d) 远离机加表面;(e) 位置选择

良好的焊接结构设计,还应尽量使全部焊接部件,至少是主要部件能在焊接前一次装配点固,以简化装配焊接过程,节省场地面积,减少焊接变形,提高生产效率。

7.4.2.3　接头形式的选择

焊接碳钢和低合金钢的接头形式可分为有对接接头、角接接头、T 形接头和搭接接头 4 种(图 7-26)。焊接接头的选择主要依据焊接结构形式,焊件厚度、焊缝强度要求及施工条件等情况。各种接头形式特点如下:

(1) 对接接头。受力均匀,在静载和动载作用下都具有很高的强度,且外形平整美观,是应用最多的接头形式,但对焊前准备和装配要求较高,重要的受力焊缝应尽量采用。

(2) 角接接头。接头成直角或一定角度,通常只起连接作用,只能用来传递工作载荷。

(3) T 形接头。受力情况较对接接头复杂,用于接头成直角或一定角度的连接中。此接头广泛采用在空间类焊件上,具有较高的强度,如船体结构中约 70% 的焊缝采用了 T 形接头。

(4) 搭接接头。焊前准备简便不需要开坡口,装配时尺寸要求不高,对某些受力不大的平面连接与空间构架,采用搭接接头可节省工时,但受力时产生附加弯曲应力,降低了接头强度。

图 7-26　焊接接头的基本形式
(a) 对接接头;(b) 角接接头;(c) T 形接头;(d) 搭接接头

7.4.2.4　坡口形式

为使厚度较大的焊件能够焊透,常将金属材料边缘加工成一定形状的坡口,并且坡口能起到调节母材金属和填充金属比例即调整焊缝成分的作用。

熔焊坡口形式根据其形状可分为三类:基本型,如 I 形、V 型、U 型、Y 型、双 Y 型、双 U 型、双 V 型等(图 7-27);特殊型,如卷边的、带垫板的、锁边的和塞焊、开槽焊等;组合型,就是上述各型组合而成。

采用双 V 形、单边 V 形、双单边 V 形、V 形、Y 形、I 形等坡口可用气割、等离子弧切割,也可用金属切削方法加工。但双 U 形、带钝边 U 形、U 形、Y 形坡口一般需用刨边机加工,效率较热切割低;内径较小的容器或管道,不便翻转的结构,为避免仰焊及不能从内侧施焊,可采用 Y 形、带垫板 Y 形、带垫板 V 形、VY 形、带钝边的 U 形坡口的接头和焊缝形式;同样板厚 Y 形比双 Y 形坡口的熔敷金属量增加,最大可达 50%,双 U 形或 UY 形则更加节省熔敷金属。因此,对于大厚度的焊接接头,为减小焊接材料的消耗量采用这种较经济的坡口。

总之,无论选择哪一种坡口形式,都首先要保证接头质量,同时还要考虑经济性。

图 7-27 坡口基本形式

7.4.2.5 接头过渡形式

不等厚度的材料,易造成接头处的应力集中,且接头两侧受热不匀易产生未焊透等缺陷。应在较厚的板料上加工出单面或双面斜边的过渡形式(图 7-28)。不同厚度金属材料焊接时,在允许的厚度差内(表 7-8)可以不加工斜边过渡形式。

图 7-28 不同厚度金属材料对接的过渡形式

表 7-8 不同厚度材料焊接时允许的厚度差

材料厚度/mm	2~5	6~8	9~11	≥12
允许厚度差($\delta_1 - \delta$)/mm	1	2	3	4

7.1 手工电弧焊

7.1.1 任务目的

培训学生掌握手工电弧焊的实际操作过程。

7.1.2　任务指导

焊条电弧焊是手工电弧焊的一种,也是应用最广的一种焊接方法。下面以低碳钢板对接向上立焊为例,讲述手工电弧焊的实际操作过程。

7.1.2.1　低碳钢对接向上立焊操作技术特点

低碳钢板对接向上立焊,焊件坡口呈垂直向上位置,熔滴和熔渣受重力的作用很容易下淌,当操作者的焊条角度、运条方法、焊接参数选择不当时,就会形成焊缝背面烧穿、焊瘤、未焊透;正面焊缝表面成形不良、咬边、夹渣、气孔等缺陷。为了保证焊接质量,在焊接过程中,要采取相应措施,防止上述焊接缺陷产生。

7.1.2.2　焊前准备

(1)焊机。选用 BX3-500 交流弧焊变压器 1 台。

(2)焊条。选用 E4303 酸性焊条,焊条直径为 3.2mm,焊前经 75～150℃烘干,保温 2h。焊条在炉外停留时间不得超过 4h。焊条药皮开裂或偏心度超标的不得使用。。

(3)焊件(试板)。采用 Q235-A 低碳钢板,厚度为 12mm,长为 300mm,宽为 125mm,用剪板机或气割下料,然后用刨床加工成 V 形 30°坡口。气割下料的焊件,其坡口边缘的热影响区焊前应该刨去。

(4)辅助工具和量具。焊条保温筒、角向打磨机、钢丝刷、敲渣锤、样冲、划针、焊缝万能量规等。

7.1.2.3　焊前装配定位及焊接

装配定位的目的是把两块试板装配成合乎焊接技术要求的 Y 形坡口(带钝边的 V 形坡口)的试板。立焊 V 形坡口试板如图 7-29(a)所示。

1)准备试板

用角向打磨机将试板两侧坡口面及坡口边缘 20～30mm 范围以内的油、污、锈、垢清除干净,使之呈金属光泽。然后,在钳工台虎钳上修磨坡口钝边,使钝边尺寸保持在 0.5～1.5mm,最后在距坡口边缘 100mm 处的试板表面,用划针划上与坡口边缘平行的平行线[图 7-29(b)]并打上样冲孔,作为焊后测量焊坡口每侧增宽的基准线。

2)试板装配

将打磨好的试板装配成 V 形坡口的对接接头,装配间隙始焊端为 3.2mm,终焊端为 4mm(可以用 φ3.2mm 和 φ4mm 焊条头夹在试板坡口的钝

图 7-29　对接立焊 V 形坡口试板的装配
(a) V 形坡口对接焊试板;(b) 划基准

边处,定位焊牢两试板,然后用敲渣锤打掉定位用的 φ3.2mm 和 φ4mm 焊条头即可)。终焊端放大装配间隙的目的是克服试板在焊接过程中,因为焊缝横向收缩而使焊缝间隙变小,影响背面焊缝的焊透质量。再者,电弧由始焊端向终焊端移动,在 300mm 长的焊缝中,终焊端不仅

有电弧的直接加热,还有电弧在 0~300mm 长的移动过程中,传到终焊端的热量,瞬间热量的叠加,使终焊端处温度高,焊缝的横向收缩力加大,所以,终焊端间隙要比始焊端间隙大。

装配好试件后,在焊缝的始焊端和终焊端 20mm 内,用一只 3.2mm 的 N4303 焊条进行定位焊接,定位焊缝长为 10~15mm(定位焊缝焊在正面焊缝处),对定位焊缝的焊接质量要求与正式焊缝一样。

3)反变形

试板焊后,由于焊缝在厚度方向上的横向收缩不均匀,两块试板会离开原来的位置翘起一个角度,这就是角变形,翘起的角度称为变形角。12~16mm 厚试板焊接时,变形角控制在 3°以内。为此在试板定位焊时,应将试板的变形角向相反的方向做成 3°的反变形角。

图 7-30　焊缝层

4)焊接操作

板厚为 12mm 的试板,对接向上立焊,焊缝共有 4 层,即:第一层为打底层,第二、三层为填充层,第四层为盖面层。焊缝层次分布如图 7-30 所示。

(1)打底的断弧焊。焊条直径为 3.2mm,焊接电流为 90~100A,焊接速度为 6~7cm/min。焊接从始焊端开始,引弧部位在始焊端上部 10~20 处,电弧引燃后,迅速将电弧移到定位焊缝上,预热焊 2~3s 后,将电弧压到坡口根部,听到击穿坡口根部而发出"扑、扑"的声音后,在焊接防护镜保护下看到定位焊缝以及相接的坡口两侧金属开始熔化并形成熔池,这时迅速提起焊条、熄灭电弧。此处所形成的熔池是整条焊道的起点,从这一点开始,以后的打底层焊采用两点击穿法焊接。如图 7-31 所示。

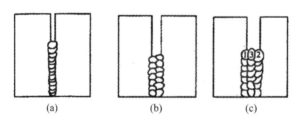

(a)　　　　　　　(b)　　　　　　　(c)

图 7-31　立焊位置断弧焊操作方法

(a)一点击穿法;(b)两点击穿法;(c)三点击穿法

断弧焊法每引燃、熄灭电弧一次,就完成一个焊点的焊接,其节奏控制在每分钟灭弧 45~55 次之间。焊工应该根据坡口根部熔化程度(由坡口根部间隙、焊接电流、钝边的大小、待焊处的温度等因素决定),控制电弧的灭弧频率。断弧焊过程中,每个焊点与前一个焊点重叠 2/3,焊接速度应控制在 1~1.5mm/s,打底层焊缝正面余高、背面余高以 2mm 左右为好。

当焊条长度剩余 50~60mm 长时,需要作更换焊条的准备。此时迅速压低电弧,向焊缝熔池边缘连续过渡几滴熔滴,以便使焊缝背面熔池饱满,防止形成冷缩孔。与此同时,还在坡口根部形成了每侧熔化 0.5~1mm 的熔孔,这时应该迅速更换焊条,并在熔池尚处在红热状态下,立即在熔池上端 10~15mm 处引弧。电弧引燃后,稍作拉长并退至原焊接熔池处进行预热,预热时间控制在 1~2s 内。然后将电弧移向熔孔处压低电弧,看到被加热的熔孔有出汗的现象,继续压低电弧击穿坡口根部,听到发出"扑、扑"的声音后,按两点击穿法,继续完成以后的打底层焊道的焊接。

（2）填充焊。焊条直径为 3.2mm,施焊时焊条与焊缝下端的夹角为 55°～65°,采用连弧焊法,锯齿形横向摆动运条。为了防止出现焊缝中间高、两侧凹的现象,焊条从坡口一侧摆动到另一侧时应该稍快些,并在坡口两侧稍作停顿。为了保证焊缝与母材熔合良好和避免夹渣,焊接时电弧要短。为了防止在焊接过程中产生偏弧,使空气侵入焊缝熔池产生气孔,在焊接过程中,也不要随意加大焊条角度。填充层焊完后的焊道表面应该平滑整齐,不得破坏坡口边缘,填充金属表面与母材表回相差约 0.5～1.5mm,以保持坡口两侧边缘的原始状态,为盖面层焊接打好基础。

（3）盖面焊。保证盖面层焊接质量的关键是焊接过程中焊条摆动要均匀,严格控制咬边缺陷的产生和焊缝接头良好。

盖面层焊前应将填充层的焊缝表面焊渣清理干净。施焊过程中,焊条角度要调整,即焊条与焊缝下端的夹角为 70°～80°,采用连弧焊法,焊接电弧的 1/3 弧柱应将坡口边缘熔合 1～1.5mm,摆动焊条时,要使电弧在坡口一侧边缘稍作停留,待液体金属饱满后,再将电弧运至坡口的另一侧,以避免焊趾处产生咬边缺陷。

在焊接过程中,更换焊条要迅速,从熔池上端引弧,然后将电弧拉向熔池中间并指向弧坑,在弧坑填满后即可正常焊接。

7.1.2.4   焊缝清理

焊完焊缝后,用敲渣锤清除焊渣,用钢丝刷进一步将焊渣、焊接飞溅物等清理干净,使焊缝处于原始状态,交付专职检验前不得对各种焊接缺陷进行修补。

7.1.2.5   焊接质量检验

（1）焊缝外形尺寸:焊缝余高 0～4mm,焊缝余高差≤3mm,焊缝宽度比坡口每侧增宽 0.5～2.5mm,宽度差≤3mm。

（2）焊缝表面缺陷:咬边深度≤0.5mm,焊缝两侧咬边总长度不超过 30mm。背面凹坑深度≤2mm,总长度<30mm。焊缝表面不得有裂纹、未熔合、夹渣、气孔、焊瘤和末焊透。

（3）焊件变形:焊件（试板）焊后变形角度 θ≤3°,错边量≤2mm。

（4）焊缝内部质量:焊缝经 JB4730-1994《压力容器无损检测》标准检测,射线透照质量不低于 AB 级,焊缝缺陷等级不低于Ⅱ级。

7.2 CO_2 气体保护焊

7.2.1   任务目的

培训学生掌握 CO_2 气体保护焊的实际操作过程。

7.2.2   任务指导

下面以厚度为 12mm 薄板的 V 形坡口对接平焊为例,讲述 CO_2 气体保护焊的实际操作过程。

7.2.2.1　装配及定位焊

装配间隙及定位焊如图 7-32 所示,试件对接平焊的反变形如图 7-33 所示。

图 7-32　装配间隙及定位焊　　　　　图 7-33　对接平焊的反变形

7.2.2.2　焊接参数

表 7-9 介绍了两组参数:第一组用直径为 1.2mm 的焊丝,较难掌握,但适用性好;第二组用直径为 1.0mm 焊丝,比较容易掌握,但因直径 1.0mm 焊丝不普遍,适用性较差,使用受到限制。

表 7-9　焊接参数

组别	焊接层次位置	焊丝直径/mm	焊丝伸出长度/mm	焊接电流/A	电弧电压/V	气体流量/(L/min)	层数
第一组	打底焊 填充焊 盖面焊	1.2	20～25	90～100 220～240 230～250	18～20 24～26 25	10～15 20 20	3
第二组	打底焊 填充焊 盖面焊	1.0	15～25	90～95 110～120 110～120	18～20 20～22 20～22	10	3

7.2.2.3　焊接要点

1) 焊枪角度与焊法

采用左向焊法,三层三道,对接平焊的焊枪角度如图 7-34 所示。

图 7-34　对接平焊的焊枪角度

2) 试件位置

焊前先检查装配间隙及反变形是否合适,间隙小的一端故在右侧。

3）打底焊

调试好打底焊的焊接参数后,在试件右端预焊点左侧约 20mm 处坡口两侧引弧,待电弧引燃后迅速右移至试件右端头,然后向左开始焊接打底焊道,焊枪沿坡口两侧作小幅度横向摆动,并控制电弧在离底边约 2~3mm 处燃烧,当坡口底部熔孔直径达到 3~4mm 时转入正常焊接。

4）填充焊

调试好填充层的焊接参数后,在试件右端开始焊填充层,焊枪横向摆动的幅度较打底层焊时稍大,应注意熔池两侧的熔合情况,保证焊道表面平整并稍下凹。

焊填充层时要特别注意,除保证焊道表面的平整并稍下凹外,还要掌握焊道厚度,其要求如图 7-35 所示,焊接时不允许熔化棱边。

图 7-35 填充层焊道

5）盖面焊

调试好盖面层的焊接参数后,从右端开始焊接,需注意以下事项:

(1)保持喷嘴高度,注意观察熔池边缘,熔池边缘必须超过坡口上表面棱边 0.5~1.5mm,并防止咬边。

(2)焊枪的横向摆动幅度比填充焊时稍大,尽量保持焊接速度均匀,使焊缝外形美观。

(3)收弧时要特别注意,一定要填满弧坑并使弧坑尽量短,防止产生弧坑裂纹。

项目小结

1. 电弧焊属于不加压的熔化焊焊接方法之一,它是利用电弧加热和熔化金属进行焊接的方法。按电极不同,电弧焊可分为熔化电极和不熔化电极两种。电弧焊的应用极广,它可以焊接结构钢、铸铁、铜和铝及其合金、镍、铅等。

2. 除电弧焊外,其他常用焊接方法有电阻焊、摩擦焊、钎焊、电子束焊接、高频焊、超声波焊接等。

3. 可焊性是指金属材料经过焊接加工后,能否获得优良焊接接头的可能性。金属材料的成分、焊接方法、具体工艺及参数等均影响可焊性。

4. 低碳钢可焊性好,不必采取特殊措施。中碳钢和高碳钢焊接时设法避免焊缝与近缝区产生裂缝。

5. 合金结构钢就是在钢中加入少量合金元素,以大大提高强度,并保证必要的塑性及韧性的高强度钢。合金结构钢的焊接容易出现裂纹。

6. 铸铁的焊接主要是焊补工作。按照焊接前对铸件有无预热可分为热焊和冷焊两种。

7. 铜及铜合金可用氩弧焊、气焊、碳弧焊、钎焊等进行焊接。其中,氩弧焊主要用于焊接紫铜和青铜件,气焊主要用于焊接黄铜件。

8. 根据所采用的焊接方法和加工方式的不同,焊接结构材料在选择时必须同时能满足使用性能和加工性能要求。

9. 选择焊接方法时必须根据被焊材料的焊接性、接头形式、焊接厚度、焊缝空间位置、焊接结构特点以及工作等多方面因素综合考虑后予以选择确定。

项目习题

1. 什么是金属的焊接？电弧焊的概念是什么？

2. 什么叫焊接电弧？电弧中各区的温度有多高？

3. 电焊条由哪些部分组成？酸性焊条和碱性焊条有何不同？焊接时怎样合理选用焊条？

4. 埋弧焊和氩弧焊的焊接特点有哪些？

5. 金属材料的可焊性是什么意思？金属材料中所含除铁外的元素对钢的可焊性影响是什么（至少说出三种）？

6. 焊缝布置原则和接头形式都有哪些？

项目 8　机械零件材料及毛坯制造工艺选择

知识目标

　　1. 了解机械零件材料选择的一般原则，毛坯的分类及选择原则。

　　2. 理解毛坯成型方法选择的合理性。

　　3. 掌握机械零件加工工艺过程。

技能目标

　　1. 了解毛坯的制造方法。

　　2. 学会如何选择机械零件的材料和毛坯。

　　3. 通过实例初步掌握零件加工工艺路线。

本项目导语

　　机械零件在正确结构设计后的制造包括毛坯成型和切削加工两个阶段，毛坯成型方法选择的合理与否直接影响到零件的质量、使用性能、成本和生产率；而零件的材料选定以后，其毛坯成型方法也大致确定了。因此，在正确的结构设计后，合理地选材，正确确定毛坯成型方法是至关重要的，它直接关系到产品的质量及经济效益。

　　选择机械零件的材料、毛坯的类型和对于机械制造具有重要意义。本项目将着重介绍材料、毛坯选择的原则及典型机械零件材料、毛坯加工工艺路线的选择。

知识链接

8.1　机械零件材料的选择

　　选材合理性的标志应是在满足零件性能要求的条件下，最大限度地发挥材料的潜力，做到"物尽其用"。既要考虑提高材料强度和使用水平，同时也要减少材料的消耗和降低加工成本。因此要做到合理选材，必须要进行全面分析及综合考虑。

8.1.1　选材的一般原则

　　选材的一般原则首先是在满足零件使用性能的前提下，再考虑材料工艺性和经济性。机械零件的使用性能包括力学性能和理化性能。零件不同的形式结构,采用不同方法制造,不同制造方法则要求选用不同的材料,此时,不但要求制造工艺简单、成本低,还要求材料价格低、来源供应充足。

8.1.1.1　按零件使用性能要求选材

零件选材应满足零件工作条件对材料使用性能的要求。材料在使用过程中的表现,即使用性能,是选材时考虑的最主要根据。不同零件所要求的使用性能是很不一样的,有的零件主要要求高强度,有的则要求高的耐磨性,而另外一些甚至无严格的性能要求,仅仅要求有美丽的外观。因此,在选材时,首要的任务就是准确地判断零件所要求的主要使用性能。

8.1.1.2　按制造工艺性能要求选材

材料的工艺性能可定义为材料经济地适应各种加工工艺而获得规定的使用性能和外形的能力,因此工艺性能影响了零件的内在性能、外部质量以及生产成本和生产效率等。

材料选择与工艺方法的确定应同步进行,工艺性能也是选材时应考虑的因素。理想情况下,所选材料应具有良好的工艺性能,即技术难度小、工艺简单、能量消耗低、材料利用率高,保证甚至提高产品的质量。

8.1.1.3　按经济性原则要求选材

质优、价廉、寿命高,是保证产品具有竞争力的重要条件;在选择材料和制定相应的加工工艺时,应考虑选材的经济性原则。

所谓经济性选材原则,不仅是指选择价格最便宜的材料或是生产成本最低的产品,而是指运用价值分析的方法,综合考虑材料对产品的功能与成本的影响,以达到最佳的技术经济效益。

8.1.2　零件选材的基本步骤

(1) 分析零件的工作条件及失效形式,找出引起失效的主要力学性能指标,初步确定材料的类型、范围;零件的失效我们会在下一节进行详细的探讨,在此不做叙述。

(2) 对同类产品的用材情况进行研究,进一步缩小材料的类型、范围。

(3) 决定产品每个构件所要求的性能,对各种候选材料在性能上进行比较。

(4) 对外形、材料和加工方法进行综合考虑,并确定零件的热处理要求或其他强化处理方法。

(5) 审核关键性能指标要满足使用性能要求。

(6) 审核所选材料的综合经济指标。

(7) 投产前进行小批量生产试验。

8.1.3　机械零件的失效

8.1.3.1　失效的基本概念

系统、装置或零件在加工及使用过程中丧失其规定功能的现象。一般零件存在以下三种

情况中的一种,都认为零件已经失效:

(1) 零件完全破坏,不能继续工作。

(2) 严重损伤,继续工作很不安全。

(3) 虽能安全工作,但已不能满意地起到预定的作用。

零件的失效有达到预期寿命的正常失效,也有远低于预期寿命的早期失效。正常失效是比较安全的,而早期失效则带来经济损失,甚至可能造成人身和设备事故。

8.1.3.2　零件失效的形式

一般零件常见的失效形式有以下几种:

(1) 过量变形失效,零件在使用过程中的变形量超过允许范围而造成的失效。

(2) 断裂失效,零件因断裂而无法正常工作的失效。

(3) 表面损伤失效,零件在工作过程中,因机械或化学作用,使其表面损伤而造成的失效。

对一些工程构件来说,常因腐蚀而影响使用的也属于一种失效。

8.1.3.3　零件失效的原因

引起失效的因素很多,涉及零件的结构设计,材料选择与使用,加工制造、装配、使用保养等。但就零件失效形式而言,则与其工作条件有关。零件工作条件包括:应力情况(应力的种类、大小、分布、残余应力及应力集中情况等);载荷性质(静载荷、冲击载荷、变动载荷);温度(低温、常温、高温或交变温度);环境介质(有无腐蚀性介质、润滑剂)以及摩擦、振动条件等。

8.1.3.4　零件失效的分析

失效分析的目的就是要找出零件损伤的原因,并提出相应的改进措施。机械零件的失效分析是一项综合性的技术工作,大致有如下程序。

(1) 尽量仔细地收集失效零件的残骸,并拍照记录实况,确定重点分析的对象,样品应取自失效的发源部位,或能反映失效的性质或特点的地方。

(2) 详细记录并整理失效零件的有关资料,如设计情况(图纸)、实际加工情况及尺寸、使用情况等。根据这些资料全面地从设计、加工、使用各方面进行具体的分析。

(3) 对所选试样进行宏观(用肉眼或立体显微镜)及微观(用高倍的光学或电子显微镜)断口分析,以及必要的金相剖面分析,确定失效的发源点及失效的方式。

(4) 对失效样品进行性能测试、组织分析、化学分析和无损探伤,检验材料的性能指标是否合格,组织是否正常,成分是否符合要求,有无内部或表面缺陷等,全面收集各种必要的数据。

(5) 断裂力学分析。在某些情况下需要进行断裂力学计算,以便于确定失效的原因及提出改进措施。

(6) 综合各方面分析资料做出判断,确定失效的具体原因,提出改进措施,写出报告。

现代工业中零件的工作条件日益苛刻,零件的损坏往往会带来严重的后果,因此对零件的可靠性提出了越来越高的要求。另外,从经济性考虑,也要求不断提高零件的寿命。这些都使得失效分析变得越来越重要。失效分析的结果对于零件的设计、选材、加工以至使用,都有很大的指导意义。

8.2　机械零件毛坯的选择

零件毛坯的选择,是指根据零件图确定毛坯的类别和毛坯的制造方法、毛坯形状(与成品零件的接近程度)、毛坯公差等级、毛坯各加工表面的总余量及毛坯的技术要求等。本节重点介绍毛坯类别与毛坯制造方法的选择问题。

8.2.1　毛坯选择的原则

机械零件常用的毛坯类型有铸件、锻件、轧制型材、挤压件、冲压件、焊接件、粉末冶金件和注射成型件等,每种类型的毛坯都可以有多种成型方法,在选择时遵循的原则是:在保证毛坯质量的前提下,力求选用高效、低成本、制造周期短的毛坯生产方法。一般毛坯选择步骤是:首先由设计人员提出毛坯材料和加工后要达到的质量要求,然后再由工艺人员根据零件图、生产批量,并综合考虑交货期限及现有可利用的设备、人员和技术水平等选定合适的毛坯生产方法。具体要考虑的因素有以下几方面:

(1) 适用性原则。零件的使用要求主要包括零件的结构形状和尺寸要求、零件的工作条件(通常指零件的受力情况、工作环境和接触介质等)以及对零件性能的要求等。

(2) 工艺性原则。毛坯材料的工艺性能是指在一定条件下,将材料加工成优质零件或毛坯的难易程度。它将直接影响零件的质量、生产率和成本。

(3) 经济性原则。应根据零件的选材和使用要求确定毛坯的类型,再根据零件的结构形状、尺寸大小和毛坯的结构工艺性及生产批量大小确定具体的生产方法,必要时还可按有关程序对原设计提出修改意见,以利于降低毛坯生产成本。

(4) 兼顾现有生产条件原则。为了兼顾零件的使用要求和生产成本两个方面,在选择毛坯时还必须与本企业的具体生产条件相结合,保证方便、快捷地制出高质量的产品。

8.2.2　毛坯的分类

8.2.2.1　型材毛坯

机械制造中常用的型材有圆钢、方钢、扁钢、钢管及钢板,切割下料后可直接作为毛坯进行机械加工。型材根据精度分为普通精度的热轧料和高精度的冷拉料两种。普通机械零件毛坯多采用热轧型材,当成品零件的尺寸精度与冷拉料精度相符时,其最大外形尺寸可不进行机械加工。型材的尺寸有多种规格,可根据零件的尺寸选用,使切去的金属最少。

8.2.2.2　焊接组合毛坯

根据毛坯的形状、尺寸要求,用铸件、锻件、冲压件、型材或经局部机械加工的半成品组合后焊接而成的毛坯。适用于单件小批生产中制造大型毛坯,其优点是制造简便,加工周期短,毛坯重量轻,成本较低;缺点是焊接件抗振动性差,机械加工前需经过时效处理以消除内应力。

8.2.2.3　铸造毛坯

铸造生产方法较多,根据零件的产量、尺寸及精度要求,可以采用不同的铸造方法。手工砂型铸造一般用于单件小批量生产,尺寸精度和表面质量较差;机器造型的铸件毛坯生产率较高,适于成批大量生产;熔模铸造适用于生产形状复杂的小型精密铸钢件;金属型铸造、压力铸造和离心铸造等特种铸造方法生产的毛坯精度、表面质量、力学性能及生产率都较高,但对零件的形状特征和尺寸大小有一定的适应性要求。

按铸造方法不同,可有砂型铸造、金属型铸造、离心铸造、压力铸造、熔模铸造等。

8.2.2.4　锻压加工毛坯

锻件适用于要求强度较高、形状不太复杂的零件毛坯。锻件由于塑性变形的结果,内部晶粒较细、均匀,没有铸造毛坯的内部缺陷,其机械性能优于同样材料的铸件。凡承受重载、交变应力的零件,如主轴、齿轮、连杆等都是常用锻件毛坯。但锻造方法很难得到形状复杂的、大型的毛坯,特别是有复杂内腔的毛坯。

按加工方法不同,锻件可分为自由锻件、热模锻件、精密模锻件和冷挤压件等几种类型。

8.2.2.5　冲压毛坯

绝大多数冲压件是通过常温下对具有良好塑性的金属薄板进行变形或分离工序制成的。板料冲压件的主要特点是具有足够强度和刚度、有很高的尺寸精度、表面质量好、少无切削加工性及互换性好,因此,应用十分广泛。但其模具生产成本高,故冲压件只适于大批量生产条件。

8.2.2.6　粉末冶金毛坯

粉末冶金件是以金属粉末为原料,在压力机上通过模具压制成型后经高温烧结而成。其生产效率高,零件的精度高,表面粗糙度值小,一般可不再进行精加工,但金属粉末成本较高,适用于大批大量生产中只需少许或都不需加工的毛坯主要用于中等复杂程度,不带螺纹的小型结构的零件。

8.2.3　常用零件的毛坯选择

常用的机器零件按照其结构形状特征可分为:轴杆类零件、盘套类零件和机架、箱体类零件三大类。这三类零件的结构特征、基本工作条件和毛坯的一般制造方法,大致如下。

8.2.3.1　轴杆类零件

轴杆类零件是各种机械产品中用量较大的重要结构件,常见的有光轴、阶梯轴、曲轴、凸轮轴、齿轮轴、连杆、销轴等,如图 8-1 所示。轴在工作中大多承受着交变扭转载荷、交变弯曲载荷和冲击载荷,有的同时还承受拉—压交变载荷。

轴杆类零件常采用钢或铸铁,并用锻造或铸造毛坯,经机加工成形。光轴毛坯一般采用热轧或冷轧圆钢。阶梯轴采用圆钢(尺寸及受力较小时)或锻件(尺寸及受力较大时)做毛坯。凸轮轴及曲轴

图 8-1　轴杆类零件

一般采用球墨铸铁做毛坯,有时采用锻件毛坯。

在特殊情况下,有时也采用锻-焊或铸-焊方法制造轴类零件的毛坯。

图 8-2　盘套类零件

8.2.3.2　盘套类零件

盘套类零件中,除套类零件的轴向尺寸有部分大于径向尺寸外,其余零件的轴向尺寸一般小于径向尺寸或两个方向尺寸相差不大。属于这一类的零件有齿轮、带轮、飞轮、模具、法兰盘、联轴节、套环、轴承环以及螺母、垫圈等,如图 8-2 所示。

(1)齿轮。这是各类机械中的重要传动零件,运转时齿面承受接触应力和摩擦力,齿根要承受弯曲应力,有时还要承受冲击力。故要求齿轮具有良好的综合力学性能,一般选用锻钢毛坯。

(2)带轮、飞轮、手轮和垫块等。这些零件受力不大、结构复杂或以承压为主的零件,通常采用灰铸铁件,单件生产时也可采用低碳钢焊接件。

(3)法兰、套环等。根据工作情况、受力大小及尺寸、形状等,可分别采用圆钢、铸件或锻件为毛坯。

(4)钻套、导向套、滑动轴承、液压缸、螺母等。这些套类零件,在工作中承受径向力或轴向力和摩擦力,通常采用钢、铸铁、非铁合金材料的圆棒材、铸件或锻件制造,有的可直接采用无缝管下料。尺寸较小、大批量生产时,还可采用冷挤压和粉末冶金等方法制坯。

8.2.3.3　机架、箱座类零件

常见机架箱体类零件有床身、底座、支架、床头箱、轴承座、泵体、阀体、内燃机气缸体等,如图 8-3 所示。一般来说,这类零件的尺寸较大、结构复杂、薄壁多孔、设有加强筋及凸台等结构,质量由几千克到数十吨。要求具有一定的强度、刚度、抗震性及良好的切削加工性。

(a)　　　　　　　(b)

(c)　　　　　　　(d)

图 8-3　箱体、机架类零件

鉴于这类零件的结构特点和使用要求,通常都以铸件为毛坯,且以铸造性良好、价格便宜,并有良好耐压、减磨和减震性能的灰铸铁为主;少数受力复杂或受较大冲击载荷的机架类零件,如轧钢机、大型锻压机等重型机械的机架,可选用铸钢件毛坯,不易整体成形的特大型机架可采用连接成形结构;在单件生产或工期要求急迫的情况下,也可采用型钢-焊接结构。航空发动机中的箱体零件,为减轻质量,通常采用铝合金铸件。

8.1　轴类零件材料及毛坯制造工艺拟定

8.1.1　任务目的

(1) 练习选择轴类零件的材料和毛坯。
(2) 掌握轴类零件加工工艺路线的拟定。

8.1.2　任务指导

图 8-4 为单级圆柱齿轮减速箱的传动轴,是传动轴的典型结构,现仅就其材料和毛坯选择以及加工工艺路线的拟定进行介绍。

图 8-4　减速器传动轴

8.1.2.1　材料选择

轴类零件最常用的材料为锻造或轧制的碳素钢和合金钢。近年来,采用球墨铸铁或合金铸铁制造形状复杂的轴(如曲轴)已获得很大成功。随着铸造质量的进一步提高,"以铁代钢"将取得更加飞速的发展。

轴之所以最常用碳素钢和合金钢制造,是因为轴属于较为重要、较为精密的零件。它本身要求足够的强度和刚度(包括变形刚度和接触刚度),足够精确的尺寸和较小的表面粗糙度,与滑动轴承配合处的轴颈表面还应有高的硬度。因而轴的材料应具备优良的综合性能。而碳素钢和合金钢则满足这些要求。尤其是碳素钢,因其价格低廉,锻造工艺性能良好,对应力集中没有合金钢敏感,所以应用尤为广泛。

轴的材料,对在载荷不大或不太重要时,可用 Q235-A 钢等;载荷较大,较为重要时,以 45号钢最为常用;重载,且轴的尺寸和重量受到限制时,或轴的工作条件恶劣时,则采用合金钢,如 40Cr、38CrMoAlA、1Cr18Ni9Ti 等。

综上所述,图 8-4 的传动轴以选 45 号钢为宜。

8.1.2.2　毛坯选择

该轴尺寸不大,考虑到该轴的最大直径($\varphi40$)与最小直径($\varphi20$)差值不大,如单件小批量生产选圆钢毛坯即可。若批量较大选锻造毛坯为宜,考虑到该轴的尺寸和重量采用模锻是可行的。

8.1.2.3　工艺路线的拟定

从结沟上分析,图 8-4 为轴主要由 6 段圆柱组成,再加上两个键槽。从精度和粗糙度要求分析,有 4 段圆柱要求达到 IT6 级精度,其中安装齿轮的 $\varphi35$ 和 $\varphi25$ 尺寸和安装轴承的两个 $\varphi30$ 尺寸要求粗糙度 R_a 都为 $0.8\mu m$。以上 4 段圆柱之间又要求较高的位置精度。根据该轴主要由圆柱构成和多数段均要求较高的加工精度和较小的粗糙度这一特点,在拟定工艺路线时,应以外圆表面的加工贯穿始终,将全轴的加工分成粗、半精和精加工三个阶段,而将键槽和螺纹的加工穿插子各加工阶段中。在加工一开始应该在两端加工出中心孔,其作用是为加工时提供安装定位基准。

现将大批量生产时,该轴的加工工艺路线安排如表 8-1 所示,以供参考。

表 8-1　减速箱传动轴的加工工艺路线

工序	工序名称	工 序 内 容	定位与夹紧
1	锻	锻造毛坯(模型锻造)	
2	热处理	正火	
3	粗车	粗车各段外圆及端面,打中心孔	中心孔、夹头
4	热修理	调质	
5	半精车	半精车各段外圆及端面、倒角	中心孔、夹头
6	研	研中心孔	外圆
7	精车	精车 $\varphi40$、$M20\times1.5$ 至要求	中心孔、夹头
8	立铣	铣两处键槽	外圆
9	精磨	精磨 $\varphi35$、$\varphi25$、$\varphi30$ 至要求	中心孔、夹头

热处理(调质)安排在粗加工之后,是为给热处理提供平整光滑的表面,以保证热处理的质量。安排在半精加工之前(有时也安排在精加工之前),是为了通过半精加工(或精加工)修正热处理产生的变形。在精车后铣键槽,容易保证键槽深度,同时可防止精车时产生断续切削以影响精车质量。

8.2　箱体类零件材料及毛坯制造工艺拟定

8.2.1　任务目的

(1)练习选择箱类零件的材料和毛坯。

(2)掌握箱类零件加工工艺路线的拟定。

8.2.2　任务指导

箱体类零件按其结构特点可分为整体式和分离式两种。图 8-5 为双级圆柱齿轮减速箱箱体的结构简图。它由箱盖和底座两部分组成,在结构上属分离式箱体。现将其材料选择和加工工艺路线简单介绍。

图 8-5　双级圆柱齿轮减速箱箱体

8.2.2.1　材料选择

一般箱体零件的材料常采用牌号 HT200 和 HT300 的灰铸铁。这是因为箱体形状多较复杂,以采用铸造毛坯为宜,而在各种铸造合金中,又以铸铁成本最低,且铸铁的铸造性能与切削性能均较优良,更兼有良好的吸振性。只有在单件小批生产中,为缩短生产周期、降低成本,才采用焊接的箱体。这是因为采用焊接箱体可省去制造木模、铸型及熔铁的费用及时间,有时也为减轻重量采用轻金属铸造合金。如航空发动机上的箱体多采用铝镁合金铸造。

图 8-5 所示为中等尺寸的减速箱箱体,由于其上有较高精度的三对轴承孔,又承受了较大的载荷,故选用 HT300 制造。

8.2.2.2　毛坯选择

该箱体材料选用了 HT300 灰铸铁,显然以采用铸造毛坯为宜。如果该箱体生产批量较小,则应用木模手工造型。若生产批量大,则用木模机器造型或金属模机器造型为宜。

8.2.2.3　工艺路线的拟定

由图 8-5 不难看出,箱体零件的结构要比轴的结构复杂得多;要加工的部位多;表面形状多样(有平面、圆柱孔、螺纹孔、沟槽等)。此外,各主要加工表面有较高的精度和较小粗糙度要求;相互之间又有较高的尺寸和位置精度要求;箱壁较薄且厚薄不均匀。上述这些也是箱体零件的共同特点,在拟定加工工艺时必须特别予以重视。

在拟定箱体的加工工艺时,一般都按平面-孔-平面-孔的加工顺序安排。这是因为箱体上孔的加工比平面的加工困难得多,先以孔为粗基准加工平面,再以加工过的平面为精基准反过来加工孔,可保证加工孔时定位可靠,余量均匀。

图 8-5 为分离式箱体,其主要加工部位有轴承孔、结合面、底平面、两端面。在拟定其加工工艺路线时,必须考虑到其结构上可分离这一特点。大批大量生产该箱体时,其加工工艺路线可按表 8-2 所列的方案进行。

表 8-2 分离式箱体的加工工艺路线

工序	工序名称	工序内容	定位与夹紧
1	铸造	铸造毛坯	
2	热处理	时效	
3	粗铣	盖各底座的结合面	盖以 A 面定位;底座以 B 面定位
4	粗铣	D、E 面和轴承孔两端面,均一次加工至尺寸	结合面及 C 面
5	精铣	结合面	盖以 D 面和轴承孔一端面定位;底面以 E 面和轴承孔一端面定位
6	钻	钻所有连接孔至尺寸,钻结合面上销孔	结合面和轴承孔端面
7	钳工	用螺栓将盖与底座连接,合铰结合面上两定位销孔,打入定位销,铰底面两定位孔	
8	粗镗	所有轴承孔	E 面及轴承孔一侧端面
9	精镗	所有轴承孔加工至尺寸要求,切孔的内槽	E 面及轴承孔一侧端面
10	钻	油面指示孔和出油孔	

项目小结

1. 零件选材的一般原则:使用性原则、工艺性原则、经济性原则。

2. 零件常见的失效形式:过量变形失效、断裂失效、表面损伤失效。

3. 毛坯选择的一般原则:适应性原则、经济性原则、可行性原则和兼顾现有生产条件原则。

4. 毛坯的种类包括铸件、锻件、冲压件、焊件以及型材等。

项目习题

1. 零件材料选择的一般原则都有哪些,各是什么意思?
2. 零件选材的基本步骤都有哪些?
3. 机械零件失效的基本概念? 在什么情况下可以认为零件已经失效?
4. 毛坯的分类有哪些(至少说出三种)?
5. 常用的机器零件按照其结构形状特征可分为哪几种?

项目 9　非金属材料

知识目标

　　1. 了解机械工业中常用的非金属材料种类。

　　2. 认知机械工业中常用的非金属材料的性能特点。

　　3. 认知机械工业中常用的非金属材料的用途。

　　4. 认知机械工业中常用的非金属材料的供货状态。

　　5. 了解机械工业中常用的非金属材料的成型工艺。

技能目标

　　1. 培养学生正确使用机械工业中常用的非金属材料的能力。

　　2. 培养学生市场调研能力。

　　3. 培养学生综合分析能力。

本项目导语

　　非金属材料是由非金属元素或化合物构成的材料。工程用非金属材料主要指人类以天然的矿物、植物、石油等为原料,制造和合成的新型非金属材料,例如,合成树脂(塑料)、特种陶瓷、合成橡胶、合成纤维、玻璃、磨料、人造石墨、耐火材料和复合材料等。

　　非金属材料主要分为无机非金属材料和有机非金属材料,是机械工程材料的重要组成部分。非金属材料的强度等力学性能一般不如金属材料,但成型工艺简便,而且具有一些独有的特殊性能,在近代工业中的用途不断扩大。非金属材料的发展速度远高于金属材料,有学者曾预言:非金属材料在工业中的使用量在不久的将来将超越金属材料。

知识链接

9.1　高分子材料

　　高分子材料是以高分子化合物为主要组分的材料。高分子化合物是指相对分子质量(分子量)很大的化合物,其相对分子质量一般在 5 000 以上。高分子化合物包括有机高分子化合物和无机高分子化合物两类。有机高分子化合物又分为天然的和合成的。机械工程中使用的高分子材料主要是各种有机高分子化合物,例如塑料、合成橡胶、合成纤维、涂料和胶黏剂等。

9.1.1 塑料

9.1.1.1 塑料的组成

塑料是以合成树脂为主要成分,加入一些用来改善塑料使用性能和工艺性能的添加剂而制成的。

工业中用的树脂主要是合成树脂,如聚乙烯等。树脂的种类、性能、数量决定了塑料的性能,因此,塑料基本上都是以树脂的名称命名的,例如聚氯乙烯塑料的树脂就是聚氯乙烯。

添加剂的种类较多,主要有以下几种。

(1)填料。填料可使塑料具有所要求的性能,且能降低成本。用木屑、纸屑、石棉纤维、玻璃纤维等材料作填料,可增加塑料强度;用高岭土、滑石粉、氧化铝、石墨、铁粉、铜粉和铝粉等无机物为填料,可使塑料具有较高的耐热性、导热性、耐磨性、耐蚀性等。

(2)增塑剂。增塑剂用以增加树脂的可塑性、柔软性、流动性,降低脆性。常用的增塑剂有磷酸酯类化合物、甲酸酯类化合物和氯化石蜡等。

(3)稳定剂(防老剂)。稳定剂可增加塑料对光、热、氧等老化作用的抵抗力,延长塑料的寿命。常用的稳定剂有硬脂酸盐、环氧化合物等。

(4)润滑剂。加入少量润滑剂可改善塑料成形时的流动性和脱模性,使制品表面光滑美观。常用的润滑剂有硬脂酸等。

除上述添加剂外,还有固化剂、发泡剂、抗静电剂、稀释剂、阻燃剂、着色剂等。但需要说明的是,并非每种塑料都需要加入上述全部的添加剂。加入的添加剂种类和数量是根据塑料的品种和使用要求决定的。

9.1.1.2 塑料的特性

(1)质轻。塑料的密度为 $0.9\sim2.2g/cm^3$,只有钢铁的 1/8~1/4、铝的 1/2。其中,泡沫塑料的密度仅为 $0.01g/cm^3$ 左右。这对减轻机械产品的重量具有重要意义。

(2)比强度高。塑料的强度比金属低,但密度小,其比强度高。

(3)化学稳定性好。塑料能耐大气、水、碱、有机溶剂等的腐蚀。

(4)优异的电绝缘性。塑料的电绝缘性可与陶瓷、橡胶以及其他绝缘材料相媲美。

(5)减摩、耐磨性好。塑料的硬度低于金属,但多数塑料的摩擦因数小,有些塑料(如聚四氟乙烯、尼龙等)具有自润滑性。因此,塑料可用于制作在无润滑条件下工作的某些耐磨零件。

(6)工艺性好。成型加工性好,且方法简单,多数塑料制品的生产率高。

(7)耐热性差。多数塑料只能在 100℃ 左右使用,少数品种可在 200℃ 左右使用;蠕变量大(在载荷长期作用下塑性变形量逐渐增加);易燃烧和易老化(因为光、热、载荷、水、碱、酸、氧等的长期作用,使塑料变硬、变脆、开裂等现象,称老化);导热性差,约为金属的 1/500;热膨胀系数大,约为金属的 3~10 倍。

9.1.1.3 常用塑料

1) 热塑性塑料

热塑性塑料加热时变软,冷却后变硬,再加热又可变软,可反复成型,且基本性能不变。其制品使用温度低于 120℃。热塑性塑料成型工艺简便,可注射、挤出、吹塑成型,生产率高。常用的热塑性塑料有以下几种:

(1) 聚乙烯(PE)。按生产工艺不同,分为高压聚乙烯、中压聚乙烯和低压聚乙烯。高压聚乙烯化学稳定性高,柔软性、绝缘性、透明性、耐冲击性好,宜吹塑成薄膜、软管、瓶等。低压聚乙烯质地坚硬,耐磨性、耐蚀性、绝缘性好,适宜制作化工用管道、槽、电线、电缆包皮以及承载小的齿轮、轴承等零件。又因其无毒,可制作茶杯、奶瓶、食品袋等。

(2) 聚氯乙烯(PVC)。分为硬质聚氯乙烯和软质聚氯乙烯。硬质聚氯乙烯强度较高,绝缘性和耐蚀性好,耐热性差,在 $-15\sim60℃$ 使用,用于化工耐蚀的结构材料,如输油管、容器、离心泵、阀门管件等,用途较广;软质聚氯乙烯强度低于硬质聚氯乙烯,伸长率大,绝缘性较好,在 $-15\sim60℃$ 的温度范围使用,用于电线、电缆的绝缘包皮,农用薄膜,工业包装等。因其有毒,不能用于包装食品。

(3) 聚丙烯(PP)。其强度、硬度、刚性、耐热性均高于低压聚乙烯,其制品可在 120℃ 以下长期使用。绝缘性好,且不受湿度影响,无毒无味,低温脆性大,不耐磨。用于一般机械零件(如齿轮、接头)、耐蚀件(如泵叶轮、化工管道、容器;绝缘件)、壳体类零件(电视机、收音机、电扇、电机罩等)、生活用具、医疗器械、食品和药品包装等。

(4) 聚酰胺(PA)。俗称尼龙或锦纶。强度、韧性、耐磨性、耐蚀性、吸振性、自润滑性、成形性好,摩擦因数小,无毒无味,可在 100℃ 以下使用。蠕变值大,导热性差,吸水性高,成型收缩率大。常用的有尼龙 6、尼龙 66、尼龙 610、尼龙 1010 等。用于制造要求耐磨、耐蚀的某些承载和传动零件,如轴承、导轨、齿轮、螺母等,也可用于制作高压耐油密封圈,或喷涂在金属表面作防腐和耐磨涂层。

(5) 聚甲基丙烯酸甲酯(PMMA)。俗称有机玻璃。透光性、着色性、绝缘性、耐蚀性好,在自然条件下老化速度缓慢,可在 $-60\sim100℃$ 使用。不耐磨,脆性大,易溶于有机溶剂中。硬度不高,表面易擦伤。用于航空、仪器、仪表、汽车中的透明件和装饰件,如飞机窗、灯罩、电视和雷达屏幕、油标、油杯、设备标牌等。

(6) ABS 塑料。是丙烯腈(A)、丁二烯(B)、苯乙烯(S)的三元共聚物。综合力学性能好,尺寸稳定性、绝缘性、耐磨性、耐水和耐油性好,但长期使用易起层。用于制造齿轮、叶轮、轴承、把手、管道、储槽内衬、仪表盘、轿车车身、汽车挡泥板和电话机、电视机、仪表的壳体等。应用较广。

(7) 聚甲醛(POM)。耐磨性、尺寸稳定性、着色性、减摩性,绝缘性好,可在 $-40\sim100℃$ 长期使用。加热易分解,成型收缩率大。用于制造减摩、耐磨件、绝缘件及传动件,如轴承、滚轮、齿轮、化工容器、仪表外壳、表盘等,可代替尼龙和有色金属。

(8) 聚四氟乙烯(F-4)。也称塑料王。有极强的耐蚀性,可抗王水腐蚀。绝缘性、自润滑性好,不吸水,摩擦因数小,可在 $-195\sim250℃$ 使用,但价格较高。用于耐蚀、减摩、耐磨件、密封件、绝缘件,如高频电缆和电容线圈架、化工用反应器和管道等。

(9) 聚碳酸酯(PC)。聚碳酸酯誉称"透明金属",具有优良的综合性能。冲击韧性和延性突出,在热塑性塑料中是最好的;弹性模量较高,不受温度的影响;抗蠕变性能好,尺寸稳定性高。透明度高,可染成各种颜色。吸水性小。绝缘性能优良,在 $10\sim130℃$ 间介电常数和介质损耗近于不变。适宜制造精密齿轮、蜗轮、蜗杆、齿条等。利用其高的电绝缘性能,制造垫圈、垫片、套管、电容器等绝缘件,并可作电子仪器仪表的外壳、护罩等。由于透明性好,在航空及宇航工业中,是一种不可缺少的制造信号灯、挡风玻璃、座舱罩、帽盔等的重要材料。

(10) 聚砜(PSF)。强度和硬度高、成形温度高,抗蠕变、尺寸稳定性、绝缘性好,可在 $-100\sim150℃$ 长期使用。不耐有机溶剂和紫外线。用于制造耐热件、绝缘件、减摩和耐磨件、高强度件(如凸轮,精密齿轮)真空泵叶片、仪表壳体和罩、汽车护板等。

2) 热固性塑料

热固性塑料加热时软化,冷却后坚硬。固化后再加热,不再软化或熔融,不能再成型。热固性塑料抗蠕变性强,不易变形,耐热性高,但树脂性能较脆,强度不高,成型工艺复杂,生产率低。常用的热固性塑料有以下几种。

(1) 酚醛塑料(PF)。俗称电木,由酚类和醛类在酸或碱催化剂作用下缩聚合成酚醛树脂,再加入添加剂而制得的高聚物。酚醛塑料具有一定的机械强度和硬度,耐磨性好,绝缘性良好,耐热性较高,耐蚀性优良。缺点是性脆,不耐碱。酚醛塑料广泛用于制作插头、开关、电话机、仪表盒、汽车刹车片、内燃机曲轴皮带轮、纺织机和仪表中的无声齿轮、化工用耐酸泵日用用具等。

(2) 环氧塑料(EP)。为环氧树脂加入固化剂后形成的热固性塑料。环氧塑料强度较高,韧性较好;尺寸稳定性高;具有优良的绝缘性能;耐热、耐寒;化学稳定性很高;成型工艺性能好。缺点是有毒性。环氧塑料是很好的胶黏剂,对各种材料(金属及非金属)都有很强的胶粘能力。环氧塑料用于制作塑料模具、印刷线路板、灌封电器元件、配制飞机漆、油船漆和罐头涂料等。

9.1.2 橡胶

9.1.2.1 橡胶的组成与性能

橡胶是以生胶为主要原料,加入适量配合剂而制成的高分子材料。生胶是指未加配合剂的天然胶或合成胶,它也是将配合剂和骨架材料粘成一体的黏结剂。

配合剂是指为改善和提高橡胶制品性能而加入的物质,如硫化剂、活性剂、软化剂、填充剂、防老剂、着色剂等。

常用的硫化剂是硫黄,经硫化处理后,可提高橡胶制品的弹性、强度、耐磨性、耐蚀性和抗老化能力;活化剂用于加速脱硫过程;软化剂用于增强橡胶塑性,改善黏附力,降低硬度和提高耐寒性;填充剂用于提高橡胶强度,减少生胶用量,降低成本和改善工艺性。防老剂可在橡胶表面形成稳定氧化膜,用于抵抗氧化作用,防止和延缓橡胶发黏、变脆和性能变坏等老化现象。着色剂用于改变橡胶制品颜色并对橡胶制品起防护作用。

此外,为减少橡胶制品变形,提高其承载能力,可在橡胶内加入骨架材料。常用的骨架材料有金属丝、纤维织物等。

橡胶弹性大,最高伸长率可达 $800\%\sim1\,000\%$,外力去除后能迅速恢复原状;橡胶可积储能量,吸振能力强,有足够的强度,耐磨性、隔声性、绝缘性好,有一定的耐蚀性。

9.1.2.2　常用橡胶

按原料来源不同,橡胶分为天然橡胶和合成橡胶。天然橡胶从天然产胶植物中制取的橡胶,主要成分是聚异戊二烯,而合成橡胶是用石油、天然气、煤和农副产品为原料制成的。

根据应用范围宽窄,分为通用橡胶和特种橡胶。

(1) 丁苯橡胶。是以丁二烯和苯乙烯为单体共聚而成。具有较好的耐磨性、耐热性、耐老化性,价格便宜。主要用于制造轮胎、胶带、胶管及生活用品。

(2) 顺丁橡胶。是由丁二烯聚合而成。顺丁橡胶的弹性、耐磨性、耐热性、耐寒性均优于天然橡胶,是制造轮胎的优良材料。缺点是强度较低、加工性能差。主要用于制造轮胎、胶带、弹簧、减震器、耐热胶管、电绝缘制品等。

(3) 氯丁橡胶。是由氯丁二烯聚合而成。氯丁橡胶的机械性能和天然橡胶相似,但耐油性、耐磨性、耐热性、耐燃烧性、耐溶剂性、耐老化性能均优于天然橡胶,所以称为“万能橡胶”。它既可作为通用橡胶,又可作为特种橡胶。但氯丁橡胶耐寒性较差(-35℃),密度较大(为 $1.23g/cm^3$),生胶稳定性差,成本较高。它主要用于制造电线、电缆的外皮、胶管、输送带等。

(4) 氟橡胶。它是以碳原子为主链、含有氟原子的高聚物。氟橡胶具有很高的化学稳定性,它在酸、碱、强氧化剂中的耐蚀能力居各类橡胶之首,其耐热性也很好,缺点是价格昂贵、耐寒性差、加工性能不好。主要用于高级密封件、高真空密封件及化工设备中的里衬,火箭、导弹的密封垫圈。常用橡胶如表 9-1 所示。

表 9-1　常用橡胶的种类、性能和用途

种类	名称 (代号)	R_m/MPa	A/%	使用温度 t/℃	回弹性	耐磨性	耐碱性	耐酸性	耐油性	耐老化	用途举例
通用橡胶	天然橡胶 (NR)	17～35	650～900	-70～110	好	中	好	差	差		轮胎、胶带、胶管
	丁苯橡胶 (SBR)	15～20	500～600	-50～140	中	好	中	差	差	好	轮胎、胶板、胶布、胶带、胶管
	顺丁橡胶 (BR)	18～25	450～800	-70～120	好	好	好	差	差	好	轮胎、v 带、耐寒运输带、绝缘件
	氯丁橡胶 (CR)	25～27	800～1 000	-35～130	中	中	好	中	好	好	电线(缆)包皮,耐燃胶带、胶管、汽车门窗嵌条,油罐衬里
	丁腈橡胶 (NBR)	15～30	300～800	-35～175	中	中	中	中	好	中	耐油密封圈、输油管、油槽衬
特种橡胶	聚氨酯橡胶 (UR)	20～35	300～800	-30～80	中	好	差	差	好		耐磨件、实心轮胎、胶辊
	氟橡胶 (FPM)	20～22	100～500	-50～300	中	中	好	好	好	好	高级密封件,高耐蚀件,高真空橡胶件
	硅橡胶	4～10	50～500	-100～300	差	差	好	中	差	好	耐高、低温制品和绝缘件

9.2 陶瓷材料

陶瓷材料是用天然或合成化合物经过成形和高温烧结制成的一类无机非金属材料。

陶瓷材料是工程材料中刚度最好、硬度最高的材料,其硬度一般一般>1500HV,而淬火钢的硬度为500～800HV,高分子材料的硬度<20HV。陶瓷的抗压强度较高,但抗拉强度较低,塑性、韧性很差。陶瓷材料一般具有高的熔点(大多在2000℃以上),且在高温下具有极好的化学稳定性;陶瓷的导热性低于金属材料,是良好的隔热材料。同时陶瓷的线膨胀系数比金属低,当温度发生变化时,陶瓷具有良好的尺寸稳定性。陶瓷材料在高温下不易氧化,并对酸、碱、盐具有良好的抗腐蚀能力。大多数陶瓷具有良好的电绝缘性。此外,陶瓷材料还有独特的光学性能。

陶瓷按原料不同分为普通陶瓷和特种陶瓷。根据应用范围不同,普通陶瓷分为日用陶瓷和工业陶瓷。根据用途不同,特种陶瓷材料可分为结构陶瓷、工具陶瓷、功能陶瓷。

9.2.1 常用普通陶瓷

普通陶瓷又称传统陶瓷,是以天然的黏土、长石、石英等为原料,经成型、烧结而成的陶瓷。普通陶瓷坚硬而脆性较大,绝缘性和耐蚀性极好。由于其制造工艺简单、成本低廉,因而在各种陶瓷中用量最大。

普通日用陶瓷主要用作日用器皿和瓷器,一般具有良好的光泽度、透明度,热稳定性,机械强度较高。常用的普通日用陶瓷有:长石质瓷,是国内外常用的日用陶瓷,作一般的工业瓷制品;绢云母质瓷,是我国的传统用瓷;骨质瓷,在近些年得到广泛应用,主要用作高级日用瓷制品;滑石质瓷,是我国发展的综合性能好的新型高质瓷;高石英质日用瓷,是最近我国研制成功的新型陶瓷,石英含量≥40%,瓷质细腻、色调柔和、透光度好、强度高、热稳定性好。

工业陶瓷,即工业生产用及工业产品用陶瓷。普通工业陶瓷包括建筑陶瓷、电工陶瓷和化工陶瓷等。建筑陶瓷用于装饰板、卫生间装置及器具等,通常尺寸较大,要求强度和热稳定性好;电工陶瓷主要指电器绝缘用瓷,也称为高压陶瓷,要求力学性能高、介电性能和热稳定性好;化工陶瓷用于化工、制药、食品等工业及实验室中的管道设备、耐蚀容器及实验器皿等,通常要求耐各种化学介质腐蚀的能力要强。几种普通陶瓷的基本性能如表9-2所示。

表9-2　几种普通陶瓷的基本性能

陶瓷种类	日用陶瓷	建筑陶瓷	电工陶瓷	化工陶瓷
密度/(10^3 kg·m^{-3})	2.3～2.5	～2.2	2.3～2.4	2.2～2.3
气孔率/%		～5		<6
吸水率/%		3～7		<3
抗拉强度/MPa		10.8～51.9	23～35	8～12
抗压强度/MPa		568.4～803.6		80～120
抗弯强度/MPa	40～65	40～96	70～80	40～60

（续表）

陶瓷种类	日用陶瓷	建筑陶瓷	电工陶瓷	化工陶瓷
冲击韧度/$(kJ \cdot m^{-2})$	1.8～2.1		1.8～2.2	1～1.5
线膨胀系数/$(10^{-6}/℃)$	2.5～4.5			4.5～6.0
导热系数/$[W \cdot (m \cdot K)^{-1}]$		～1.5		0.92～1.04
介电常数			6～7	
损耗角正切			0.02～0.04	
体积电阻率/$(\Omega \cdot m)$			≮1011	
莫氏硬度	7	7		7
热稳定性/℃	220	250	150～200	(2*)

* 试样由 220℃ 急冷至 20℃ 的次数。

9.2.2　常用特种陶瓷

特种陶瓷又称近代陶瓷、精细陶瓷或高性能陶瓷，是以高纯度的人工合成的金属氧化物、碳化物、氮化物等原料，利用精密控制工艺成形烧结制成的陶瓷材料。特种陶瓷通常具有一种或多种功能，如：电、磁、光、热、声、化学、生物等功能，同时具有耦合功能（如压电、热电、电光、声光、磁光等功能）。特种陶瓷包括特种结构陶瓷和功能陶瓷两大类，如压电陶瓷、磁性陶瓷、电容器陶瓷、高温陶瓷等。工程上最重要的是高温陶瓷，包括氧化物陶瓷、硼化物陶瓷、氮化物陶瓷和碳化物陶瓷。

9.2.2.1　氧化物陶瓷

氧化物陶瓷熔点大多 2 000℃ 以上，烧成温度约 1 800℃；单相多晶体结构，有时有少量气相；强度随温度的升高而降低，在 1 000℃ 以下时一直保持较高强度，随温度变化不大；纯氧化物陶瓷任何高温下都不会氧化。

1）氧化铝（刚玉）陶瓷

主要成分是 Al_2O_3，根据含杂质的多少，氧化铝呈红色（如红宝石）或蓝色（如蓝宝石）。实际生产中，氧化铝陶瓷按氧化铝含量可分为 75、95 和 99 等几种。氧化铝陶瓷的强度比普通陶瓷高 2～6 倍，硬度高（仅低于金刚石），高温蠕变小，耐酸、碱和化学药品腐蚀，高温下不氧化，绝缘性好，但脆性大，不能承受冲击。

氧化铝陶瓷是很好的高温耐火结构材料，用于制造高温容器（如坩埚）、内燃机火花塞、空压机泵零件、高温轴承等。

微晶刚玉陶瓷的硬度极高，用于制造硬度要求高的切削淬火钢刀具、金属拔丝模等。

氧化铝陶瓷耐酸、碱和化学药品腐蚀，可用于制造化工、石油用泵的密封环等。

2）氧化铍陶瓷

氧化铍陶瓷具备一般陶瓷的特性，导热性极好，很高的热稳定性，强度低，抗热冲击性较高；消散高能辐射的能力强、热中子阻尼系数大。

氧化铍陶瓷用于制造坩埚、真空陶瓷、原子反应堆陶瓷、气体激光管、晶体管散热片和集成电路的基片和外壳等。

3）氧化锆陶瓷

氧化锆陶瓷的熔点在2700℃以上，耐2300℃高温，推荐使用温度2000～2200℃；能抗熔融金属的浸蚀，做铂、铑等金属的冶炼坩埚和1800℃以上的发热体及炉子、反应堆绝热材料等；氧化锆作添加剂可以大大提高陶瓷材料的强度和韧性，例如，氧化锆增韧陶瓷可替代金属制造拉丝模、泵叶轮和汽车零件（凸轮、推杆、连杆等）。

4）氧化镁/钙陶瓷

氧化镁/钙陶瓷通常是通过加热白云石（镁或钙的碳酸盐）矿石除去CO_2而制成的，其特点是能抗各种金属碱性渣的作用，因而常用作炉衬的耐火砖。但这种陶瓷的缺点是热稳定性差，MgO在高温下易挥发，CaO甚至在空气中易水化。

9.2.2.2 碳化物陶瓷

碳化物陶瓷有很高的熔点、硬度（近于金刚石）和耐磨性（特别是在浸蚀性介质中），缺点是耐高温氧化能力差（约900～1000℃），脆性极大。

1）碳化硅陶瓷

碳化硅陶瓷密度为$3.2 \times 10^3 kg/m^3$，莫氏硬度9.2，不仅具有优良的常温力学性能，如高的抗弯强度、优良的抗氧化性、良好的耐腐蚀性、高的抗磨损以及低的摩擦因数，而且高温力学性能（强度、抗蠕变性等）是已知陶瓷材料中最佳的。其高温强度可一直维持到1600℃，是陶瓷材料中高温强度最好的材料。抗氧化性也是所有非氧化物陶瓷中最好的。碳化硅陶瓷的缺点是断裂韧性较低，即脆性较大。

这类陶瓷用于制作工作温度高于1500℃的结构件，如火箭尾喷管的喷嘴、浇铸金属的浇口杯、热电偶套管、炉管、汽轮机叶片、高温轴承、泵的密封圈等，也可以用作石墨表面保护层、砂轮及磨料等。

2）碳化硼陶瓷

碳化硼陶瓷硬度极高，抗磨粒磨损能力很强；熔点达2450℃，高温下会快速氧化，与热或熔融黑色金属发生反应，使用温度限定在980℃以下。

碳化硼陶瓷主要用于作磨料，有时用于制造超硬质工具材料。

3）其他碳化物陶瓷

碳化钼、碳化铌、碳化钽、碳化钨和碳化锆陶瓷的熔点和硬度都很高，在2000℃以上的中性或还原气氛作高温材料；碳化铌、碳化钛用于2500℃以上的氮气气氛中的高温材料。

9.2.2.3 硼化物陶瓷

硼化物陶瓷有硼化铬、硼化钼、硼化钛、硼化钨和硼化锆等。

硼化物陶瓷具有高硬度，同时具有较好的耐化学浸蚀能力。熔点范围为1800～2500℃。比起碳化物陶瓷，硼化物陶瓷具有较高的抗高温氧化性能，使用温度达1400℃。

硼化物陶瓷主要用于高温轴承、内燃机喷嘴、各种高温器件、处理熔融非铁金属的器件等，也可用作电触点材料。

9.2.2.4 氮化物陶瓷

1) 氮化硅陶瓷

氮化硅陶瓷化学稳定性好,除氢氟酸外,可耐无机酸(盐酸、硝酸、硫酸、磷酸、王水)和碱液腐蚀;抗熔融非铁金属侵蚀,硬度高,摩擦因数小,有自润滑性;绝缘性、耐磨性好,热膨胀系数小,抗高温蠕变性高于其他陶瓷;最高使用温度低于氧化铝陶瓷,而抗氧化温度高于碳化物和硼化物。

氮化硅陶瓷主要用于制作高温轴承、热电偶套管、转子叶片、泵和阀的密封件、切削高硬度材料的刀具等。

2) 氮化硼陶瓷

六方氮化硼为六方晶体结构,也称为"白色石墨"。氮化硼陶瓷有良好的高温绝缘性(2 000℃时仍绝缘)、耐热性、热稳定性、化学稳定性、润滑性,能抗多数熔融金属侵蚀。硬度低,可进行切削加工。

氮化硼陶瓷主要用于制作热电偶套管、坩埚、导体散热绝缘件\高温容器、管道、轴承和玻璃制品的成形模具等。

3) 氮化钛陶瓷

硬度高(1800HV)、耐磨。主要用于刀具表面涂层、耐磨零件表面涂层。几种特种陶瓷的种类及用途如表9-3所示。

表9-3 特种陶瓷的种类及用途

种 类	组 成	用 途
烧结刚玉(氧化铝瓷)	Al_2O_3	火花塞,物理化学设备,人工骨、牙等
高氧化铝瓷	$\alpha\text{-}Al_2O_3$	绝缘子;电器材料,物理化学设备
莫来石瓷	$3Al_2O_3 \cdot 2SiO_2$	电器材料,耐热耐酸材料
氧化镁瓷	MgO	物理化学设备
氧化锆瓷	ZrO_2	物理化学设备,电器材料,人工骨、关节
氧化铍瓷	BeO	物理化学设备,电器材料
氧化钍瓷	ThO_2	物理化学设备,炉材
尖晶石瓷	$MgO \cdot Al_2O_3$	物理化学设备,电器材料
氧化锂瓷(耐热高强度陶瓷)	$Li_2O \cdot Al_2O_3 \cdot 2SiO_2$ $Li_2O \cdot Al_2O_3 \cdot 4SiO_2$ $Li_2O \cdot Al_2O_3 \cdot 8SiO_2$	高温材料,物理化学设备
块滑石(滑石瓷)	$MgO \cdot SiO_2$	高频绝缘材料
氧化钛瓷	TiO_2 $TiO_2 CaSiTiO_5$	介电材料
钛酸钡系陶瓷	BaO, TiO_2;$SrO_2, TiO_2 PbO, ZrO_2$ 等的固溶体 PZT,PLZT,PLLZT	铁电材料电光材料
氧化物,碳化物,硼化物,氮化物,硅化物系陶瓷	ZrO_2, SiC, Si_3N_4, BN	超高温材料

（续表）

种　类		组　成	用　途
铁氧体系瓷	软磁铁氧体	MnZn,NiZn 系	无线电设备用磁头
	硬磁铁氧体	Co,Ba	永久磁铁
	记忆铁氧体	MgZn,Li 系	记忆磁心
稀土钴系		SmCoMnBi,GdCo 膜	永久磁铁存储器
半导体陶瓷		$ZnO,SiC,ZrO_2,SnO_2,BaTiO_3,\gamma\text{-}Fe_2O_3,CdS,MgCr_2O_4$	非线性电阻,气体传感器,热敏元件,湿度传感器,太阳电池,自控温发热体
其他锆质瓷　蛇纹岩系瓷钡长石瓷　多孔陶瓷		$ZrSiO_2FeO\cdot MgO\cdot Al_2O_3\cdot SiO_2$ 系 $BaO\cdot Al_2O_3\cdot 2SiO_2$	断路器耐碱性 X 射线设备用过滤、电解用

9.3　复合材料

复合材料是指两种或两种以上的物理、化学性质不同的物质,经一定方法得到的一种新的多相固体材料。复合材料的相分为基体相和增强相。基体相起黏结剂作用,增强相起提高强度或韧性作用。复合材料最大特点是其性能比组成材料的性能优越得多,大大改善或克服了组成材料的弱点,可创造单一材料不具备的双重或多重功能,或者在不同时间或条件下发挥不同的功能。例如,汽车的玻璃纤维挡泥板:单独使用玻璃会太脆,单独使用聚合物材料则强度低而且挠度满足不了要求;但强度和韧性都不高的这两种单一材料经复合后得到了令人满意的高强度、高韧性的新材料,而且重量很轻。

9.3.1　复合材料的分类

按基体不同,分为非金属基体复合材料和金属基体复合材料两类。目前使用较多的是以高分子材料为基体的复合材料。

按增强相的形态,分为晶须增强复合材料、颗粒增强复合材料、层叠增强复合材料、纤维增强复合材料。

按性能,分为结构、功能等复合材料。结构复合材料用于制作结构件;功能复合材料是指具有某种物理功能和效应的复合材料。

9.3.2　复合材料的性能特点

（1）高的比强度和比模量。例如碳纤维和环氧树脂组成的复合材料,其比强度是钢的 8 倍,比模量比钢大 3 倍。

（2）抗疲劳性能好。通常,复合材料中的纤维缺陷少,因而本身抗疲劳能力高;而基体的塑性和韧性好,能够消除或减少应力集中,不易产生微裂纹;塑性变形的存在又使微裂纹产生钝化而减缓了其扩展。这样就使得复合材料具有很好的抗疲劳性能。例如:碳纤维增强树脂的疲劳强度为拉伸强度的 70%～80%,一般金属材料却仅为 30%～50%。

（3）减振性能好。纤维与基体界面有吸振能力,可减小振动。例如,尺寸形状相同的梁,金属梁 9s 停止振动,碳纤维复合材料制成的梁 2.5s 就可停止振动。

（4）高温性能好。高温下保持很高的强度。聚合物基复合材料使用温度 $100\sim350℃$；金属基复合材料使用温度 $350\sim1\,100℃$；SiC 纤维、Al_2O_3 纤维陶瓷复合材料在 $1\,200\sim1\,400℃$ 范围内保持很高的强度。碳纤维复合材料在非氧化气氛下在 $2\,400\sim2\,800℃$ 长期使用。

此外，复合材料还有较好的减摩性、耐蚀性、断裂安全性和工艺性等。

9.3.3　常用复合材料

9.3.3.1　纤维增强复合材料

1）玻璃纤维增强复合材料

俗称玻璃钢，按黏结剂不同，分为热塑性玻璃钢和热固性玻璃钢。

热塑性玻璃钢以玻璃纤维为增强剂，以热塑性树脂为黏结剂。与热塑性塑料相比，当基体材料相同时，强度和疲劳强度提高 2～3 倍，冲击韧度提高 2～4 倍，抗蠕变能力提高 2～5 倍，强度超过某些金属。这种玻璃钢用于制作轴承、齿轮、仪表盘、收音机壳体等。

热固性玻璃钢以玻璃纤维为增强剂，以热固性树脂为黏结剂。其密度小，耐蚀性、绝缘性、成形性好，比强度高于铜合金和铝合金，甚至高于某些合金钢。但刚度差，为钢的 1/10～1/5。耐热性不高（低于 200℃），易老化和蠕变。主要制作要求自重轻的受力件，例如汽车车身、直升机旋翼、氧气瓶、轻型船体、耐海水腐蚀件、石油化工管道和阀门等。

2）碳纤维增强复合材料

这种复合材料与玻璃钢相比，其抗拉强度高，弹性模量是玻璃钢的 4～6 倍。玻璃钢在 300℃ 以上，强度会逐渐下降，而碳纤维的高温强度好。玻璃钢在潮湿环境中强度会损失 15%，碳纤维复合材料的强度不受潮湿影响。

此外，碳纤维复合材料还具有优良的减摩性、耐蚀性、导热性和较高的疲劳强度。

碳纤维复合材料适于制作齿轮、高级轴承、活塞、密封环、化工零件和容器、飞机涡轮叶片、宇宙飞行器外形材料、天线构架、卫星和火箭机架、发动机壳体、导弹鼻锥等。

9.3.3.2　层叠增强复合材料

层叠增强复合材料由两层或两层以上不同材料复合而成。用层叠法增强的复合材料可使强度、刚度、耐磨、耐蚀、绝热、隔声、减轻自重等性能分别得到改善。常见的层叠增强复合材料有双层金属复合材料、塑料-金属多层复合材料和夹层结构复合材料等。

例如，SF 型三层复合材料就是以钢为基体，以烧结铜网或铜球为中间层，以塑料为表面层的自润滑复合材料。这种材料力学性能取决于钢基体，摩擦、磨损性能取决于塑料，中间层主要起黏结作用。这种复合材料比单一塑料提高承载能力 20 倍，导热系数提高 50 倍，热膨胀系数下降 75%，改善了尺寸稳定性，可制作高应力（140MPa）、高温（270℃）、低温（－195℃）和无油润滑条件下的轴承。

夹层结构复合材料由两层薄而强的面板（或称蒙皮）中间夹着一层轻而弱的芯子组成。面板与芯子用胶接或焊接连在一起。夹层结构密度小，可减轻构件自重，有较高刚度和抗压稳定性，可绝热、隔声、绝缘，已用于飞机机翼、火车车厢等制件。

9.3.3.3　颗粒增强复合材料

颗粒复合材料由一种或多种材料的颗粒均匀分散在基体材料内所组成的。金属陶瓷就是一种典型的颗粒复合材料。碳化物金属陶瓷是应用最广泛的金属陶瓷,通常以 Co 或 Ni 作金属黏接剂,根据金属含量不同可作耐热结构材料或工具材料。碳化物金属陶瓷作工具材料时,通常被称为硬质合金。它是将金属的热稳定性好、塑性好,高温易氧化和蠕变,与陶瓷脆性大、热稳定性差,但耐高温、耐腐蚀等性能进行互补,将陶瓷微粒分散于金属基体中,使两者复合为一体。例如,WC 硬质合金刀具就是一种金属陶瓷。

9.3.3.4 晶须增强金属基复合材料

晶须增强金属基复合材料是目前应用最广泛的一类金属复合材料。这类材料多以铝、镁和钛合金为基体,以碳化硅、碳化硼、氧化铝细粒或晶须为增强相。最典型的代表是 SiC 增强铝合金。晶须增强金属基复合材料有极高的比强度和比模量,广泛应用于军工行业,如制造轻质装甲、导弹飞翼、飞机部件。汽车工业的发动机活塞、制动件、喷油嘴件等也有使用。

9.4 非金属材料成型工艺简介

9.4.1 塑料成型工艺

9.4.1.1 注射成型

注射成型是将熔融塑料在柱塞或螺杆推压下快速压入闭合模具,经冷却定型得到各种塑料制品的塑料成型方法。

注射成型的成型周期短(几秒到几分钟),成型制品质量可由几克到几十千克,能一次成型外形复杂、尺寸精确、带有金属或非金属嵌件的模塑品。因此,该方法适应性强,生产效率高。

注射成型设备是注射机,有柱塞式和螺杆式两种,由注射系统、锁模系统和塑模三大部分组成。注射成型时塑料在注射模具中成型,注射模具主要有动模和定模组成。

注射成型的工艺过程包括:加料、加热熔化、充型、保压、冷却、开模、脱模。

注射成型是热塑性塑料的主要成型方法,几乎适用于所有的热塑性塑料。近年来,注射成型也成功地用于成型某些热固性塑料。

9.4.1.2 挤出成型

挤出成型又称为挤塑,是借助柱塞或螺杆的挤压作用,使塑化均匀的塑料强行通过模口而成为具有恒定截面的连续制品的塑料成型方法。

挤出成型生产连续自动化,效率高,制品质量稳定;设备简单,投资少,见效快;生产环境卫生,劳动强度低;适用大批生产,应用范围广。

挤出成型设备是挤出成型机,有柱塞式和螺杆式两种,前者的挤出工艺是间歇式,后者是连续式。

挤出成型的工艺过程包括:加料、熔融塑化、机头模口挤出、定型、冷却、牵引、切割。

挤出成型用于生产塑料薄膜、网材、带包覆层的产品、截面一定的管材、板材、棒材、单丝和异型材等。此外,还用于塑料的混合、塑化造粒、着色、掺和等。

挤出成型适用绝大部分热塑性塑料和部分热固性塑料,如 PVC、PS、ABS、PC、PE、PP、PA 等。

9.4.1.3 压缩成型

压缩成型也称压塑成型、模压成型,是将预制的原料置入已加热的模具模腔内,通过模压机对模具加压,塑料在模腔内受热熔化流动而充满模腔,同时发生化学反应而固化,得到塑料制品的塑料成型方法。

压缩成型设备和模具简单,工艺易控制,制品致密、收缩小、变形小,能成型大中型塑件,但效率低,难以实现生产自动化,不能成型精度高、带有深孔、形状复杂和带有精细嵌件的塑件,压力大,对模具材料要求高,且劳动条件差,劳动强度大。

压缩成型的工艺过程包括:加料、合模、排气、交联固化、制品脱模、清理模具等。

压缩成型是热固性塑料的主要成型方法之一。

9.4.1.4 压注成型

压注成型是将塑料原料加入预热的加料室内,然后把压柱放入加料室中锁紧模具,通过压柱向塑料施加压力,塑料在高温、高压下熔化为流动状态,并通过浇注系统进入型腔逐渐固化成塑件的塑料成型方法。

塑件性能均匀密实,质量好,尺寸精度较高,能成型深腔薄壁塑件或带有深孔的塑件,也可成型形状较复杂以及带有精细或易碎嵌件的塑件,成型周期较短,生产效率较高,但成型压力比压缩成型高,工艺条件比压缩成型要求更严格,操作比压缩成型难度大,压注模比压缩模结构复杂,成型后加料腔内余料和浇注系统凝料不能回收,增加了生产中原材料的消耗。

压注成型的工艺过程包括:模具闭合、加料、受热熔融、塑料在压力下经浇注系统充满型腔、固化成型和开模取件等。

压注成型又称为传递成型,它是在压缩成型的基础上发展起来的一种热固性塑料的成型方法,主要用于热固性塑料,一部分不能用压缩法成型的热固性塑料,可以采用压注方法成型。

9.4.1.5 中空成型

中空成型简称吹塑,是将挤出或注射得到的、尚处于塑化状态的管状或片状坯材固定于成型模具中,立刻通入压缩空气,迫使坯材膨胀并贴于模具模腔壁面上,待冷却定型后脱模,得到所需中空制品的塑料成型方法。

吹塑方法分为挤出吹塑、注射吹塑和拉伸吹塑。挤出吹塑生产方法简单,产量高,产品精度低,应用广泛;注射吹塑产品精度高、质量好,适宜大批量生产;拉伸吹塑产品经拉伸后强度高,气密性好。

用于中空吹塑的塑料有:PE、PVC、PP、PS、PC、PA、线型聚酯、醋酸纤维素、聚缩醛树脂等。

9.4.1.6 真空成型

真空成型又称为吸塑成型,是将热塑性塑料板材、片材固定在模具上,用辐射加热器加热的软化温度,用真空泵或压缩机抽取坯材和模具之间的空气,借助大气压力使坯材吸附在模腔表面,冷却后用压缩空气脱模,得到所需塑件的塑料成型方法。

真空成型设备简单,生产效率高,模具结构简单,能成型大尺寸薄壁塑件,生产成本低。

真空成型主要生产塑料包装盒、餐具盒、罩类塑件、冰箱内胆等。

用于真空成型的塑料有:PE、PP、PVC、ABS、PC等。

9.4.1.7 压延成型

压延成型是生产塑料薄膜和片材的主要方法。它是将经塑化的热塑性塑料通过一系列相向旋转的平行辊筒间隙,使物料承受挤压和延伸作用,而使其成为塑料薄膜或片材的塑料成型方法。

压延成型是连续性生产,生产能力大,操作方便,易实现生产自动化,产品质量均匀、致密、精确,不需要模具,但设备大,投资高,辅助设备多。

压延成型主要适用热塑性塑料,例如PVC、ABS、PS、PE、PP等。

9.4.2 橡胶成型工艺

橡胶制品的生产一般都经过以下主要流程:生胶塑炼、橡胶混炼、模压成型、硫化处理。橡胶制品的成型工艺主要有压延成型、压制成型和注射成型。

9.4.2.1 压延成型

加热过的混炼胶,通过相对旋转、水平设置的两辊筒之间的辊隙,制成胶片等半成品的工艺谓之压延。在橡胶加工过程中,可把胶料压延成一定厚度和宽度的胶片,或在胶片上压出花纹,供下一步制品成型用。压延法也用于使织物和钢丝帘线挂胶,使胶片与胶片、胶片与挂胶织物贴合等。因此,是橡胶加工的主要工艺之一。

9.4.2.2 压制成型

压制成型将经过塑炼和混炼的预先压延好的橡胶坯料按一定规格和尺寸下料后加入到压制模中,合模后在液压机上按规定的工艺条件进行压制,使胶料在受热受压下以塑性流动充满型腔,经过一定时间完成硫化,再进行脱模、清理毛边,经检验后得到橡胶制品的方法。

压制成型的工艺工程包括:塑炼、混炼、制坯、裁切、模压硫化(加料、闭模、硫化、脱模、模具清理)、检验等。其工艺关键是模压硫化过程。

9.4.2.3 注射成型

注射成型是将混炼好的胶料通过加料装置加入料筒中加热塑化,塑化后的胶料在柱塞或螺杆的推动下,经过喷嘴射入到闭合的模具中,模具在规定的温度下加热,使胶料硫化成型,得到橡胶制品的方法。

注射成型的工艺包括:喂料、塑化、注射保压、硫化、出模、修边、检验等。

注射成型的硫化时间短,成型时间短,生产率高,制品质量稳定,可生产大型厚壁或薄壁和复杂集合形状制品。

9.4.3　陶瓷成型工艺

一般来说,陶瓷生产过程包括坯料制造、坯体成型、瓷器烧结等三个基本阶段,包括以下过程:配料、配料制备、坯体成型、烧结和后续加工等。

陶瓷成型指坯体成型,主要方法有:注浆成型、压制成型、热压铸成型、挤压成型、注射成型、流延成型和轧膜成型等。

注浆成型是将陶瓷悬浮料浆注入多孔质模型内,借助模型的吸水能力将料浆中的水吸出,从而在模型内形成坯体。其工艺过程包括悬浮料浆制备、模型制备、料浆注入、脱模和干燥等。

压制成型是将经过造粒的粒状陶瓷粉料装入模具内直接受压力而成型的方法,压制方法有干压成型、等静压成型和热压烧结成型等。

热压铸成型是利用蜡材料热熔冷固的特点,将配料混合好的陶瓷细粉和热塑性的蜡浆,在热压注机中用压缩空气将热熔蜡浆注满金属膜腔,蜡浆在膜腔内冷凝形成坯体,在行脱模取件。

挤压成型是将经真空炼制的可塑泥料置入挤制机(制坯机)内,通过挤制机模具的机嘴和机芯,便可由其形成的挤出口挤压出各种形状和尺寸的坯体。

注射成型是将陶瓷粉和有机黏结剂混合后,加热混炼并制成粒状粉料,经注射成型机,在$130\sim300℃$的温度下注射到金属模腔内,冷却后黏结剂固化成型,脱模取出坯体。

流延成型又称刮刀法,是指在陶瓷粉料中加入溶剂、分散剂、黏结剂、塑性剂等成分,得到分散均匀的稳定浆料,在流延机上制得所需厚度坯体的一种成型方法,是超薄制品的主要坯体成型方法。

轧膜成型是将陶瓷粉体、黏结剂、溶剂等置于轧辊上混炼,使之混合均匀,伴随吹风溶剂逐步挥发,形成一层厚膜。调整轧辊间距,反复轧制,可制成薄片坯体。

9.4.4　复合材料成型工艺

复合材料的成型方法按基体材料不同而不同。

树脂基复合材料的成型方法较多,有手糊成型、喷射成型、纤维缠绕成型、模压成型、拉挤成型、RTM成型、热压罐成型、隔膜成型、迁移成型、反应注射成型、软膜膨胀成型和冲压成型等。

金属基复合材料成型方法分为固相成型法和液相成型法,前者是在低于基体熔点温度下,通过施加压力实现成型,包括扩散焊接、粉末冶金、热轧、热拔、热等静压和爆炸焊接等。后者是将基体熔化后,充填到增强体材料中,包括传统铸造、真空吸铸、真空反压铸造、挤压铸造及喷铸等。

陶瓷基复合材料的成型方法主要有固相烧结、化学气相浸渗成型、化学气相沉积成型等。

以下简要介绍几种常见的树脂基复合材料的成型工艺。

9.4.4.1　手糊成型

手糊成型是复合材料最早的一种成型方法,也是一种最简单的方法,是指纤维增强材料和树脂胶液在模具上铺覆成型,室温(或加热)、无压(或低压)条件下固化,脱模成制品的工艺方法。

其工艺过程是:首先,在模具上涂刷含有固化剂的树脂混合物,再在其上铺贴一层按要求裁好的纤维织物,用刷子、压辊或刮刀压挤织物,使其均匀浸胶并排除气泡后,再涂刷树脂混合物和铺贴第二层纤维织物,反复上述过程直至达到所需厚度为止。然后,在一定压力作用下加热固化成型(热压成型)或利用树脂体系固化时放出的热量固化成型(冷压成型),最后脱模得到复合材料制品。

手糊成型设备简单,投资少,工艺简单,不受产品尺寸和形状限制,适宜大尺寸、小批量、形状复杂的产品生产。但手糊成型生产率低,劳动强度大,产品质量不易控制,产品力学性能低。

9.4.4.2 喷射成型

喷射成型是手糊成型的改进型工艺,是一种半自动化成型工艺。喷射成型是将混有引发剂和促进剂的不饱和聚酯树脂从喷枪喷出,同时将玻璃纤维无捻粗纱用切割机切断并由喷枪中心喷出,与树脂一起均匀沉积在模具上。待沉积到一定厚度,用手辊滚压,使纤维浸透树脂、压实并除去气泡,最后固化成制品。

9.4.4.3 模压成型

模压成型是将一定量的模压料放入金属对摸中,在一定温度、压力作用下,固化成型制品的方法。

模压成型工艺生产率较高,制品质量可靠、尺寸准确且表面光洁,结构复杂制品和一次成型无需二次加工,容易实现生产自动化。但模具设计和制造复杂,设备投资高,一般适宜大批量生产中小型制品。

9.4.4.4 层压成型

层压成型是将浸有或涂有树脂的片材层叠,送入层压机,在加热加压条件下,固化成型玻璃钢制品的一种成型方法。层压成型是复合材料的一种主要成型工艺。

层压成型工艺生产率较高,制品质量较好、表面光洁,但只能生产板材,且产品尺寸大小受限制。

9.4.4.5 缠绕成型

缠绕成型是将浸过树脂胶液的连续纤维或布带,按照一定规律缠绕到芯模上,然后固化脱模成为复合材料产品的工艺。

缠绕成型通过改变纤维排列方式和数量,可以实现等强度设计,能在较大程度发挥增强纤维抗张性能优异的特点,缠绕成型生产率高,产品质量稳定,比强度和比模量大。但设备投资大,只有大批量生产才能降低成本。

9.4.4.6 拉挤成型

拉挤成型是将浸过树脂胶液的连续纤维或带状织物在牵引装置作用下通过成型模而定型,然后在模中或固化炉中固化制成具有特定截面形状和长度不受限制的复合材料(如管材、棒材、槽型材、工字型材和方型材等)。

拉挤成型生产率较高,容易实现生产自动化,制品性能稳定可靠,树脂损耗小,广泛应用于化工、运输、建筑、航天航空等领域。

9.1 认识非金属材料

9.1.1 任务目的

（1）学生以小组为单位,利用互联网等资源或到材料市场调查,收集非金属材料制品或原料的图片、文字资料等,其中的文字资料包括非金属材料的名称、代号、性能特点等。

（2）认识非金属材料的种类、各种非金属材料的性能特点和应用,为正确应用非金属材料打下良好基础。

（3）培养学生的自主学习能力和市场调研能力,使学生能够在将来更好地适应社会、适应工作岗位。

9.1.2 任务指导

（1）信息收集。学生以小组为单位,利用互联网等资源或到材料市场调查,搜集非金属材料制品或原料的图片、文字资料等,其中的文字资料包括非金属材料的名称、代号、性能特点等。

（2）信息处理。在课堂上完成。各小组简要汇报信息搜集情况,在教师引导下学生处理信息,各小组以卡片的形式把搜集到的信息粘贴在黑板上,教师指导学生对非金属材料分类,并让学生分析和总结各类非金属材料的性能特点及应用。

（3）信息提炼。各小组相互交流信息,并总结出非金属材料的分类、各类非金属材料的性能特点、供货状态、应用等,将实践活动转化为知识。

9.1.3 效果评价

教师评价各小组任务完成情况。

9.2 选择微波炉牛奶杯的材料和成型工艺

9.2.1 任务目的

（1）正确选用适合制造"微波炉牛奶杯"的材料和成型工艺。

（2）巩固非金属材料的种类、各种非金属材料的性能特点和应用等知识。

（3）培养学生正确选用非金属材料和成型工艺的能力,培养学生的自主学习能力和理论联系实际的能力。

9.2.2 任务指导

（1）信息收集。学生以小组为单位,自学非金属材料的成型工艺。收集以下信息:选择零件材料的原则和选材步骤；"微波炉牛奶杯"的工作条件和性能要求。

（2）信息处理。在课堂上完成。各小组简要汇报信息搜集情况，在教师引导下学生处理信息，各小组以卡片的形式把搜集到的信息粘贴在黑板上，教师指导学生选择"微波炉牛奶杯"的材料和成型工艺。

（3）信息提炼。各小组相互交流信息，通过讨论选定"微波炉牛奶杯"的材料和成型工艺。

9.2.3 效果评价

教师评价各小组任务完成情况。

项目小结

1. 非金属材料是由非金属元素或化合物构成的材料。非金属材料主要分为无机非金属材料和有机非金属材料，是机械工程材料的重要组成部分。

2. 高分子材料是以高分子化合物为主要组分的材料。高分子化合物包括有机高分子化合物和无机高分子化合物两类。机械工程中使用的高分子材料主要是各种有机高分子化合物。

3. 塑料是以合成树脂为主要成分，加入一些用来改善塑料使用性能和工艺性能的添加剂而制成的。

4. 橡胶是以生胶为主要原料，加入适量配合剂而制成的高分子材料。

5. 陶瓷材料是用天然或合成化合物经过成形和高温烧结制成的一类无机非金属材料。陶瓷按原料不同分为普通陶瓷和特种陶瓷。普通陶瓷又称传统陶瓷，是以天然的黏土、长石、石英等为原料，经成型、烧结而成的陶瓷。特种陶瓷又称近代陶瓷、精细陶瓷或高性能陶瓷，是以高纯度的人工合成的金属氧化物、碳化物、氮化物等原料，利用精密控制工艺成形烧结制成的陶瓷材料。

6. 复合材料是指两种或两种以上的物理、化学性质不同的物质，经一定方法得到的一种新的多相固体材料。按基体不同，分为非金属基体复合材料和金属基体复合材料两类；按增强相的形态，分为晶须增强复合材料、颗粒增强复合材料、层叠增强复合材料、纤维增强复合材料；按性能，分为结构、功能等复合材料。

7. 塑料成型工艺包括注射成型、挤出成型、压缩成型、压注成型、中空成型、真空成型和压延成型等。

8. 橡胶制品的成型工艺主要有压延成型、压制成型和注射成型。

9. 陶瓷成型指坯体成型，主要方法有注浆成型、压制成型、热压铸成型、挤压成型、注射成型、流延成型和轧膜成型等。

10. 复合材料的成型方法按基体材料不同而不同。树脂基复合材料的成型有手糊成型、喷射成型、纤维缠绕成型、模压成型、拉挤成型、RTM成型、热压罐成型、隔膜成型、迁移成型、反应注射成型、软膜膨胀成型和冲压成型等。金属基复合材料成型方法分为固相成型法和液相成型法。陶瓷基复合材料的成型方法主要有固相烧结、化学气相浸渗成型、化学气相沉积成型等。

项目习题

1. 简述非金属材料的分类。
2. 以表格形式总结各类非金属材料的性能特点和应用。
3. 选择微波炉用煮粥器的材料和成型工艺。

参考文献

[1] 陈海魁. 机械制造工艺基础[M]. 北京:中国劳动社会保障出版社,2007.
[2] 陈志毅. 金属材料与热处理[M]. 北京:中国劳动社会保障出版社,2007.
[3] 郝兴明. 金属工艺学[M]. 北京:海洋出版社,2002.
[4] 张瑞平. 金属工艺学[M]. 北京:冶金工业出版社,2008.
[5] 胡润林. 金属学原理[M]. 西安:西北工业大学出版社,1995.
[6] 焊接技术编写组. 焊接技术[M]. 北京:国防工业出版社,1975.
[7] 史美堂. 金属材料及热处理[M]. 上海:上海科学技术出版社,1980.
[8] 王运炎. 金属材料及热处理[M]. 北京:机械工业出版社,1984.
[9] 王纪安. 工程材料与材料成形工艺[M]. 北京:高等教育出版社,2004.
[10] 罗大金. 材料工程基础[M]. 北京:化学工业出版社,2007.
[11] 沈剑标. 金工实习[M]. 北京:机械工业出版社,1999.
[12] 范祖贤. 金工练习册[M]. 北京:机械工业出版社,2000.
[13] 崔忠圻. 金属学与热处理[M]. 北京:机械工业出版社,2001.
[14] 杨慧智. 工程材料及成形工艺基础[M]. 北京:机械工业出版社,2003.
[15] 邓文英. 金属工艺学[M]. 北京:高等教育出版社,2000.
[16] 李新成. 材料成形学[M]. 北京:机械工业出版社,2006.
[17] 胡赓祥. 材料科学基础[M]. 上海:上海交通大学出版社,2000.
[18] 石德珂. 材料科学基础[M]. 北京:机械工业出版社,1999.
[19] 束德林. 金属力学性能[M]. 北京:机械工业出版社,2001.